电源系列

开关电源原理、设计及实例

主　编　陈纯锴
副主编　赵　杰　姜艳秋　李广伟

电子工业出版社
Publishing House of Electronics Industry
北京·BEIJING

内 容 简 介

本书在介绍开关电源基本原理的基础上,依次阐述了开关电源一次侧、二次侧电路的设计,分析了几种典型开关电源电路的设计实例,并结合全国大学生电子设计竞赛中的电源设计题目给出了设计方案、完整电路图、测试过程及详细数据和波形。本书所讲内容可帮助读者快速、全面、系统地掌握开关电源的设计与制作知识。本书的特点是由浅入深,易读易懂,开关电源的拓扑结构,开关电源的控制电路,开关电源的辅助电路,电路板的布局、布线方法,高频变压器的制作等内容的阐述系统、深入。

本书既可以作为从事开关电源设计、研制的工程师的参考资料,也可以作为学习、研究开关电源的高等学校师生的教材。

未经许可,不得以任何方式复制或抄袭本书之部分或全部内容。
版权所有,侵权必究。

图书在版编目(CIP)数据

开关电源原理、设计及实例/陈纯锴主编.—北京:电子工业出版社,2012.5
(电源系列)
ISBN 978-7-121-16808-6

Ⅰ.①开… Ⅱ.①陈… Ⅲ.①开关电源-理论②开关电源-设计 Ⅳ.①TN86

中国版本图书馆 CIP 数据核字(2012)第 074423 号

策划编辑:王敬栋(wangjd@phei.com.cn)
责任编辑:谭丽莎
印　　刷:涿州市般润文化传播有限公司
装　　订:涿州市般润文化传播有限公司
出版发行:电子工业出版社
　　　　　北京市海淀区万寿路 173 信箱　邮编 100036
开　　本:787×1092　1/16　印张:18.5　字数:474 千字
版　　次:2012 年 5 月第 1 版
印　　次:2024 年 1 月第 14 次印刷
定　　价:49.00 元

凡所购买电子工业出版社图书有缺损问题,请向购买书店调换。若书店售缺,请与本社发行部联系,联系及邮购电话:(010)88254888。

质量投诉请发邮件至 zlts@phei.com.cn,盗版侵权举报请发邮件至 dbqq@phei.com.cn。
服务热线:(010)88258888。

前 言

开关电源具有效率高、功耗低、体积小、质量轻等显著优点,其电源效率可达80%以上,比传统的线性稳压电源提高近一倍。开关电源的应用领域十分广泛,不仅包括仪器仪表、测控系统和计算机内部的供电系统,还适用于各种消费类电子产品。开关电源代表了稳压电源的发展方向,现已成为稳压电源的主流产品。目前,开关电源正朝着集成化、智能化、模块化的方向发展。

本书按照"原理 – 设计方法 – 实例分析"三个层次进行介绍,层次清晰。其中,第1部分按照基本概念、电力电子元器件、拓扑结构的顺序进行介绍;第2部分按照模块化的结构介绍了开关电源一次侧电路(包含输入整流滤波电路)、开关电源二次侧电路,控制电路和印制电路板的设计;第3部分首先介绍了各领域中的典型电路,给出了详细的电路原理图,分析了工作过程,然后结合全国电子设计竞赛题目,给出了完整的电路原理图,以及设计、制作、测试的详细过程。本书在介绍开关电源的基础理论过程中,力求简化理论,通俗易懂,循序渐进,深入浅出,使初学者对开关电源有一个全面了解。

开关电源技术涉及模拟电子技术、数字电子技术、电力电子技术等多种学科,开关电源的设计与制作要求设计者具有丰富的实践经验,既要完成设计制作,又要懂得调试、测试与分析等。设计者只有拥有足够的经验才能实现开关电源的性能指标。希望读者能够在阅读本书的基础上,积极从事开关电源的设计、开发、制作及测试工作,从而达到理论与实践的统一。

本书共分11章,内容主要包括以下三大部分。

第1部分:开关电源的基本原理,包括第1~4章。其中,第1章介绍了开关电源的概念、特点、分类,以及它与线性电源的区别及主要性能指标。第2章介绍了开关电源中的电力电子元器件及特性,重点对常见的基本电力电子器件进行了介绍,包括元件外观图、性能特点等。第3章对基本PWM变换器的主电路拓扑进行了介绍,并重点对5种DC–DC电路的拓扑结构、工作原理、关键节点的波形图进行了论述。第4章说明了DC–DC变换中变压器所起的作用,并对单端正激式、单端反激式、半桥式、全桥式和推挽式电路这几种拓扑结构、工作原理进行了介绍,还给出了参数的计算方法。

第2部分:开关电源的设计,包括第5~8章。其中,第5章介绍了开关电源一次侧电路的设计,包括输入保护电路的设计,电磁干扰滤波器的设计,输入电路;开关管的选择及高频变压器的设计。第6章介绍了开关电源二次侧整流、滤波电路和反馈电路中的光耦和精密稳压器等。第7章以自激振荡式PWM控制电路、几种常用的PWM集成控制芯片TL494、SG3525、UC3842和单片开关电源集成芯片为例,重点介绍了PWM控制器的性能特点、引脚分布、工作原理等,并举例说明了其典型应用电路。第8章论述了开关电源印制电路板(PCB)的元器件布局及其布线的一些基本原则和要点,要求了解PCB设计的基本原则。

第3部分:开关电源应用实例,包括第9~11章。其中,第9章给出了开关电源的几种典型应用实例,包括升、降压式,正、反激式及桥式开关电源,并重点给出了典型应用实例的电路原理图，详细分析了每个实例的工作原理。第 10 章以电子设计竞赛中曾经出过的电源类题目为例，详细介绍了其整个设计过程，包括简易数控直流电压源，数控直流电流源设计及开关稳压电源设计。第 11 章对开关电源的测试进行了概述，给出了开关电源的性能指标、测试方法、测试记录、数据处理及高频变压器磁饱和的检测方法。

本书由陈纯锴主编，并编写了第 1、3、4 章，第 5~8 章由黑龙江科技学院的赵杰完成，第 9~11 章由黑龙江科技学院的姜艳秋完成，第 2 章由东北农业大学成栋学院的李广伟完成，全书由陈纯锴统稿。参加本书编写的还有吴雪梅、陈鹏、朱丹丹、王英明、陈义平、孙桂芝、江晓林等。

在本书的编写过程中，我们参阅了大量文献，在此对这些文献的作者表示诚挚的感谢。另外，还要感谢电子工业出版社的王敬栋编辑及其他工作人员，他们在本书的出版过程中给予了大力支持与帮助。由于编者水平有限，疏漏和不当之处在所难免，敬请读者批评指正。

编 者

目　　录

第 1 部分　开关电源的基本原理

第 1 章　绪论 3
1.1　开关电源简介 3
1.1.1　开关电源的发展历史 3
1.1.2　开关电源技术的发展方向 5
1.2　稳压电源 6
1.2.1　线性电源 7
1.2.2　开关电源原理 11
1.2.3　线性电源与开关电源的比较 14
1.2.4　单片开关电源 15
1.3　开关电源的分类 18
1.4　开关电源的主要技术指标 19
1.5　需要掌握的基本概念 20
第 2 章　开关电源中的电力电子元器件及特性 26
2.1　电阻 26
2.1.1　电阻的基本知识 26
2.1.2　电阻的型号命名方法 27
2.1.3　电阻阻值的标注方法 28
2.1.4　电阻的分类 30
2.1.5　常用电阻 31
2.1.6　电阻的选用及注意事项 34
2.2　电容 34
2.2.1　电容的基本知识 34
2.2.2　电容的型号命名方法 35
2.2.3　电容容量的标注方法 36
2.2.4　电容的分类 37
2.2.5　常用电容 38
2.2.6　电容的选用及注意事项 40
2.3　电感 41
2.3.1　电感的基本知识 41
2.3.2　电感的型号命名方法 42
2.3.3　电感量的标注方法 42
2.3.4　电感的分类 43

  2.3.5 常用电感 44
  2.3.6 电感的选用及注意事项 45
 2.4 场效应管 46
  2.4.1 场效应管的基本知识 46
  2.4.2 场效应管的命名方法 47
  2.4.3 场效应管的分类 47
  2.4.4 结型场效应管 48
  2.4.5 绝缘栅型场效应管 49
  2.4.6 场效应管的选用及注意事项 51
 2.5 双极型晶体管 51
  2.5.1 双极型晶体管的基本知识 51
  2.5.2 双极型晶体管的命名方法 52
  2.5.3 双极型晶体管的分类 55
  2.5.4 常用的双极型晶体管 55
  2.5.5 双极型晶体管的选用及注意事项 56
 2.6 IGBT 57
  2.6.1 IGBT 的基本知识 57
  2.6.2 IBGT 的分类 58
  2.6.3 IGBT 的结构和工作原理 58
  2.6.4 IGBT 的基本特性 60
  2.6.5 IGBT 的总结 63
 2.7 变压器 64
  2.7.1 变压器在电源技术中的作用 64
  2.7.2 变压器的基本原理 65
  2.7.3 常见的变压器 67
  2.7.4 高频脉冲变压器原理 70
  2.7.5 变压器的选用及注意事项 74

第 3 章 基本 PWM 变换器的主电路拓扑 76
 3.1 概述 76
 3.2 Buck 变换器 77
  3.2.1 电路结构及工作原理 77
  3.2.2 电路关键节点波形 78
  3.2.3 主要参数的计算方法 80
  3.2.4 Buck 变换器的优、缺点 82
 3.3 Boost 变换器 82
  3.3.1 电路结构及工作原理 82
  3.3.2 电路关键节点波形 85
  3.3.3 主要参数的计算方法 85
  3.3.4 Boost 变换器的优、缺点 85

3.4 Buck – Boost 变换器 ·· 85
3.4.1 电路结构及工作原理 ··· 85
3.4.2 电路关键节点波形 ··· 87
3.4.3 主要参数的计算方法 ··· 87
3.4.4 Buck – Boost 变换器的优、缺点 ······························ 88
3.5 CuK 变换器 ·· 88
3.5.1 电路结构及工作原理 ··· 88
3.5.2 电路关键节点波形 ··· 90
3.5.3 主要参数的计算方法 ··· 91
3.5.4 CuK 变换器的优、缺点 ··· 92

第4章 变压器隔离的 DC – DC 变换器拓扑结构 ··················· 93
4.1 概述 ··· 93
4.2 单端正激式结构 ·· 95
4.2.1 简介 ··· 95
4.2.2 电路结构及工作原理 ··· 95
4.2.3 电路关键节点波形 ··· 96
4.2.4 主要参数的计算方法 ··· 97
4.2.5 正激式电路的优、缺点 ·· 98
4.3 单端反激式结构 ·· 98
4.3.1 简介 ··· 98
4.3.2 电路结构及工作原理 ··· 98
4.3.3 电路关键节点波形 ··· 99
4.3.4 主要参数的计算方法 ··· 100
4.3.5 反激式电路的优、缺点 ·· 101
4.4 半桥式电路结构 ·· 101
4.4.1 简介 ··· 101
4.4.2 电路结构及工作原理 ··· 101
4.4.3 电路关键节点波形 ··· 102
4.4.4 主要参数的计算方法 ··· 103
4.4.5 半桥式电路的优、缺点 ·· 104
4.5 全桥式电路结构 ·· 105
4.5.1 简介 ··· 105
4.5.2 电路结构及工作原理 ··· 105
4.5.3 电路关键节点波形 ··· 106
4.5.4 主要参数的计算方法 ··· 107
4.5.5 全桥式电路的优、缺点 ·· 109
4.6 推挽式电路结构 ·· 109
4.6.1 简介 ··· 109
4.6.2 电路结构及工作原理 ··· 110

4.6.3 电路关键节点波形 ………………………………………………………… 110
4.6.4 主要参数的计算方法 ……………………………………………………… 111
4.6.5 推挽式电路的优、缺点 …………………………………………………… 113

第 2 部分 开关电源的设计

第 5 章 开关电源一次侧电路的设计 …………………………………………… 117
5.1 输入保护电路的设计 …………………………………………………………… 117
5.1.1 输入保护电路的基本构成 ………………………………………………… 117
5.1.2 熔丝管 ……………………………………………………………………… 118
5.1.3 熔断电阻器 ………………………………………………………………… 121
5.1.4 功率型负温度系数热敏电阻 ……………………………………………… 123
5.1.5 压敏电阻器 ………………………………………………………………… 127
5.2 电磁干扰滤波器 ………………………………………………………………… 129
5.2.1 开关电源的噪声及其抑制方法 …………………………………………… 129
5.2.2 简易电磁干扰滤波器的设计 ……………………………………………… 130
5.2.3 复杂电磁干扰滤波器的设计 ……………………………………………… 131
5.3 开关电源输入整流电路 ………………………………………………………… 132
5.3.1 输入整流二极管 …………………………………………………………… 132
5.3.2 输入整流桥 ………………………………………………………………… 133
5.3.3 倍压整流及交流输入电压转换电路的设计 ……………………………… 133
5.4 功率开关管 ……………………………………………………………………… 137
5.4.1 双极结型晶体管 …………………………………………………………… 138
5.4.2 功率场效应晶体管 ………………………………………………………… 138
5.5 高频变压器 ……………………………………………………………………… 139
5.5.1 高频变压器磁芯 …………………………………………………………… 139
5.5.2 高频变压器绕组导线 ……………………………………………………… 142

第 6 章 开关电源二次侧电路的设计 …………………………………………… 146
6.1 输出整流二极管及稳压二极管 ………………………………………………… 146
6.1.1 二极管的性能参数 ………………………………………………………… 146
6.1.2 快恢复及超快恢复二极管 ………………………………………………… 148
6.1.3 肖特基势垒二极管的选择 ………………………………………………… 151
6.1.4 几种整流二极管的性能比较 ……………………………………………… 153
6.1.5 稳压二极管的选择 ………………………………………………………… 154
6.2 输出滤波电容的计算与选择 …………………………………………………… 155
6.2.1 输出滤波电容的容量计算 ………………………………………………… 155
6.2.2 选用输出滤波电容的注意事项 …………………………………………… 157
6.3 磁珠的选择 ……………………………………………………………………… 158
6.3.1 磁珠的性能特点 …………………………………………………………… 158
6.3.2 磁珠的选择方法 …………………………………………………………… 159

6.4 光电耦合器 ··· 160
  6.4.1 光电耦合器的工作原理 ·· 160
  6.4.2 线性光电耦合器 ··· 161
6.5 可调式精密并联稳压器的选择 ··· 162
  6.5.1 TL431 型可调式精密并联稳压器 ·· 162
  6.5.2 NCP100 型可调式精密并联稳压器 ··· 165

第7章 开关电源的控制电路设计 ··· 169
7.1 自激式 PWM 控制电路 ·· 169
  7.1.1 工作原理 ·· 169
  7.1.2 典型应用 ·· 171
7.2 TL494 型 PWM 控制电路 ··· 173
  7.2.1 工作原理 ·· 173
  7.2.2 典型应用 ·· 176
7.3 SG3525 型 PWM 控制电路 ··· 178
  7.3.1 工作原理 ·· 179
  7.3.2 典型应用 ·· 182
7.4 UC3842 型电流模式 PWM 控制电路 ··· 183
  7.4.1 工作原理 ·· 185
  7.4.2 典型应用 ·· 188
7.5 TOPSwitch – II 系列 PWM 控制电路 ·· 189
  7.5.1 工作原理 ·· 189
  7.5.2 典型应用 ·· 193
7.6 TinySwitch – II 系列 PWM 控制电路 ·· 194
  7.6.1 工作原理 ·· 194
  7.6.2 典型应用 ·· 201

第8章 印制电路板的设计 ··· 204
8.1 开关电源的 PCB 设计规范 ·· 204
8.2 元器件的布局 ··· 206
8.3 印制电路板的布线 ··· 208

第3部分 开关电源应用实例

第9章 开关电源的典型应用实例 ··· 213
9.1 降压式开关稳压器实例分析 ·· 213
  9.1.1 电路原理图 ··· 213
  9.1.2 工作原理 ·· 213
9.2 升压式开关稳压器实例分析 ·· 216
  9.2.1 电路原理图 ··· 216
  9.2.2 工作原理 ·· 216
9.3 笔记本电脑开关电源实例分析 ··· 219

9.3.1　电路原理图 ··· 219
　　　9.3.2　工作原理 ·· 220
　9.4　单端正激式开关电源实例分析 ·· 223
　　　9.4.1　电路原理图 ··· 223
　　　9.4.2　工作原理 ·· 225
　9.5　单端反激式开关电源实例分析 ·· 227
　　　9.5.1　电路原理图 ··· 227
　　　9.5.2　工作原理 ·· 227
　9.6　半桥式开关电源实例分析 ·· 229
　　　9.6.1　电路原理图 ··· 230
　　　9.6.2　工作原理 ·· 232
　9.7　全桥式开关电源实例分析 ·· 232
　　　9.7.1　电路原理图 ··· 232
　　　9.7.2　工作原理 ·· 234

第 10 章　电子设计竞赛电源设计与制作实例 ·· 237
　10.1　全国大学生电子设计竞赛简介 ··· 237
　10.2　简易数控直流电压源设计 ··· 239
　　　10.2.1　设计要求 ··· 239
　　　10.2.2　方案比较 ··· 240
　　　10.2.3　系统设计 ··· 241
　　　10.2.4　程序设计 ··· 244
　　　10.2.5　系统调试 ··· 245
　10.3　数控直流电流源设计 ·· 245
　　　10.3.1　设计要求 ··· 246
　　　10.3.2　方案论证 ··· 247
　　　10.3.3　系统硬件设计 ·· 247
　　　10.3.4　系统软件设计 ·· 261
　　　10.3.5　系统测试 ··· 262
　10.4　开关稳压电源设计 ·· 263
　　　10.4.1　设计要求 ··· 263
　　　10.4.2　方案论证 ··· 264
　　　10.4.3　系统设计 ··· 266
　　　10.4.4　系统测试 ··· 270

第 11 章　开关电源的测试 ··· 272
　11.1　开关电源的性能指标 ·· 272
　11.2　开关电源的测试方法 ·· 277
　11.3　开关电源的测试记录及数据处理 ·· 282
　11.4　高频变压器磁饱和的检测方法 ··· 282

第1部分

开关电源的基本原理

第1章 绪 论

本章首先对电源、开关电源的概念做了简单介绍,同时给出了开关电源的发展历史,以及目前开关电源技术的发展方向与最新技术。其次,本章重点阐述了线性电源与开关电源及其区别,包括线性电源的结构和原理、开关电源的结构和原理,并对基准电压源、简单分立元件组成的稳压电路和集成稳压电源的原理均做了详细说明。本章最后给出了开关电源的主要技术指标和应该掌握的技术术语,为更好地进行开关电源设计打下坚实基础。本章要求读者了解开关电源的概念及相关知识,重点掌握线性电源和开关电源的原理及其区别。

1.1 开关电源简介

电源是各种电子设备中必不可缺少的一种电子设备,是各种用电设备所需要的各种电压和电流的源泉。有了电源才能正常供电,才谈得上用电设备的正常工作,因此学习电源的相关知识是掌握各种电子设备和用电设备的使用的必修课。

电源有交流电源和直流电源两种。由交流发电机供电的是交流电源,直流电源一般由电池或蓄电池供电。由于直流电源成本较高,交流电源成本低,所以多数大功率设备采用交流电源供电。人们通常所说的电源,多半是指能把电网频率为50Hz的交流电压转换成用电设备所需要的各种直流电压,并能供应出所需要的各种电流的一种电子设备。随着电力电子技术的高速发展,电力电子设备与人们的工作、生活的关系日益密切,而电子设备都离不开可靠的电源。进入20世纪80年代后,计算机电源全面实现了开关电源化,率先完成了计算机的电源换代;20世纪90年代,开关电源相继进入各种电子、电器设备领域,程控交换机、通信、电子检测设备电源、控制设备电源等都已广泛地使用了开关电源,更促进了开关电源技术的迅速发展。开关电源是利用现代电力电子技术,控制开关晶体管开通和关断的时间比率,维持稳定输出电压的一种电源,它一般由脉冲宽度调制(PWM)控制IC和MOSFET构成。开关电源和线性电源相比,二者的成本都随着输出功率的增加而增长,但二者的增长速率各异。线性电源的成本在某一输出功率点(成本反转点)上反而高于开关电源。随着电力电子技术的发展和创新,使得开关电源技术在不断创新,这一成本反转点日益向低输出电力端移动,这为开关电源提供了广泛的发展空间。开关电源高频化是其发展的方向,高频化使得开关电源小型化,并使开关电源进入了更广泛的应用领域,特别是它在高新技术领域的应用,推动了高新技术产品的小型化、轻便化。另外,开关电源的发展与应用在节约能源、节约资源及保护环境方面都具有重要的意义。

1.1.1 开关电源的发展历史

开关电源(是开关稳压线性电源的简称)取代线性电源(是晶体管线性稳压电源的简

称）已有30多年历史，最早出现的是串联型开关电源，其主电路拓扑与线性电源相仿，但功率晶体管工作在开关状态。之后，脉宽调制（PWM）控制技术有了发展，用以控制开关变换器，由此得到了PWM开关电源，它的特点是使用20kHz脉冲频率或脉冲宽度进行调制。PWM开关电源的效率可达65%~70%，而线性电源的效率只有30%~40%。在发生世界性能源危机的年代，电源效率引起了人们的广泛关注。线性电源工作于工频，因此用工作频率为20kHz的PWM开关电源替代它，可大幅度节约能源，这在电源技术发展史上誉为"20kHz革命"。随着ULSI芯片尺寸的不断减小，电源的尺寸与微处理器相比要大得多，但航天、潜艇、野外作业设备、通信便携设备更需要小型化，轻量化的电源，因此对开关电源提出了小型轻量要求，包括磁性元件和电容的体积、质量要小。此外，要求开关电源效率更高，性能更好，可靠性更高等。

尽管我国技术发展水平与国际先进水平平均有5~10年差距，但从我国开关电源的发展过程可以了解国际开关电源发展的一个侧面。20世纪70年代起，我国在黑白电视机、中小型计算机中开始应用5V、20~200A、20kHz的AC-DC开关电源。20世纪80年代，AD-DC开关电源进入大规模生产和广泛应用阶段，并开发研究了0.5~5MHz准谐振型软开关电源。20世纪80年代中期，我国通信（如程控交换机）电源在AC-DC及DC-DC开关电源应用领域中所占比重还比较低。20世纪80年代末期，我国通信电源大规模更新换代，传统的铁磁稳压-整流电源和晶闸管被相控稳压电源所取代，并开始在办公室自动化设备中得到应用。在工业应用方面，开关电源在锅炉火焰控制、继电保护、激光、彩色TV、离子管灯丝发射电流调节、离子注射机、卤钨灯控制等系统中均有应用。20世纪90年代，中、小型（500W以下）AC-DC和DC-DC开关电源的特点是：高频化（开关频率达300~400kHz），以达到高功率密度的目的；体积小，质量轻；力求高效和高可靠性；低成本；低输出电压（≤3V）；AC输入端具有高功率因数等。开关电源的应用领域如表1-1所示。

表1-1 开关电源的应用领域

工业电子设备	信息设备	计算机CPU和数据存储设备
	通信设备	有线和无线通信设备、交换机、传真机、广播设备、汽车电话
	办公设备	台式计算机、笔记本电脑、复印机、打印机
	控制设备	工厂自动化系统、机器人、数控设备、空调机、自动售货机、ATM机
	电子测量仪	示波器、频谱仪、振荡器、信号发生器
	其他设备	医疗和汽车设备、检测设备
消费类电子设备	视频设备	电视机、VCR、游戏机
	音频设备	DVD播放机、音响设备、电子设备
	其他设备	民用和家电设备、各种电源充电器

从技术上看，几十年来推动开关电源性能和技术水平不断提高的主要标志有以下几个。

（1）新型高频功率半导体器件的开发使实现开关电源的高频化有了可能。例如，功率MOSFET和IGBT已经可以完全取代功率晶体管和晶闸管，从而使中、小型开关电源的工作频率可达到400kHz（AC-DC）和1MHz（DC-DC）的水平。超快恢复功率二极管、MOS-FE同步整流技术的开发也使得高效、低电压输出（如3V）开关电源的研制有了可能。

（2）软开关技术使高效率高频开关变换器的实现有了可能。PWM开关电源是按硬开关模式工作的（在开/关过程中，电压下降/上升波形和电流上升/下降波形有交叠），因此其开关损耗大。虽然开关电源高频化可以缩小其体积质量，但开关损耗却更大了（功耗与频率呈正比）。20世纪70年代，谐振开关电源奠定了软开关技术的基础。以后新的软开关技术不断涌现，如准谐振全桥移相 ZVS – PWM 等。当开关器件中的电流（或电压）按正弦或准正弦规律变化时，在电流自然过零时刻，软开关技术使得开关器件关断（或电压为零时，使开关器件开通），从而可减少开关损耗。

（3）控制技术研究的进展。例如，电流型控制及多环控制、电荷控制、功率因数控制、DSP 控制，以及相应专用集成控制芯片的研制成功等，使得开关电源的动态性能有了很大提高，电路也得到了大幅度简化。

（4）有源功率因数校正技术（APFC）的开发，提高了 AC – DC 开关电源的功率因数。由于输入端有整流元件，所以 AC – DC 开关电源及一大类整流电源供电的电子设备（如逆变器、UPS）等的电网测功率因数仅为 0.65。20 世纪 80 年代，使用 APFC 技术后功率因数可提高到 0.95～0.99，既治理了电网的谐波"污染"，又提高了开关电源的整体效率。单相 APFC 是 DC – DC 开关变换器拓扑和功率因数控制技术的具体应用，而三相 APFC 则是三相 PWM 整流开关拓扑和功率因数控制技术的结合。

（5）磁性元件新型磁材料和新型变压器的开发。例如，集成磁路、平面型磁芯、超薄型（Low profile）变压器，以及新型变压器（如压电式、无磁芯印制电路（PCB）变压器）等，使得开关电源的体积和质量都减少许多。

（6）新型电容和 EMI 滤波器技术的进步，使得开关电源小型化并提高了 EMC 性能。

（7）微处理器监控和开关电源系统内部通信技术的应用，提高了电源系统的可靠性。20世纪 90 年代末出现了很多新的开关电源技术，如：用一级 AC – DC 开关变换器实现稳压或稳流，并具有功率因数校正功能，称为单管单级或 4S 高功率因数 AC – DC 开关变换器；输出 1V，50A 的低电压大电流 DC – DC 变换器，又称电压调节模块 VRM，以适应下一代超快速微处理器供电的需求；多通道 DC – DC 开关变换器；网络服务器的开关电源可携带式电子设备的高频开关电源等。

几种开关电源的实物如图 1-1 所示。

图 1-1　几种开关电源的实物图

1.1.2　开关电源技术的发展方向

1. 小型、薄型、轻量化

由于电源轻、小、薄的关键是高频化，所以，国外目前都在致力于开发新型高频元器件，特别是改善二次整流管的损耗、变压器及电容的小型化，并同时采用表面安装（SMT）技术在印制电路板两面布置元器件以确保开关电源的轻、小、薄。

2. 高效率

开关电源高频化使传统的 PWM 开关（硬开关）功耗加大，效率降低，噪声也增大了，达不到高频、高效的预期效益，因此，实现零电压导通、零电流关断的软开关技术将成为开关电源未来的主流。采用软开关技术可以使效率达到 88%～92%。

3. 高可靠性

在设计方面，开关电源使用较少的器件，提高了集成度，这样不但解决了电路复杂、可靠性差的问题，也增加了保护等功能，简化了电路，提高了平均无故障时间。特别是单片开关电源的出现，极大提高了可靠性。

4. 模块化

开关电源模块化（模块电源）可以构成分布式电源系统，从而提高可靠性；可以做成插入式，实现热交换，从而在运行中出现故障时能快速更换模块插件；多台模块并联可实现大功率电源系统。此外，还可以在电源系统建成后，根据发展需要不断扩大其容量。

5. 低噪声

开关电源的一个缺点是噪声大。若单纯追求电源高频化，噪声便随之增大。采用部分谐振变换技术，在原理上来说既可以实现高频化，又可以降低噪声。但谐振变换技术也有其难点，如难准确地控制开关频率、谐振时增大了元器件负荷、场效应管的寄生电容易引起短路损耗，元器件热应力难以转向开关管等。

6. 电源系统的管理和控制

应用微处理器或计算机集中控制和管理电源系统，可以及时反映开关电源环境的各种变化。用中央处理单元实现智能控制，可自动诊断故障，减少维护工作量，确保开关电源的正常运行。

7. 计算机辅助设计（CAD）

利用计算机对开关电源进行 CAD 设计和模拟试验，十分有效，是最为快速经济的设计方法。常采用的软件有 Pspice、Saber、Multisim 等。

1.2 稳压电源

稳压电源可分为线性电源和开关电源两大类别，主要用做电子元器件的工作电源，以及用于低压灯具、直流电机等。其具体分类如下：

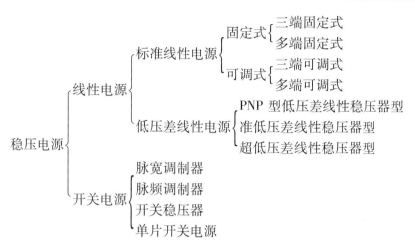

1.2.1 线性电源

1. 线性电源的原理

线性电源通常包括调整管、比较放大部分（误差放大器）、反馈采样部分及基准电压部分。线性串联电源的原理框图如图 1-2 所示。由于调整管与负载串联分压，所以只要将它们之间的分压比调节到适当值，就能保证输出电压不变。这个调节过程是通过一个反馈控制过程来实现的。反馈采样部分监测输出电压，然后通过比较放大器与基准电压进行比较，判断输出电压是偏高了还是偏低了，偏差多少？再把这个偏差量放大去控制调整管，如果输出电压偏高，则将调整管上的压降调高，使负载的分压减小；如果输出电压偏低，则将调整管上的压降调低，使负载的分压增大，从而实现输出稳压。

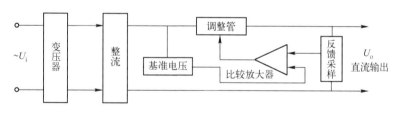

图 1-2 线性串联电源的原理框图

线性电源的线路简单、干扰小，对输入电压和负载变化的响应非常快，稳压性能非常好。但是，线性电源的功率调整管始终工作在线性放大区，调整管上的功率损耗很大，导致其效率较低，只有 20% ~ 40%，且发热损耗严重，所需的散热器体积大，质量大，因而功率体积系数只有 20 ~ 30W/dm^3。另外，线性电源对电网电压大范围变化的适应性较差，输出电压保持时间仅有 5ms，因此它主要用在小功率、对稳压精度要求很高的场合，如一些为通信设备内部的集成电路供电的辅助电源等。

如图 1-3 所示是串联反馈式稳压电路的一般结构图，图中的 U_i 是整流滤波电路的输出电压，VT 为调整管，A 为比较放大器，U_{REF} 为基准电压，R_1 与 R_2 组成的反馈网络用来反映输出电压的变化（取样）。

这种稳压电路的主回路是由具有调整作用的三极管 VT 与负载串联组成的，因此称为串

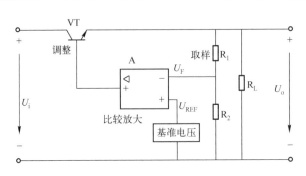

图 1-3 串联反馈式稳压电路的一般结构图

联式稳压电路。输出电压的变化量由反馈网络取样经放大器放大后去控制调整管 VT 的 c - e 极间的电压降,从而达到稳定输出电压 U_o 的目的。稳压原理可简述如下:当输入电压 U_i 增加(或负载电流 I_o 减小)时,导致输出电压 U_o 增加,则反馈电压 $U_F = R_2 U_o/(R_1 + R_2) = F_U U_o$ 也随之增加(F_U 为反馈系数)。U_F 与基准电压 U_{REF} 相比较,其差值电压经比较放大器放大后使调整管 VT 的 U_B 和 I_C 减小,其 c - e 极间的电压 U_{CE} 增大,使 U_o 下降,从而维持 U_o 基本恒定。

同理,当输入电压 U_i 减小(或负载电流 I_o 增加)时,也将使输出电压基本保持不变。从反馈放大器的角度来看,这种电路属于电压串联负反馈电路。调整管 VT 连接成射极跟随器,因此可得

$$U_B = A_U(U_{REF} - F_U U_o) \approx U_o \tag{1-1}$$

或

$$U_o = U_{REF} \frac{A_U}{1 + A_U F_U} \tag{1-2}$$

式中,A_U 是比较放大器的电压放大倍数,考虑所带负载的影响,它与开环放大倍数 A_{U_o} 不同。

在深度负反馈条件下,$|1 + A_U F_U| \gg 1$ 时,则可得

$$U_o = \frac{U_{REF}}{F_U} \tag{1-3}$$

式(1-3)表明,输出电压 U_o 与基准电压 U_{REF} 近似呈正比,与反馈系数 F_U 呈反比。当 U_{REF} 及 F_U 已定时,U_o 也就确定了,因此该式是设计稳压电路的基本关系式。

值得注意的是,调整管 VT 的调整作用是依靠 F_U 和 U_{REF} 之间的偏差来实现的,即必须有偏差才能调整。如果 U_o 绝对不变,调整管的 U_{CE} 也绝对不变,则电路也就不能起调整作用了。因此,U_o 不可能达到绝对稳定,只能达到基本稳定。这样,图 1-3 中所示的电路实际是一个闭环调整系统。

由以上分析可知,当反馈越深时,调整作用越强,输出电压 U_o 也越稳定,电路的稳压系数和输出电阻 R_o 也越小。

2. 基准电压源

基准电压源一般可以使用由稳压二极管组成的稳压源,但目前有很多基准电压集成电路,这些电路的稳压性能非常好,因此它们被广泛用做高性能稳压电源的基准电压源,或 A/D 和 D/A 转换器的参考电源。基准电压集成电路常用的型号是 MC1403、MC1503 和 TL431。

TL431 是一个性能优良的基准电压集成电路。它主要应用在稳压、仪器仪表、可调电源和开关电源中,是稳压二极管的良好替代品,其主要特点是:可调输出电压为 2.5～36V,典型输出阻抗为 0.2Ω,吸收电流为 1～100mA,温度系数为 30ppm/℃,有多种封装形式。

基准电压集成电路 TL431 及其应用电路如图 1-4 所示。TL431 的图形符号如图 1-4(a)所示。如图 1-4(b)所示是使用 TL431 的稳压电路。其最大稳定电流为 2A,输出电压的调节范围为 2.5～24V。在图中,发光二极管 VD 作为稳压二极管使用,使 VT_2 的发射结恒定,从而使电流 I_1 恒定,保证当输入电压变化时,TL431 不会因电流过大而损坏。当输入电压变化时,TL431 的参考电压 U_{REF} 随之变化,当输出电压上升时,TL431 的阴极电压随 U_{REF} 上升而下降,输出电压也随之下降。

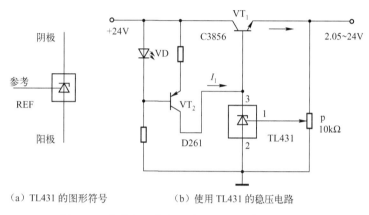

(a) TL431 的图形符号　　(b) 使用 TL431 的稳压电路

图 1-4　基准电压集成电路 TL431 及其应用电路

3. 简单分立元件组成的串联稳压电源

简单分立元件组成的串联稳压电源如图 1-5 所示,它是一个典型的串联稳压电源。图中,变压器将 220V 市电降成需要的电压后,再进行桥式整流和滤波,从而将交流电变成直流电并滤去纹波,然后经过简单的串联稳压电路进行串联稳压,最后输出端便得到了稳定的直流电压。

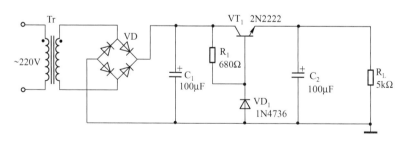

图 1-5　简单分立元件组成的串联稳压电源

4. 集成稳压电路

集成稳压电路采用集成稳压器来实现稳压功能。集成稳压器具有使用安全可靠、接线简单、维护方便、价格低廉等优点,当前正被广泛采用。集成稳压器一般有三个引脚:输入、输出和公共端,在其芯片内部有过流、过热及短路保护电路。

1) 三端固定集成稳压电路

三端固定集成稳压电路（三端稳压器）的输出电压是固定的，常用的是 CW7800/CW7900 系列。CW7800 系列输出正电压，其输出电压有 5V、6V、7V、8V、9V、10V、12V、15V、18V、20V 和 24V 共 11 个挡。该系列的输出电流分为 5 挡，其中 7800 系列是 1.5A，78M00 系列是 0.5A，78L00 系列是 0.1A，78T00 系列是 3A，78H00 系列是 5A。CW7900 系列与 CW7800 系列所不同的是其输出电压为负值。

三端稳压器的工作原理与前述串联反馈式稳压电路的工作原理基本相同，它也由采样、基准、放大和调整等单元组成。三端稳压器只有三个引出端子：输入、输出和公共端。其中输入端接整流滤波电路；输出端接负载；公共端接输入、输出的公共连接点。为使它工作稳定，一般在输入端和输出端与公共端之间分别并接一个电容。使用三端稳压器时注意一定要加散热器，否则它的工作电流达不到额定电流。

三端稳压器的典型应用如图 1-6 所示，该图是 LM7805 和 LM7905 作为固定输出电压电路的典型接线图。正常工作时，输入、输出电压差 2~3V。电容 C_1 用来实现频率补偿，C_2 用来抑制稳压电路的自激振荡，C_1 一般为 $0.33\mu F$，C_2 一般为 $1\mu F$。

2) 三端可调输出电压集成稳压器

三端可调输出电压集成稳压器（简称三端可调稳压器）是在三端固定式集成稳压器（简称三端固定稳压器）基础上发展起来的，其生产量大且应用面广。它也有 LM117、LM217 和 LM317 系列（正电压输出），LM137、LM237 和 LM337 系列（负电压输出）两种类型，它既保留了三端固定稳压器的简单结构形式，又克服了三端固定稳压器输出电压不可调的缺点。它在内部电路设计上及集成化工艺方面采用了先进的技术，其性能指标比三端固定稳压器高一个数量级，其输出电压在 1.25~37V 范围内连续可调。其稳压精度高、价格便宜，称为第二代三端稳压器。

LM317 是三端可调稳压器的一种，它具有输出 1.5A 电流的能力。三端可调稳压器 LM317 的典型电路如图 1-7 所示。该电路的输出电压范围为 1.25~37V，其近似表达式是

$$U_o = U_{REF}\left(1 + \frac{R_2}{R_1}\right) \tag{1-4}$$

式中，$U_{REF} = 1.25V$。

如果 $R_1 = 240\Omega$，$R_2 = 2.4k\Omega$，则输出电压近似为 13.75V。

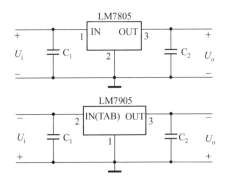

图 1-6 三端稳压器的典型应用

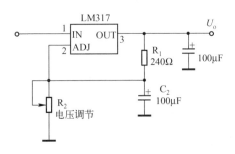

图 1-7 三端可调稳压器 LM317 的典型电路

3）低压差三端稳压器

前述三端稳压器的缺点是输入、输出之间必须维持 2~3V 的电压差（这样它们才能正常地工作），因此它们在电池供电的装置中不能使用。例如，7805 系列在输出 1.5A 时自身的功耗达到 4.5W，不仅浪费能源还需要散热器散热。

Micrel 公司生产的三端稳压器 MIC29150，具有 3.3V、5V 和 12V 三种电压，输出电流为 1.5A，并具有和 7800 系列相同的封装，因此可以与 7805 系列互换使用。该器件的特点是：压差低，在 1.5A 输出时的典型值为 350mV，最大值为 600mV；输出电压精度为 ±2%；最大输入电压可达 26V，输出电压的温度系数为 20ppm/℃，工作温度为 -40~125℃；有过流保护、过热保护、电源极性接反及瞬态过压保护（-20~60V）功能。该三端稳压器的输入电压为 5.6V，输出电压为 5.0V，功耗仅为 0.9W，比 7805 系列的 4.5W 小得多，因此可以不用散热片。另外，如果采用市电供电，则变压器功率可以相应减小。MIC29150 的使用与 7805 系列完全一样。

1.2.2 开关电源原理

线性电源的动态响应非常快，稳压性能好，只可惜其功率转换效率太低。要想提高效率，就必须使图 1-2 中的功率调整器件（即调整管）处于开关工作状态，再对图 1-2 所示电路相应地稍加改变即成为开关型稳压电源。转变后的降压型开关电源原理图如图 1-8 所示。调整管作为开关而言，导通时（压降小）几乎不消耗能量，关断时漏电流很小，也几乎不消耗能量，从而大大提高了转换效率，其功率转换效率可达 80% 以上。

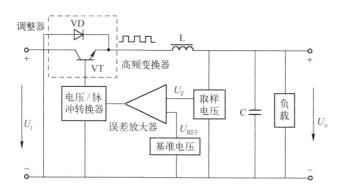

图 1-8 降压型开关电源原理图

在图 1-8 中，波动的直流电压 U_i 输入高频变换器（即开关管 VT 和二极管 VD），经高频变换器转变为高频（≥20kHz）脉冲方波电压，该脉冲方波电压通过输出滤波器（电感 L 和电容 C）变成平滑的直流电压供给负载。高频变换器和输出滤波器一起构成主回路，完成能量处理任务。而稳定输出电压的任务是靠控制回路对主回路的控制作用来实现的。控制回路包括取样电压部分、基准电压部分、比较放大器（误差放大器）、电压/脉冲转换器等。开关电源稳定输出电压可以直观理解为通过控制滤波电容的充、放电时间来实现。

具体的稳压过程为：当开关电源的负载电流增大或输入电压 U_i 降低时，输出电压 U_o 轻微下降，控制回路就使高频变换器输出的脉冲方波的宽度变宽，即给电容多充点电（充电时间加长），少放点电（放电时间减短），从而使电容 C 上的电压（即输出电压）回升，起到稳定输出电压的作用。反之,当外界因素引起输出电压偏高时,控制电路使高频变换器输出脉冲方波的宽度变窄,即给电容少充点电,从而使电容 C 上的电压回落,稳定输出电压。

随着电力电子技术的发展,大功率开关晶体管、快恢复二极管及其他元器件的电压得到了很大的提高,这为取消稳压电源中的工频变压器,发展高频开关电源创造了条件。由于高频开关电源不需要工频变压器,故称它为无工频变压器的开关电源。它使电源在小型化、轻量化、高效率等方面又迈进了一步。无工频变压器的开关电源的方框图如图 1-9 所示。带高频变压器耦合的开关电源原理框图如图 1-10 所示,它则是从工作波形角度介绍的。

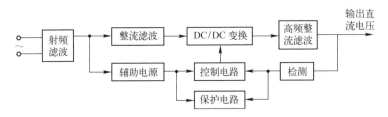

图 1-9 无工频变压器的开关电源的方框图

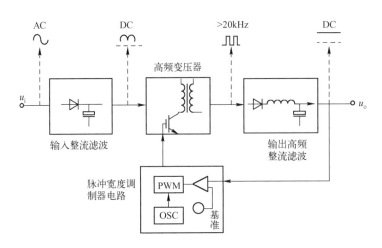

图 1-10 带高频变压器耦合的开关电源原理框图

上述电源的共同特点是具有高频变压器,直流稳压是从变压器次级绕组的高频脉冲电压整流滤波而得来的,且变压器的初级、次级是隔离的或部分隔离的,而输入电压是直接从交流市电整流得到的直流高压。

带变压器耦合的开关电源电路原理如图 1-11 所示。该电路中的晶体管(13005)起开关作用。当晶体管饱和导通时,相当于开关接通,电源电压直接加到变压器的一次侧(初级)线圈($u_1 = U_i$),极性为上正下负。由变压器线圈的同名端可知,二次侧(次级)线圈的感应电动势为上负下正,整流二极管不导通,二次侧线圈电流为零,而一次侧线圈的电流为

$$i_1 = i_{10} + \frac{1}{L_1}\int U_i dt = i_{10} + \frac{U_i}{L_1}t \tag{1-5}$$

式中,L_1 为变压器一次侧线圈的自感;i_{10} 是晶体管导通后一次侧线圈的初始电流。

当晶体管截止时,相当于开关断开,一次侧线圈电流变为零,在一次侧线圈中产生的感应电动势为上负下正,在二次侧线圈中产生的感应电动势为上正下负,整流二极管导通。这

时二次侧线圈的端电压为输出电压（$u_2 = U_o$），二次侧线圈的电流为

$$i_2 = i_{20} - \frac{1}{L_2}\int U_o \mathrm{d}t = i_{20} - \frac{U_o}{L_2}t \tag{1-6}$$

式中，L_2 为变压器二次侧线圈的自感。

由于主磁通不能突变，则在晶体管关断的瞬间，磁路的磁势（安匝数）不能发生突变。设晶体管关断瞬间一次侧线圈的电流为 i_{11}，晶体管关断后瞬间二次侧线圈的电流为 i_{20}，则有

$$N_1 i_{11} = N_2 i_{20} \quad 或 \quad i_{20} = k i_{11} \tag{1-7}$$

式中，变比 $k = N_1/N_2$。

同理，在晶体管导通的瞬间有

$$N_2 i_{21} = N_1 i_{10} \quad 或 \quad i_{21} = k i_{10} \tag{1-8}$$

即 $\Delta i_2 = -k\Delta i_1$。

式（1-7）与式（1-8）相减得

$$\Delta i_2 = -k\Delta i_1 \tag{1-9}$$

式中，$\Delta i_1 = i_{11} - i_{10}$；$\Delta i_2 = i_{21} - i_{20}$。

将式（1-5）和式（1-6）代入式（1-9）有

$$k\frac{U_i}{L_1}T_{on} = \frac{U_o}{L_2}T_{off} \tag{1-10}$$

式中，T_{on} 和 T_{off} 分别为晶体管的导通时间和截止时间。

再考虑到 $L_1 = k^2 L_2$，则有

$$U_o = \frac{1}{k}\frac{T_{on}}{T_{off}}U_i \tag{1-11}$$

由此可见，输出电压除了与输入电压 U_i 及变压器的变比 k 有关以外，还与晶体管的导通时间与截止时间之比有关。

当晶体管截止时，变压器一次侧线圈的电压 $u_1 = -kU_o$，晶体管的集电极与发射极之间的电压 $u_{ce} = -u_1 + U_i$。再考虑到漏磁通所产生的感应电动势，则应选用耐压较高的晶体管。为了减小漏感所产生的尖峰电压，常在晶体管的集电极与发射极之间接一个由电阻、电容和开关二极管所组成的吸收网络。

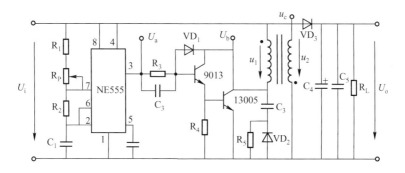

图 1-11 带变压器耦合的开关电源电路原理图

开关型稳压电源控制器的作用是控制晶体管的导通和关断。为了能在输入电源变化时或负载变化时保证输出电压稳定不变，一般控制器将输出电压的采样值与给定值相比较，用比

较的结果来调节晶体管的导通与截止时间之比。为了简化电路、突出重点，这里采用了一个由 NE555 构成的多谐振荡器作为控制器，并省略了采样比较环节。该多谐振荡器输出方波的占空比可由电位器 Rp 调节，即

$$占空比\% = \frac{脉冲宽度\ T_p（正脉冲）}{脉冲周期\ T} \times 100\% \tag{1-12}$$

1.2.3 线性电源与开关电源的比较

开关电源主要包括输入电网滤波器、输入整流滤波器、逆变器、输出整流滤波器、控制电路、保护电路。它们的功能介绍如下。

（1）输入电网滤波器：消除来自电网的干扰，如电动机的启动、电器的开/关、雷击等产生的干扰，同时也防止开关电源产生的高频噪声向电网扩散。

（2）输入整流滤波器：对电网输入电压进行整流滤波，为变换器提供直流电压。

（3）逆变器：是开关电源的关键部分，它把直流电压变换成高频交流电压，并且起到将输出部分与输入电网隔离的作用。

（4）输出整流滤波器：将变换器输出的高频交流电压整流滤波后得到需要的直流电压，同时还防止高频噪声对负载的干扰。

（5）控制电路：检测输出直流电压，并将其与基准电压比较后进行放大；调制振荡器的脉冲宽度，从而控制变换器以保持输出电压的稳定。

（6）保护电路：当开关电源发生过电压、过电流短路时，保护电路使开关电源停止工作以保护负载和电源本身。

线性电源一般是将输出电压取样后与参考电压一起送入比较电压放大器，此电压放大器的输出作为电压调整管的输入，用以控制调整管使其结电压随输入的变化而变化，从而调整其输出电压。但开关电源是通过改变调整管的开和关的时间（即占空比）来改变输出电压的。开关电源与线性电源的主要性能比较如表 1-2 所示。

表 1-2 开关电源与线性电源的主要性能比较

项　　目	开关电源	线性电源
功率转换效率	65% ~ 95%	20% ~ 40%
发热（损耗）	小	大
体积	小	大
功率体积系数	60 ~ 100W/dm³	20 ~ 30W/dm³
质量	轻	重
功率质量系数	60 ~ 150W/kg	22 ~ 30W/kg
对电网变化的适应性	强	弱
输出电压保持时间	长（20ms）	短（5ms）
电路	复杂	简单
射频干扰和电磁干扰（RFI 和 EMI）	大	小
纹波	大，(10mV)$_{P-P}$	小，(5mV)$_{P-P}$
动态响应	稍差（2ms）	好（100ls）
电压、负载稳定度	高	低

线性电源与自来水管类似，由于没有开关介入，使得上水管一直在放水，如果有多的水，就会漏出来，这就是我们经常看到的某些线性电源的 MOS 管发热量很大，用不完的电能全部转换成了热能。从这个角度来看，线性电源的转换效率就非常低了，而且热量高时，元件的寿命势必要下降，影响最终的使用效果。由于线性电源的功率器件工作在线性状态，所以其工作效率低，一般为 50%~60%。线性电源的工作方式，使得从高压变低压必须有降压变压器，再经过整流输出直流电压，这样就造成其体积很大，笨重，效率低、发热量也大。当然，线性电源也有优点：纹波小，调整率好，对外干扰小，适合用于模拟电路、各类放大器领域。

而开关电源的功率器件工作在开关状态（一开一关，频率非常快，一般平板开关电源的频率为 100~200kHz，模块电源为 300~500kHz），同时它对变压器有要求，需要用高磁导率的材料来制作变压器。

总之，与线性电源相比，开关电源的功率转换效率高，可达 65%~90%（美国最好的 VICOR 开关电源模块的效率高达 99%），发热少，功率体积系数可达 60~100W/dm^3，对电网电压大范围变化具有很强的适应性，电压、负载稳定度高，输出电压保持时间长达 20ms；开关电源不需要工频变压器，工作频率高，所需的滤波电容、电感小，因此其体积小，质量轻，动态响应速度快；开关电源的开关频率都在 20kHz 以上，超出人耳的听觉范围，没有令人心烦的噪声；开关电源可以采用有效的功率因数校正技术，使功率因数达到 0.9 以上，高的甚至达到 0.99（安圣的 HD4850 整流模块）。这些使得开关电源在通信电源领域已大量取代线性电源。

开关电源的主要缺点就是线路复杂，输出纹波较大。开关电源电路问世之初，其控制线路都是由分立元件或运算放大器等集成电路组成的，元件多，线路复杂，随之产生的可靠性差等原因严重影响了开关电源的广泛应用。

开关电源的发展依赖于元器件和磁性材料的发展。20 世纪 70 年代后期，随着半导体技术的高度发展，高反压快速功率开关管使无工频变压器的开关电源迅速实用化。而集成电路的迅速发展为开关电源控制电路的集成化奠定了基础。陆续涌现出的开关电源专用的脉冲调制电路，如 SG3525 和 TL494 等为开关电源提供了成本低、性能优良可靠、使用方便的集成控制电路芯片，从而使得开关电源的电路由复杂变为简单。目前，开关电源的输出纹波已降至 100mV 以下，射频干扰和电磁干扰也被抑制到很低的水平上。总之，随着电力电子技术的发展，开关电源的缺点正逐步被克服，其优点也得以充分发挥。尤其在当前能源比较紧张的情况下，开关电源的高效率能够在节能上做出很大的贡献。正因为开关电源具有这些优点，所以它得到了蓬勃的发展。

1.2.4 单片开关电源

1. 概述

单片开关电源自 20 世纪 90 年代中期问世以来便显示出强大的生命力。它作为一项颇具发展前景和影响力的新产品，引起了国内外电源界的普遍关注。单片开关电源具有高集成度、高性价比、最简外围电路、最佳性能指标等，现已成为开发中、小功率开关电源、精密开关电源及开关电源模块的优选集成电路。目前，单片开关电源正朝着短、小、轻、薄、节能、安全的方向发展,并已涌现出许多单片开关电源的新技术和新产品。

2. 单片开关电源的产品分类

目前生产的单片开关电源主要有 TOPSwitch、TOPSwitch - Ⅱ、TinySwitch、TNY256、MC33370、TOPSwitch - FX、TOPSwitch - GX 几大系列。此外,还有 L4960 系列、L4970/L4970A 系列单片开关式稳压器,共 80 余种型号。其中,TOPSwitch、TOPSwitch - Ⅱ、TinySwitch、TNY256 和 TOPSwitch - FX、TOPSwitch - GX 系列均为美国 PI 公司的产品;MC33370 系列为 Motorola 公司的产品;L4960、L4970/L4970A 系列为意 - 法半导体有限公司(SGS - Thomson)的产品。根据引出端的数量,单片开关电源可划分成三端、四端、五端、多端共 4 种。

3. 三端单片开关电源芯片的性能特点

三端单片开关电源芯片是目前国际上正在流行的新型开关电源芯片。专业从事电源半导体芯片设计和生产的美国 Power Integration 公司在世界上率先研制成功的三端隔离式脉宽调制单片开关电源集成电路,被誉为"顶级开关电源"。其第一代产品以 1994 年推出的 TOP100/200 系列为代表,第二代产品则是 1997 年问世的 TOPSwitch - Ⅱ。TOPSwitch - Ⅱ 与第一代产品相比,不仅在性能上有进一步的改进,而且其输出功率得到了显著提高,现已成为国际上开发中、小功率开关电源及电源模块的优选集成电路。

TOPSwitch - Ⅱ 芯片有显著的优点:①由于高压 MOSFET、PWM 及驱动电路等集成在一个芯片里,大大提高了电路的集成度,所以用该芯片设计的开关电源,外接元器件少,可降低成本,缩小体积,提高可靠性;②内置高压 MOSFET,寄生电容小,可减少交流损耗;内置的启动电路和电流限制减少了直流损耗,加上 CMOS 的 PWM 控制器及驱动器功耗也只有 6mW,因此有效地降低了总功耗,提高了效率;③电路设计简单,只有三个功能引脚,分别是源极、漏极和控制极;MOSFET 的耐压高达 700V,因此 220V 交流电经整流滤波后,可直接供给该电路使用;④芯片内部具有完善的自动保护电路,包括输入欠压保护、输出过流、过热保护及自动再启动功能。

4. TOPSwitch - Ⅱ系列芯片的管脚排列和封装

TOPSwitch - Ⅱ 系列芯片有三种封装形式:TO - 220 型、DIP - 8 型和 SMD - 8 型。其中最常见的为三引脚的 TO - 220 封装,如图 1-12 所示。

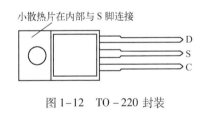

图 1-12 TO - 220 封装

(1)控制极 C:占空比控制误差放大器输入端和反馈电流输入脚。启动时,由内部高压电流源提供内部偏置电流;正常工作时,它流入反馈控制电流。它同时用做电源旁路电容和自动启动/补偿电容的接入点。

(2)源极 S:在 TO - 220 封装中,它既是 MOSFET 的源极接点,也是开关电源初级回路的公共点和参考点。

(3)漏极 D:MOSFET 的漏极接入点。在启动时,它提供内部偏置电流。

5. 单片开关电源的基本原理

TOPSwitch 系列单片开关电源的典型应用电路如图 1-13 所示。由于单端反激式开关电源电路简单、所用元件少，输出与输入间有电气隔离，能方便地实现多路输出，开关管驱动简单，所以该电源便采用了单端反激式拓扑结构。由图 1-13 可知，高频变压器初级绕组 NP 的极性与次级绕组 NS、反馈绕组 NF 的极性相反。当 TOPSwitch 导通时，次级整流管 VD_2 截止，此时电能以磁能量形式存储在初级绕组中；当 TOPSwitch 截止时，VD_2 导通，能量传输给次级。高频变压器在电路中兼有能量存储、隔离输出和电压变换三大功能。在图 1-13 中，BR 为整流桥，C_{IN} 为输入端滤波电容，C_{OUT} 为输出端滤波电容。交流电压 U_{AC} 经过整流滤波后得到直流高压 U_1，经高频变压器的初级绕组加至 TOPSwitch 的漏极上。在 MOSFET 关断瞬间，高频变压器的漏感会产生尖峰电压。另外，其在初级绕组上还会产生感应电压（即反向电动势）U_{OR}，两者叠加在直流输入电压 U_1 上，加至内 MOSFET 的漏极上，因此，必须在漏极增加钳位保护电路。钳位保护电路由瞬态电压抑制器或稳压二极管 VDZ_1、阻塞二极管 VD_1 组成，VD_1 宜采用超快恢复二极管。当 MOSFET 导通时，变压器的初级极性为上正下负，从而导致 VD_1 截止，因而钳位保护电路不起作用。在 MOSFET 截止瞬间，变压器的初级极性则变为上负下正，此时尖峰电压就被 VDZ_1 吸收掉。

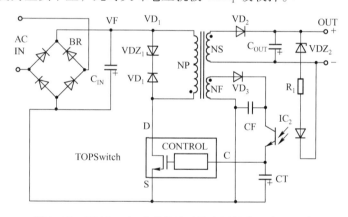

图 1-13 TOPSwitch 系列单片开关电源的典型应用电路

该电源的稳压原理简述如下：反馈绕组电压经过 VD_3、CF 整流滤波后获得反馈电压 U_{FB}，经光耦合器中的光敏三极管给 TOPSwitch 的控制端提供偏压。CT 是控制端 C 的旁路电容。设稳压二极管 VDZ_2 的稳定电压为 U_{Z2}，限流电阻 R_1 两端的压降为 U_R，光耦合器中 LED 发光二极管的正向压降为 U_F，则输出电压 U_O 可表示为 $U_O = U_{Z2} + U_F + U_R$。当由于某种原因（如交流电压升高或负载变轻）致使 U_O 升高时，因 U_{Z2} 不变，则 U_F 就随之升高，使 LED 的工作电流 I_F 增大，再通过光耦合器使 TOPSwitch 的控制端电流 I_C 增大。但因 TOPswitch 的输出占空比 D 与 I_C 呈反比，故 D 减小，这就迫使 U_O 降低，从而达到了稳压目的。反之，$U_O \downarrow \rightarrow U_F \downarrow \rightarrow I_F \downarrow \rightarrow I_C \downarrow \rightarrow D \uparrow \rightarrow U_O \uparrow$，同样起到稳压作用。由此可见，反馈电路是通过调 TOPSwitch 的占空比，使输出电压趋于稳定的。

6. 单片开关电源的应用领域

（1）通用开关电源，如各种普通开关电源模块、精密开关电源模块、智能化开关电源模块。

（2）专用开关电源，如计算机、USB 接口电源、彩电、录像机（VCR）、摄录像机（CVCR）等高档家用电器中的待机电源；电子仪器仪表中的电源；调制解调器电源；辅助电源；IC 卡付费电度表中的小型化开关电源模块；机顶盒（Set–top Box）电源；手机电池充电器；AC/DC 电源适配器等。

（3）特种开关电源，如复合型开关电源、恒压/恒流型开关电源、截流输出型开关电源、恒功率输出型开关电源、功率因数校正器（PFC）。

1.3 开关电源的分类

开关电源的种类很多，因此其分类方法也很多。

1. 按驱动方式分类

开关电源按驱动方式分类，可分为自励式和他励式。在自励式开关电源中，由开关管和高频变压器构成正反馈环路来完成自激振荡；而他励式开关电源必须附加一个振荡器，振荡器产生的开关脉冲加在开关管上，控制开关管的导通和截止。

2. 按 DC/DC 变换器的工作方式分类

开关电源按 DC/DC 变换器的工作方式分类，可分为单端正激式和反激式、推挽式、半桥式、全桥式等；降压型、升压型和升降压型等。单端式开关电源仅采用一个开关管，推挽式和半桥式采用两个开关管，全桥式则采用四个开关管。一般来说，功率很小的电源（1~100W）采用电路简单、成本低的反激式电路较好；当电源功率在 100W 以上且工作环境干扰很大、输入电压质量恶劣、输出短路频繁时，则应采用正激式电路；对于功率大于 500W、工作条件较好的电源，则采用半桥式或全桥式电路较为合理；如果对成本要求比较严，可以采用半桥式电路；如果功率很大，可以采用全桥式电路；推挽式电路通常用于输入电压很低、功率较大的场合。

3. 按电路组成分类

开关电源按电路组成分类，有谐振型和非谐振型。

4. 按控制方式分类

开关电源按控制方式分类，有脉冲宽度调制（PWM）式、脉冲频率调制（PFM）式、PWM 与 PFM 混合式。

5. 按电源是否隔离和反馈控制信号耦合方式分类

开关电源按电源是否隔离和反馈控制信号耦合方式分类，有隔离式、非隔离式和变压器耦合式、光电耦合式等。

以上这些方式的组合可构成多种方式的开关电源。因此，设计者需根据各种方式的特征进行有效地组合，以制作出满足需要的高质量开关电源。

1.4 开关电源的主要技术指标

开关电源的技术指标分为两种：一种是电气技术参数，包括允许的输入电压、输出电压、输出电流及输出电压调节范围等；另一种是质量指标，用来衡量输出直流电压的稳定程度，包括稳压系数、输出电阻、温度系数及纹波电压等。这些质量指标的含义简述如下。

1. 开关电源的电气技术参数

（1）输入电源的相数、频率。根据输出功率的不同，开关电源可采用单相或三相电源供电。当输出功率高于5kW时，通常采用三相电源供电，以使三相负载平衡。我国的工频电源频率为50Hz。

（2）输入额定电压、允许电压波动范围。我国工频电源的额定相电压为220V，线电压为380V。在允许电压波动范围内都要保证额定输出功率。

（3）额定输入电流。额定输入电流指在额定输入电压、额定输出功率时的输入电流。

（4）最大输入电流。最大输入电流指在允许的下限输入电压、额定输出功率时的输入电流。

（5）输入功率因数。输入功率因数指输入有功功率与视在功率的比值。

（6）额定输出直流电压（标称输出直流电压）。额定输出直流电压指在额定输出电流的状态下，满足规定的稳压精度及纹波指标时的最大输出直流电压。

（7）输出电压纹波与噪声。输出电压纹波指输出中与输入电源频率同步的交流成分，用峰-峰值表示。噪声指输出中除纹波以外的交流成分，也用峰-峰值表示。也常用纹波和噪声的总和值减去输出中交流成分的峰-峰值来表示输出中交流分量的大小。

（8）额定输出电流。额定输出电流指额定输出电压时供给负载的最大平均电流。

（9）效率。效率指输出有功功率与输入有功功率之比。

2. 开关电源的质量指标

（1）电压调整率 S_V。电压调整率是表征开关电源稳压性能优劣的重要指标，又称为稳压系数或稳定系数。它表征当输入电压 U_i 变化时开关电源输出电压 U_o 稳定的程度，通常以单位输出电压下的输入和输出电压的相对变化的百分比 $\left(\dfrac{\Delta U_i}{\Delta U_o \cdot U_o} \times 100\%\right)$ 来表示。

（2）电流调整率 S_I。电流调整率是反映开关电源负载能力的一项主要指标，又称为电流稳定系数。它表征当输入电压不变时，开关电源对由于负载电流（输出电流）变化而引起的输出电压的波动的抑制能力。在规定的负载电流变化的条件下，通常以单位输出电压下的输出电压变化值的百分比 $\left(\dfrac{\Delta U_o}{U_o} \times 100\%\right)$ 来表示开关电源的电流调整率。

（3）纹波抑制比 S_R。纹波抑制比反映了开关电源对输入端引入的市电电压的抑制能力。当开关电源的输入和输出条件保持不变时，开关电源的纹波抑制比常用输入纹波电压峰-峰值与输出纹波电压峰-峰值之比表示，且一般用分贝数表示，但是有时也可以用百分数表示，或直接用两者的比值表示。

(4)温度稳定性。集成开关电源的温度稳定性是用在所规定的开关电源工作温度 T_i 的最大变化范围内（$T_{min} \leqslant T_i \leqslant T_{max}$），开关电源输出电压的相对变化的百分比值 $\left(\dfrac{\Delta U_o}{U_o} \times 100\%\right)/\Delta T$ 来表示的。

3. 开关电源的工作指标

开关电源的工作指标是指开关电源能够正常工作的工作区域，以及保证正常工作所必需的工作条件。这些工作指标取决于构成开关电源的元件的性能。

（1）输出电压范围。输出电压范围是指在符合开关电源工作条件的情况下，开关电源能够正常工作的输出电压范围。该指标的上限由最大输入电压和最小输入－输出电压差所决定，而其下限由开关电源内部的基准电压值决定。

（2）最大输入－输出电压差。该指标表征在保证开关电源正常工作的条件下，开关电源所允许的最大输入－输出之间的电压差值。该值主要取决于开关电源内部调整晶体管的耐压指标。

（3）最小输入－输出电压差。该指标表征在保证开关电源正常工作的条件下，开关电源所需的最小输入－输出之间的电压差值。

（4）输出负载电流范围。输出负载电流范围又称为输出电流范围。在这一电流范围内，开关电源应能保证符合指标规范所给出的指标要求。

4. 极限参数

（1）最大输入电压。该电压是保证开关电源安全工作的最大输入电压。
（2）最大输出电流。该电流是保证开关电源安全工作所允许的最大输出电流。

5. 保护参数

（1）过流保护。这是一种电源负载保护功能，以避免发生包括输出端子上的短路在内的过负载输出电流对电源和负载的损坏。过流的给定值一般是额定电流的110%～130%。

（2）过压保护。这是一种对端子间过大电压进行负载保护的功能。过压一般规定为标称电压的130%～150%。

（3）输出欠压保护。输出欠压保护是指当输出电压在标准值以下时，检测输出电压下降或为保护负载及防止误操作而停止电源并发出报警信号。输出欠压多为输出电压的80%～30%。

此外，还有反映系统动态特性的指标，如突加负载时的动态电压降、调制时间等，以及开关电源的电磁干扰与射频干扰指标等。不同的应用场合对电源的要求有所不同，因此设计开关电源时，首先应根据具体情况确定对电源的技术指标要求，然后选择合适的变换器结构并完成相关参数的设计。

1.5 需要掌握的基本概念

为方便读者学习，现在对开关电源技术中所涉及的重要概念进行归纳，使读者能快速掌握相关知识。当然这些概念在后续介绍中均有详细的介绍。

1. 脉宽调制（Pulse Width Modulation，PWM）

脉宽调制是开关电源中常用的一种调制控制方式。其特点是保持开关频率恒定（即开关周期不变），改变脉冲宽度，使电网电压和负载变化时，开关电源的输出电压变化最少。

2. 占空比（Duty Cycle Ratio）

占空比 D 指一个周期 T 内，晶体管导通时间 t_{ON} 所占的比例，$D = t_{ON}/T$。

3. 硬开关（Hard Switching）

当晶体管上的电压（或电流）尚未到零时，强迫开关管开通（或关断），这时开关管的电压下降（或上升）和电流上升（或下降）有一个交叠过程，使得在开关过程中管子上有损耗，这种开关方式便称为硬开关。

4. 软开关（Soft Switching）

使晶体管开关在电压为零时开通，或电流为零时关断，从而在开关过程中使管子的损耗接近于零，这种开关方式称为软开关。

5. 谐振（Resonance）

谐振是交流电路中的一种物理现象。在理想的（无寄生电阻）电感和电容串联电路输入端加正弦电压源，当电源的频率为某一频率时，容抗与感抗相等，电路阻抗为零，电流可达无穷大，这一现象称为串联谐振。同理，在理想的 LC 并联电路上加正弦电流源时，电路的总导纳为零，元件上的电压为无穷大，这一现象称为并联谐振。电路谐振时有以下两个重要参数。

（1）谐振频率：谐振时的电路频率，$\omega_0 = 1/\sqrt{LC}$，称为谐振频率。

（2）特征阻抗：谐振时，感抗等于容抗，其值为 $Z_0 = \sqrt{L/C}$，称为特征阻抗。当 LC 串联电路上突加直流电压时，电路中的电流按正弦规律无阻尼振荡，其频率即为电路的谐振频率，也称为振荡频率。

6. 准谐振（Quasi–Resonance）

对于有开关的 LC 串联电路，当电流按谐振频率振荡时，如果开关动作，使电流正弦振荡只在一个周期的部分时间内发生，则电流会呈准正弦，这一现象称为准谐振。同样，在 LC 并联电路中，借助开关动作，也可获得准谐振。

7. 零电压开通（Zero–Voltage–Switching，ZVS）

利用谐振现象，当开关变换器中的器件电压按正弦规律振荡到零时，使器件开通，称为 ZVS。

8. 零电流关断（Zero–Current–Switching，ZCS）

同理，当开关变换器中的器件电流按正弦规律振荡到零时，使器件关断，称为 ZCS。

9. PWM 开关变换器（PWM Switching Converler）

PWM 开关变换器是指用脉宽调制方式控制晶体管开关通、断的开关变换器。它属于恒频控制的硬开关类型。

10. 离线式开关变换器（Off – Line Switching Converter）

离线式开关变换器是一种 AC/DC 变换器，其输入端整流器和平波电容直接接在交流电网上。

11. 谐振变换器（Resonant Converter）

利用谐振现象，使开关变换器中器件上的电压或电流按正弦规律变化，从而创造了 ZVS 或 ZCS 的条件，这样的变换器称为谐振变换器。谐振变换器分为串联和并联谐振变换器两种。在桥式变换器的输出端串联 LC 网络，再连接变压器和整流器，可得到串联谐振 DC/DC 变换器；在桥式变换器串联 LC 网络的电容两端并联负载（包括变压器及整流器），可得到并联谐振 DC/DC 变换器。

12. 准谐振变换器（Quasi – Resonant Converter）

利用准谐振现象，使开关变换器中器件上的电压或电流按准正弦规律变化，从而创造了 ZVS 或 ZCS 的条件，称为准谐振变换器。在单端、半桥或全桥变换器中，利用寄生电感和电容（如变压器漏感、晶体开关管或整流管的结电容）或外加谐振电感和电容，可得到相应的准谐振变换器。谐振参数可以超过两个，如三个或更多，这时又称为多谐振变换器。为保持输出电压基本恒定，谐振和准谐振变换器均必须有变频控制。

13. 高频开关变换器

20 世纪 60 年代，PWM 开关变换器的开关频率为 20kHz，所用开关器件为功率双极晶体管。提高开关频率，可以减小变换器的体积、质量，提高功率密度，控制音频噪声，改善动态响应。但为了提高开关频率，先决条件是必须有高频功率晶体管。此外，频率越高，PWM 开关（一种硬开关）的开关过程损耗也越大，不能保证高频、高效率运行。高频功率 MOSFET 的广泛应用，使开关变换器的高频化有了可能，如 PWM 开关变换器的开关频率可提高到 30kHz 以上。20 世纪 80 年代，软开关变换技术的开发，使高频、高效率开关变换器有可能商品化。例如，准谐振开关电源，其开关频率达到 $1 \sim 10$MHz，功率密度达到 80W/in^3（PWM 开关变换器受频率限制，功率密度最高为 $0.5 \sim 3$W/in^3）；移相式全桥 ZVS – PWM 变换器，功率为 250W 以上，开关频率可达 $0.5 \sim 1$MHz。但是当 IGBT 用做开关器件时，开关频率一般只限于 $20 \sim 40$kHz。但有些高频 IGBT，如 1RGBC30U，可工作到 300kHz。

14. DC/DC 开关变换器

DC/DC 开关变换器是指由直流电源供电时，输送直流功率的开关变换器。它是开关电源的功率电路，包括功率变换及整流滤波两部分。其输出电压可低于或高于输入电压。它按输入、输出有无变压器分，有隔离、无隔离两类。无隔离变压器的 DC/DC 开关变换器的典型拓扑结构有 Buck、Boost、Buck – Boost、Cuk、Sepic 和 Zeta 6 种。其中，Buck、Boost 和 Buck – Boost 是基本的拓扑结构。它们的核心部分是 T 形（或 Y 形）开关网络。

15. 连续导电模式（Continuous Conducting Mode，CCM）

连续导电模式指一周期内电感电流（或传送能量的电容电压）始终大于零。

16. 不连续导电模式（Discontinueous Conducting Mode，DCM）

不连续导电模式指一周期内电感电流波形不连续或电容电压不是始终大于零。

17. Buck 变换器

Buck 变换器又称降压变换器，由简单的电压斩波加 LC 滤波电路组成。CCM 时，理论上，其稳态电压比 $U_o/U_i = D < 1$（D 为占空比），因此输出电压 U_o 小于输入电压 U_i，但输入端电流不连续，而输出端电流连续。

18. Boost 变换器

Boost 变换器又称升压变换器，是斩波和滤波的组合电路，滤波电感接在输入端。理论上，其稳态电压比 $U_o/U_i = 1/(1-D)$，因此输出电压高于输入电压，输入电流连续，适合用做有源功率因数校正电路，但输出电流不连续。Boost 变换器与 Buck 变换器对偶。

19. Buck – Boost 变换器

Buck – Boost 变换器由电压斩波器和滤波器组成。其特点是依靠电感储能，将功率由电源传送到负载。其稳态电压比 $U_o/U_i = D/(1-D)$，输出电压可高于或低于输入电压，取决于 D 大于或小于 0.5。其输入和输出电流均不连续。

20. 单端变换器（Single – Ended Converter）

单端变换器的最简单的电路形式为有隔离变压器的 DC/DC 变换器。其主要特征是高频变压器的磁心被单向脉动电流激磁，一周期内磁心中的磁通只在磁滞回线（即 B – H 回线的第一象限）上变化，因此磁心的磁性能得不到充分利用。按一周期内激磁方向不同，它可分为正激、反激变换器；还有带隔离的 Cuk 变换器等。它可以有多路输出。

21. （单管）正激变换器（Forward Converter）

（单管）正激变换器是结构简单的一种单端变换器，本质上是有隔离变压器的 Buck 变换器，在变压器副边输出端除了串联一个二极管外，还并联一个续流二极管。其特点是开关管导通时，能量由原边传送到副边；开关管关断时，副边依靠电感续流。但两种情况下磁心所受激磁方向相同，因此必须采取"复位"措施（如变压器加去磁绕组），使一周期结束时，磁通恢复到周期开始时的原位置。（单管）正激变换器适用于小功率（几十到几百瓦）场合，且开关管的承受电压按 $2U_i$（U_i 为输入电压）计算。

22. 双管正激变换器（Two – Transistor Forward Converter）

双管正激变换器中有两个开关管与变压器原边绕组串联，它们同时开通或关断。变压器原边的接法像一个电桥，桥臂对角分别为两个开关管和两个二极管。桥的输出接变压器原边，其副边电路形式和单管正激变换器一样。其运行模式和桥式变换器完全不同。由于 t_{OFF} 时有去磁电流经过二极管及原边绕组，故无须另设去磁绕组。双管正激变换器可用于中等功率（1~2kW以下），每管承受电压约为 U_i。两套相同的双管正激变换器副边并联，输入串联或并联，接到 AC/DC 整流器后，可用于大功率（5~10kW）输出、输入端接 AC 400W 或 220V 电网的整流输出端。

23. 反激变换器（Flyback Converter）

反激变换器是一种最简单的单端变换器。它与正激电路不同的是：电压器副边接反向（Flyback）二极管；在 t_{off} 时变压器副边绕组中流过去磁电流，无须另设去磁绕组。反激变换器实质上是有隔离的 Buck – Boost 变换器，其变压器起了传送能量元件（电感）的作用，因此变压器磁心应有较大气隙，以增大电感量，从而增加传输能量。它适用于小功率（100W）场合。其开关管的承受电压和单管正激变换器一样。

24. 推挽变换器（Push Pull Converter）

两个对称正激电路接成推挽形式，构成方波逆变器。方波逆变器的功率变压器副边接推挽整流及 LC 滤波电路，形成 Buck 型推挽变换器，但输出无须另加续流二极管。其主要优点是设计简单，变换器磁心利用充分，无须另加去磁绕组，每管承受电压大于 $2U_i$；缺点是两管可能同时导电。它可用于中等功率及需要多路输出时。当电感接在输入端时，称为 Boost 型推挽变换器。

25. 半桥变换器（Half – Bridge Converter）

由两个功率晶体管和两个电容组成半桥变换器。两个功率晶体管轮流交替导通，两个电容串联接输入电压，变压器次级接推挽或桥式整流滤波电路，变换器在整个工作周期之内都向负载提供功率输出。半桥变换器适用于中等功率场合。

26. 全桥变换器（Full – Bridge Converter）

全桥变换器由四个功率晶体管组成，适用于大功率场合。相对于半桥变换器而言，全桥变换器的优点是每个管子的承受电压均为 U_i，且变压器磁性能可得到充分利用。其缺点是要考虑对称问题，并且在一个支路中，当两个桥臂的晶体管都导通时，是很危险的。滤波电感可接在电源输入端或整流输出端，分别称为 Boost 或 Buck 型桥式变换器。

27. 差模噪声（Defferential Mode Noise）

差模噪声指排除共模噪声后，在两条电源线之间测出的电源线对公共基准点的噪声。在电压系统中，通常在直流输出端和直流返回端测试噪声。

28. 漂移（Drift）

在电源电压、负载和工作温度等参数保持不变的情况下，在预热过程后，输出电压随时间的变化称为漂移。

29. 保持时间（Holdup Time）

保持时间指交流输入电源发生故障后，电源能保持输出电压不变的时间。

30. 带电插拔（Hot Swap）

带电插拔指在通电的系统中将电源插入或拔出。

31. 输入浪涌电流（Inrush Current）

输入浪涌电流指电源接通瞬间，流入电源设备的峰值电流。由于输入滤波电容迅速充电，所以该峰值电流远远大于稳态输入电流。开关电源应该限制 AC 开关、整流桥、熔断器、EMI 滤波器件能承受的输入浪涌电流值。反复开、关环路时，AC 输入电压不应损坏电源或导致熔断器烧断。

32. 拓扑结构（Topology）

拓扑结构指变换器的电路结构类型。常用变换器的电路结构有反激式、正激式、半桥式、全桥式、谐振式和软开关式等。

第 2 章　开关电源中的电力电子元器件及特性

电力电子元器件是指可以直接用于处理电能的主要电路中，实现电能的变换或控制的电子器件。广义上，电力电子器件可分为电真空器件和半导体器件（能够控制其导通而不能控制其关断）、全控型器件（通过控制信号既可控制其导通又可控制其关断，又称为自关断器件）和不可控器件（不能用控制信号来控制其通断，因此不需要驱动电路）。电力电子器件广泛应用于开关电源中。学习和掌握常用电力电子元器件的性能、用途、质量判别方法，对提高开关电源的设计质量及可靠性将起到重要的保证作用。

近年来，随着应用日益高速发展的需求，推动了电力电子器件的制造工艺的研究和发展，电力电子器件有了飞跃性的进步：其类型朝着多元化发展，性能也越来越改善。随着电力电子器件的发展，其特点也日益发生变化，主要体现在以下方面。

（1）能够快速恢复，以满足越来越高的速度需要。以开关电源为例，采用双极型晶体管时，速度可以达到几十千赫兹；使用 MOSFET 和 IGBT 时，速度可以达到几百千赫兹；而采用了谐振技术的开关电源，速度则可以达到兆赫兹以上。

（2）通态压降（正向压降）降低，这可以减少器件损耗，有利于提高速度，减小器件体积。

（3）电流控制能力增大。电流控制能力的增大和速度的提高是一对矛盾。目前晶闸管的电流控制能力最大，特别是在电力设备方面，还没有器件能完全替代晶闸管。

（4）额定电压：额定电压高则耐压高。额定电压和电流都是体现器件驱动能力的重要参数。特别是对电力系统的设计而言，额定电压显得非常重要。

（5）温度与功耗。这是两个综合性的参数，它们制约了电流能力、开关速度等方面能力的提高。目前有两个方向解决这个问题：一是继续提高功率器件的品质；二是改进控制技术来降低器件功耗，如谐振式开关电源。

2.1　电阻

电阻在电子电路中的作用相当广泛，它在电路中可以构成许多功能电路。电阻在电路中不仅可以单独使用，而且更多的情况是与其他元器件一起构成具有各种功能的电路。

2.1.1　电阻的基本知识

1. 定义

所谓电阻就是能将电能转化为其他形式能量的二端元件，广义上讲就是导体对电流的阻碍作用。它通常用符号"R"表示，单位为欧姆、千欧、兆欧（分别用 Ω、kΩ、MΩ 表示）

等，它们之间的换算关系是

$$1\text{k}\Omega = 10^3 \Omega, \ 1\text{M}\Omega = 10^6 \Omega, \ 1\text{G}\Omega = 10^9 \Omega, \ 1\text{T}\Omega = 10^{12} \Omega \tag{2-1}$$

2. 功能

电阻的主要职能就是阻碍电流通过（即限流、分流）、降压、分压、滤波（负载与电容配合）及阻抗匹配等。

3. 主要性能指标

(1) 标称阻值：电阻上面所标示的阻值。

(2) 允许误差：标称阻值与实际阻值的差值与标称阻值之比的百分数称为阻值偏差，把这个偏差规定在一个范围内，只要不超出该范围，该偏差就称为允许误差，它表示电阻的精度。允许误差与精度等级的对应关系如下：±0.5%—0.05；±1%—0.1（或00）；±2%—0.2（或0）；±5%—Ⅰ级；±10%—Ⅱ级；±20%—Ⅲ级。

(3) 额定功率：在正常的大气压力（90～106.6kPa）及环境温度为-55℃～+70℃的条件下，电阻长期工作所允许耗散的最大功率。线绕电阻的额定功率系列为（W）1/20,1/8,1/4,1/2,1,2,4,8,10,16,25,40,50,75,100,150,250,500。非线绕电阻的额定功率系列为（W）1/20,1/8,1/4,1/2,1,2,5,10,25,50,100。

(4) 额定电压：由阻值和额定功率换算出的电压。

(5) 最高工作电压：允许的最大连续工作电压。在低气压工作时，电阻的最高工作电压较低。

(6) 温度系数：温度每变化1℃所引起的电阻值的相对变化。温度系数越小，电阻的稳定性越好。电阻阻值随温度升高而增大的为正温度系数，反之为负温度系数。

(7) 老化系数：电阻在外界额定功率（电源）的长时间负荷下，阻值相对变化的百分数，它是表示电阻寿命长短的参数。

(8) 电压系数：当施加的电压变化时，电阻的阻值可能会发生很大的变化，这种现象称为电阻的电压系数。电压系数就是每单位电压变化所引起的阻值的百分变化量。

(9) 噪声：产生于电阻中的种种不规则的电压起伏，包括热噪声和电流噪声两部分。热噪声是指由于导体内部不规则的电子自由运动，使得导体任意两点的电压产生不规则的变化而产生的。

2.1.2 电阻的型号命名方法

国产电阻的型号由四部分组成（不适用于敏感电阻）。

第一部分：主称，用字母表示，表示产品的名称，如 R 表示电阻器，W 表示电位器。

第二部分：材料，用字母表示，表示电阻体用什么材料组成，如 T 表示碳膜、H 表示合成碳膜、S 表示有机实芯、N 表示无机实芯、J 表示金属膜、Y 表示氧化膜、C 表示沉积膜、I 表示玻璃釉膜、X 表示线绕等。

第三部分：分类，一般用数字表示，个别类型用字母表示，表示产品属于什么类型，如 1 表示普通、2 表示普通、3 表示超高频、4 表示高阻、5 表示高温、6 表示精密、7 表示精密、8 表示高压、9 表示特殊、G 表示高功率、T 表示可调等。

第四部分：序号，用数字表示，表示同类产品中的不同品种，以区分产品的外形尺寸和性能指标等。

2.1.3 电阻阻值的标注方法

1. 直标法

直标法指直接将电阻的阻值、材料、特性、误差和额定功率等标注在电阻体上。电阻的直标法标注如图 2-1 所示，其允许误差直接用百分数表示。

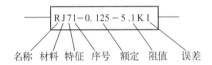

R—电阻；J—金属膜；7—精密；1—序号；0.125—额定功率；5.1K—标称阻值；Ⅰ—误差为5%

图 2-1 电阻的直标法标注

2. 文字符号法

文字符号法是指用阿拉伯数字和文字符号的有规律组合来表示标称阻值。表示允许误差的文字符号如表 2-1 所示。符号前面的数字表示整数阻值，后面的数字依次表示第一位小数阻值和第二位小数阻值。表示电阻单位的文字符号如表 2-2 所示。

表 2-1 表示允许误差的文字符号

文 字 符 号	允 许 误 差	文 字 符 号	允 许 误 差
B	±0.1%	J	±5%
C	±0.25%	K	±10%
D	±0.5%	M	±20%
F	±1%	N	±30%
G	±2%		

表 2-2 表示电阻单位的文字符号

文 字 符 号	所表示的单位	文 字 符 号	所表示的单位
R	欧姆（Ω）	G	千兆欧姆（$10^9 \Omega$）
K	千欧姆（$10^3 \Omega$）	T	兆兆欧姆（$10^{12} \Omega$）
M	兆欧姆（$10^6 \Omega$）		

3. 数码法

数码法指在电阻上用三位数码表示标称值的标注方法。数码从左到右，第一、二位为有效值，第三位为指数，即零的个数。允许误差通常采用文字符号 J(±5%)/K(±10%) 表示。

4. 色标法

色标法指用不同颜色的色环或色点在电阻表面标出标称阻值和允许误差。因为所有电阻的功率多为1/8W、1/16W，体积很小，所以标注方法只能采用色标法。采用色标法的电阻有两种：一种是四色环；另一种是五色环。色环法也适用于色环电容、色环电感。色环电阻的识别如表2-3所示。

表2-3 色环电阻的识别

色环颜色	色环颜色图示	有效数字	倍乘数	误差等级
黑		0	$\times 10^0$	—
棕		1	$\times 10^1$	±1%
红		2	$\times 10^2$	±2%
橙		3	$\times 10^3$	—
黄		4	$\times 10^4$	—
绿		5	$\times 10^5$	±0.5%
蓝		6	$\times 10^6$	±0.025%
紫		7	$\times 10^7$	±1%
灰		8	$\times 10^8$	—
白		9	$\times 10^9$	+5%，-20%
金		—	—	±5%
银		—	—	±10%
本色	电阻本身的颜色	—	—	±20%

1）四色环电阻的识别方法

色环电阻中最常见的是四色环电阻，四色环电阻的识别如图2-2所示。

在四色环电阻中：

第一道色环印在电阻的金属帽上，表示电阻有效数值的最高位，也表示色标法的读数方向；

第二道色环表示有效数值的次高位；

第三道色环表示有效数值后"0"的个数；

第四道色环表示误差。

读数方向：

① 金色或银色为一端，它们的另一端为读数方向；

② 两端线与线之间距离较宽的一端的反向为读数的方向。

2）五色环电阻的识别方法

五色环电阻是一种"精密电阻"，这种电阻一般为金属片电阻，其阻值的误差精度可达到千分之一。五色环电阻的识别与四色环电阻的识别基本相同，不同的是它的前面三环为有效数字位，依次分别为高位，次高位和低位；第四环为有效数字后"0"的个数；第五环表示允许误差。五色环电阻的识别如图2-3所示。

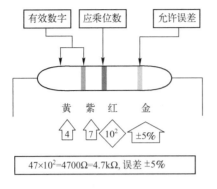
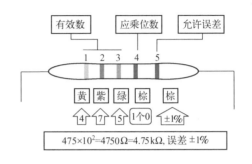

图 2-2 四色环电阻的识别　　　　　图 2-3 五色环电阻的识别

读数方向：
① 两端线与线之间距离较宽的一端的反向为读数方向；
② 有一端是误差线的另一端就是读数方向，若两端都是误差线则必须用万用表测量。

2.1.4　电阻的分类

1. 按照电阻的阻值特性分类

不能调节的电阻称为固定电阻，而可以调节的电阻称为可变电阻（电阻值变化范围小，又称为微调电阻）或电位器（电阻值变化范围大）。固定电阻、可调电阻、电位器的图形符号如图 2-4 所示。

图 2-4 固定电阻、可调电阻、电位器的图形符号

2. 按照电阻的用途分类

受光影响的电阻称为光敏电阻，受外界压力影响的电阻是压敏电阻，还有热敏、气敏、电敏、熔断电阻等。这些电阻的图形符号如图 2-5 所示。

图 2-5 热敏电阻、压敏电阻、光敏电阻、熔断电阻的图形符号

3. 按照电阻的材料分类

按照材料，电阻可分为膜式电阻（碳膜 RT、金属膜 RJ、合成膜 RH 和氧化膜 RY）、实芯电阻（有机 RS 和无机 RN）、金属线绕电阻（RX）、特殊电阻（MG 型光敏电阻、MF 型热敏电阻）四种。

2.1.5 常用电阻

1. 电阻器

1）碳膜电阻器

碳膜电阻器是膜式电阻的一种。它是通过真空高温热分解的结晶碳沉积在柱形的或管形的陶瓷骨架上制成的。碳膜电阻器的实物图如图 2-6 所示,它通过控制膜的厚度和刻槽来控制电阻值。

性能特点：有良好的稳定性，负温度系数小，高频特性好，受电压及频率影响较小，噪声电动势小，阻值范围宽，制作容易，成本低，应用广泛。

2）金属膜电阻器

金属膜电阻器是膜式电阻的一种，是将金属或合金材料用高真空加热蒸发法在陶瓷体上形成一层薄膜制成的。金属膜也可以采用高温分解、化学沉积和烧渗等方法制成。金属膜电阻器的实物如图 2-7 所示。

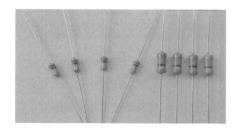 

图 2-6　碳膜电阻器的实物图　　　图 2-7　金属膜电阻器的实物图

性能特点：稳定性好，耐热性能好，温度系数小，电压系数比碳膜电阻器更好，工作频率范围大，噪声电动势小，可用于高频电路。在相同功率条件下，它比碳膜电阻器的体积小得多，但其脉冲负荷的稳定性较差。

3）金属氧化膜电阻器

金属氧化膜电阻器是用锡或锑等金属盐溶液喷到约为550℃的加热炉内的炽热陶瓷骨架表面上沉积后而制成的。金属氧化膜电阻器的实物如图 2-8 所示。

性能特点：比金属膜电阻器的抗氧化能力强，抗酸、抗盐的能力强，耐热性好（温度可达240℃）。其缺点是由于材料特性和膜层厚度的限制，阻值范围小。在超高频下工作时，由于电阻阻值较小，所以它主要用来补缺低电阻。

4）合成碳膜电阻器

合成碳膜电阻器是将碳黑、填料和有机黏合剂配成悬浮液，涂覆在绝缘骨架上，经加热聚合而制成。这种电阻主要适用于制成高压和高阻用电阻，并常用玻壳封上，制成真空兆欧电阻。合成碳膜电阻器的实物如图 2-9 所示。

性能特点：生产工艺、设备简单，价格低廉；阻值范围宽，可达 $10 \sim 10^6 M\Omega$。其缺点是抗湿性差，电压稳定性低，频率特性不好，噪声大。

5）有机合成实芯电阻器

有机合成实芯电阻器是将碳黑、石墨等导电物质和填料、有机黏合剂混合成粉料，经专用设备热压后装入塑料壳内制成的。有机合成实芯电阻器的实物如图 2-10 所示。

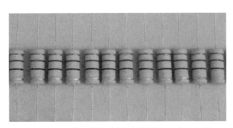 

图 2-8　金属氧化膜电阻器的实物图　　　图 2-9　合成碳膜电阻器的实物图

性能特点：机械强度高，可靠性好，具有较强的过负荷能力，体积小，价格低廉。但其固有噪声、分布参数较大，电压及温度稳定性差。

6）玻璃釉电阻器

玻璃釉电阻器是由金属银、铑、钌等金属氧化物和玻璃釉黏合剂混合成浆料，涂覆在陶瓷骨架体上，经高温烧结而成的。玻璃釉电阻器的实物如图 2-11 所示。

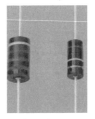 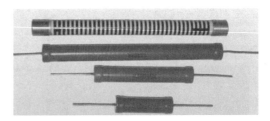

图 2-10　有机合成实芯电阻器的实物图　　　图 2-11　玻璃釉电阻器的实物图

性能特点：耐高温、耐湿性好，稳定性好，噪声小、温度系数小，阻值范围大。它属于厚膜电阻，有较好的发展前景。

7）线绕电阻器

线绕电阻器是用高比电阻（比电阻也称电阻率）材料康铜、锰铜或镍铬合金丝缠绕在陶瓷骨架上制作而成的电阻。它又依据表面被覆一层玻璃釉、有机漆或没有保护而被分别称为被轴线绕电阻器、涂漆线绕电阻器和裸式线绕电阻器。线绕电阻器的实物如图 2-12 所示。

性能特点：噪声小，温度系数小，热稳定性好，耐高温（工作温度可达 315℃），功率大等。其缺点是高频特性差。

8）片状电阻器

片状电阻器是一种片状的新型元件，也称为表面安装元件。片状电阻器是由陶瓷基片、电阻膜、玻璃釉保护和端头电极组成的无引线结构电阻元件。基片大都采用陶瓷或玻璃，它具有很高的机械强度和电绝缘性能。片状电阻器的实物如图 2-13 所示。

图 2-12　线绕电阻器的实物图　　　图 2-13　片状电阻器的实物图

性能特点：体积小，质量轻，性能优良，温度系数小，阻值稳定，可靠性强等。

9）光敏电阻器

光敏电阻器是利用半导体材料的光电导特性制成的。根据光谱特性，它可分为红外光敏电阻器，可见光光敏电阻器及紫外光光敏电阻器等。光敏电阻器的实物图如图 2-14 所示。它以较高的灵敏度、体积小、结构简单、价格便宜等优点被广泛应用于光电自动检测、自动计数、自动报警、照相机自动曝光等电路中。

10）热敏电阻器

热敏电阻器大多由半导体材料制成。它的阻值随温度的变化而变化。如果其阻值的变化趋势与温度变化趋势一致，则称为正温度系数电阻，简称 PTC；否则称为负温度系数的电阻，简称 NTC。其中 NTC 型电阻被广泛用来作为电路中的温度补偿元件。热敏电阻器的实物如图 2-15 所示。

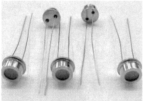
图 2-14 光敏电阻器的实物图

图 2-15 热敏电阻器的实物图

2. 电位器

1）合成碳膜电位器

合成碳膜电位器的电阻体是将用碳黑、石墨、石英粉、有机黏合剂等配成的一种悬浮液涂在玻璃纤维板或胶板上制成的。使用各类电阻体即可制成各种电位器，如片状半可调电位器、带开关的电位器、精密电位器等。合成碳膜电位器的实物如图 2-16 所示。

性能特点：阻值范围宽，从几百欧姆到几兆欧姆；分辨率高（由于阻值可连续变化，所以分辨率高）；能制成各种类型的电位器（碳膜电阻体可以按不同要求配比组合电阻液，从而制成多种类型电位器，如精密电位器、函数式电位器等）；寿命长、价格低、型号多，得以广泛应用。

合成碳膜电位器的不足之处有功率较小，一般小于 2W；耐高温性、耐湿性差；滑动噪声大，温度系数较大；低阻值的电位器（小于 100Ω）不易制造。

2）线绕电位器

线绕电位器是由电阻体和带滑动触点的转动系统组成的。电阻体是将电阻丝绕在涂有绝缘材料的金属或非金属板片上，制成圆环形或其他形状，经有关处理而制成的。线绕电位器的实物如图 2-17 所示。

图 2-16 合成碳膜电位器的实物图

图 2-17 线绕电位器的实物图

性能特点：耐热性好，温度系数小，并能制成功率电位器。又因为金属电阻丝是规则晶体，所以其噪声小、稳定性好，可制成精密线绕电位器。但其主要不足是分辨率低，耐磨性差，分布电容和固有电感大，不适合在高频电路中使用。

2.1.6 电阻的选用及注意事项

（1）选用电阻时，电阻的主要参数（包括标称阻值、额定功率和允许误差）必须满足实验和设计的需求。特别是电阻的额定功率一般要求大于实际工作值的 1～2 倍。

（2）在高频电路中，应选用分布参数小的电阻。这里所指的分布参数是指电阻的分布电感和分布电容。一般选非线绕电阻器，如碳膜电阻器、金属膜电阻器等。

（3）在高增益前置放大电路中，应选用噪声电动势小的电阻。这是因为各种类型的电阻都不同程度地存在着噪声电动势，如合成碳膜和实芯电阻器的噪声电动势就高达几十微伏，而金属膜电阻器的噪声电动势小于 1 微伏。

（4）不同工作频率的电路应选用不同种类的电阻。例如，线绕电阻器不适宜在高频电路中工作，但在低频电路中仍可选用；高频电路中可选用分布参数小的膜式电阻器。

（5）应针对电路稳定性的要求选用不同温度特性的电阻。原则上讲，温度系数越小，该电阻随温度的变化就越小，电路就越稳定，如稳压电源电路中的取样电阻，就宜选用温度系数小的金属氧化膜电阻器或玻璃釉电阻器等。但若在实际中考虑到寿命、价格及该电阻在电路中的具体作用时，就可忽略这个因素。例如，在去耦电路中，即使选用温度系数比较大的实芯电阻，对电路的工作影响也并不大。另外，在一些实际电路中，常选用具有正（负）温度系数的电阻去补偿因温度变化引起的电路稳定性的变化。例如，在甲乙类推挽功率放大电路中，常选用合适的负温度系数的热敏电阻与下偏置电阻并联，来补偿因功放管集电极电流随温度变化而引起的变化，从而稳定功放管的静态工作点。

（6）应根据工作环境场合选用不同类型的电阻。这里主要考虑该电阻的具体工作环境：如果靠近热源，则应耐高温；如果湿度太大，则应选防潮性能好的玻璃釉电阻；如果有酸、碱、盐腐蚀的影响，则应选抗腐蚀型电阻。

（7）应优先选用通用型和标准系列的电阻。这不仅因为其种类多，规格齐全，而且其成本低，在以后的维修工作中也易替换。如果确实不能满足要求时，再考虑选用特殊型、非标准系列的电阻。

2.2 电容

电容是一种主要针对交流信号进行处理的元件。利用电容对不同频率交流信号呈现的容抗变化，可以构成各种功能的电容电路。

2.2.1 电容的基本知识

1. 定义

所谓电容就是指在两个金属电极中间夹一层绝缘介质，当两个电极间加上电压时，电极上储存的电荷能将电能与电场能量相互转化的二端元件。因此，可以说电容是一种储能元件。在更多情况下,它用于与其他元器件构成功能丰富的电路。电容在电路中用 C 表示,电容的国际单位是法拉,用字母 F 表示,法拉是一个很大的单位。平常主要使用毫法(mF)、微法(μF)、纳法(nF)、皮法(pF),它们之间的换算关系是

$$1F = 10^3 mF = 10^6 \mu F = 10^9 nF = 10^{12} pF \quad (2-2)$$

2. 功能

(1)提高功率因数:在电力系统中并联电容可以提高功率因数。
(2)振荡:在电子电路中加电容构成 RC 和 LC 振荡电路以产生正弦波。
(3)滤波:在电子电路中并联电容以滤除干扰信号。
(4)相移:在电子电路串、并联电容使输入和输出信号产生一定的相位移。
(5)旁路:在电子电路并联电容防止放大倍数的减小。
(6)耦合:在电子电路串联电容以隔直通交。

3. 主要性能指标

1)额定工作电压

额定工作电压是指在规定的环境温度范围内,电容上可长期连续施加的最大电压的有限值。使用时不允许电路的工作电压超过电容的额定工作电压,否则电容就会击穿。一般无极电容的标称耐压值比较高,有 63V,100V,160V,250V,400V,600V,1000V 等。有极电容的耐压相对比较低,一般其标称耐压值有 4V,6.3V,10V,16V,25V,35V,50V,63V,80V,100V,220V,400V 等。

2)标称容量

标注在电容上的容量称为标称容量。其单位是法拉(F),常用单位为毫法(mF)、微法(μF)、纳法(nF)、皮法(pF)。

3)允许误差

允许误差指电容的实际容量相对于标称容量的最大允许偏差范围,它表示产品的精度。允许误差的等级如表 2-4 所示。

表 2-4 允许误差的等级表

符　　号	F	G	J	K	L	M
允许误差	±1%	±2%	±5%	±10%	±15%	±20%

4)频率特性

频率特性是指电容在交流电路工作时(高频情况下),其电容量等参数随电场频率而变化的性质。电容在高频电路中工作时,随着频率的升高,其介电常数减小,电容量减小,电损耗增加,并影响其分布参数等性能。

2.2.2 电容的型号命名方法

国产电容的型号一般由以下四部分组成(不适用于压敏、可变、真空电容)。
第一部分:名称,用字母表示。电容使用的是字母 C。
第二部分:材料,用字母表示。用字母表示产品的材料如表 2-5 所示。

第三部分：分类，一般用数字表示，个别用字母表示。
第四部分：序号，用数字表示。用数字表示产品的分类如表 2-6 所示。

表 2-5 用字母表示产品的材料

字　　母	电容介质材料	字　　母	电容介质材料
A	钽电解	L	聚酯等极性有机薄膜
B	聚苯乙烯等非极性薄膜	N	铌电解
C	高频陶瓷	O	玻璃膜
D	铝电解	Q	漆膜
E	其他材料电解	ST	低频陶瓷
G	合金电解	VX	云母纸
H	纸膜复合	Y	云母
I	玻璃釉	Z	纸
J	金属化纸介		

表 2-6 用数字表示产品的分类

数　　字	瓷介电容	云母电容	有机电容	电解电容
1	圆形	非密封	非密封	箔式
2	管形	非密封	非密封	箔式
3	叠片	密封	密封	烧结粉，非固体
4	独石	密封	密封	烧结粉，固体
5	穿心		穿心	
6	支柱等			
7				无极性
8	高压	高压	高压	
9			特殊	特殊

2.2.3 电容容量的标注方法

1. 直标法

直标法指直接将电容的容量、耐压和误差等标注在电容的外壳上。电容的直标法标注如图 2-18 所示。

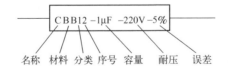

C—电容；BB—聚苯乙烯；1—非封闭型；2—序号；1μF—容量；220V—耐压；5%—误差
图 2-18 电容的直标法标注

当所标容量没有单位时，遵循以下原则：当容量数值在 $1\sim10^4$ 之间时，读做皮法，如 470 读做 470pF；当容量大于 10^4 时，读做微法，如 22000 读做 $0.022\mu F$。

2．文字符号法

（1）数字和字母相结合，如 10p 代表 10pF，4.7μ 表示 $4.7\mu F$。其特点是省略 F，小数点部分用 p，n，u，m 表示。

（2）用三位数表示，其中第一、第二位为有效数字位，第三位为倍率，表示有效数字后"0"的个数，电容量的单位多是 pF，如 203 表示 20×1000pF，102 表示 10×100pF。特殊情况：.01 表示 $0.01\mu F$，220MFD 表示 $220\mu F$，R22 表示 $0.22\mu F$（R 表示小数点）。

2.2.4 电容的分类

1．按结构分类

不能调节的电容称为固定电容；可以调节的电容称为微调电容（电容量变化范围小）和可调电容（电容量变化范围大）。电容按结构分时在电路中的图形符号如图 2-19 所示。

固定电容的图形符号　可变电容的图形符号　微调电容的图形符号　双联可调电容的图形符号

图 2-19　电容按结构分时在电路中的图形符号

2．按有无极性分类

电容按有无极性分为有极性电容和无极性电容。有极性电容的图形符号如图 2-20 所示。

3．按电解质分类

电容按电解质分为有机介质电容、无机介质电容、电解电容和空气介质电容等。

图 2-20　有极性电容的图形符号

4．按用途分类

电容按用途分为高频旁路电容、低频旁路电容、滤波电容、调谐电容、高频耦合电容、低频耦合电容、小型电容。

（1）高频旁路电容：陶瓷电容、云母电容、玻璃膜电容、涤纶电容、玻璃釉电容。

（2）低频旁路电容：纸介电容、陶瓷电容、铝电解电容、涤纶电容。

（3）滤波电容：铝电解电容、纸介电容、复合纸介电容、液体钽电容。

（4）调谐电容：陶瓷电容、云母电容、玻璃膜电容、聚苯乙烯电容。

（5）高频耦合电容：陶瓷电容、独石云母电容、聚苯乙烯电容。

(6) 低频耦合电容：纸介电容、陶瓷电容、铝电解电容、涤纶电容、固体钽电容。

(7) 小型电容：金属化纸介电容、陶瓷电容、铝电解电容、聚苯乙烯电容、固体钽电容、玻璃釉电容、金属化涤纶电容、聚丙烯电容、云母电容。

2.2.5 常用电容

1. 铝电解电容

铝电解电容以氧化膜为介质，其厚度一般为 0.02～0.03μm。铝电解电容之所以有正负极之分，是因为氧化膜介质具有单向导电性。当接入电路时，铝电解电容的正极必须接入直流电源的正极，否则它不但不能发挥作用，而且会因为漏电流加大，造成过热而使其损坏。因此，普通的铝电解电容不适合在高频和低温下应用，且不宜使用在频率为 25kHz 以上的低频旁路、信号耦合、电源滤波电路中。铝电解电容的实物如图 2-21 所示。

性能特点：单位体积的电容量大，质量轻；介电常数较大，一般为 7～10；时间稳定性差，存放时间长易失效；漏电流大、损耗大，工作温度范围为 -20～+50℃；耐压不高，价格不贵，在低压时优点突出；容量范围为 1～10000μF；工作电压为 6.3～450V。

2. 钽电解电容

钽电解电容用烧结的钽块做正极，电解质使用固体二氧化锰，其温度特性、频率特性和可靠性均优于普通电解电容，特别是它的漏电流极小，储存性良好，寿命长，容量误差小，而且体积小，单位体积下能得到最大的电容量，因此适宜小型化。它对脉动电流的耐受能力差，若损坏易呈短路状态。它一般应用在超小型高可靠机件中。钽电解电容的实物如图 2-22 所示。

图 2-21 铝电解电容的实物图　　　图 2-22 钽电解电容的实物图

性能特点：与铝电解电容相比，其可靠性高，稳定性好，漏电流小，损耗低；因为钽氧化膜的介电常数大，所以它比铝电解电容的体积小，容量大，寿命长，可制成超小型元件；耐温性好，工作温度最高可达 200℃；金属钽材料稀少，价格贵，因此仅用于要求较高的电路中；容量范围为 0.1～1000μF；工作电压为 6.3～125V。

3. 金属化纸介电容

用真空蒸发的方法在涂有漆的纸上再蒸发一层厚度为 0.01μm 的薄金属膜作为电极，然后将这种金属化纸卷绕成芯子，装入外壳内，加上引线后封装即可制成金属化纸介电容。金属化纸介电容的实物如图 2-23 所示。

性能特点：体积小、容量大，相同容量下比纸介电容体积小；自愈能力强，即当电容某点绝缘被高压击穿后，由于金属膜很薄，所以击穿处的金属膜在短路电流的作用下很快会被蒸发掉，避免了击穿短路的危险；稳定性能、老化性能都比瓷介、云母电容差；容量范围为

6500pF～30μF；工作电压为6.3～1600V。

4. 薄膜电容

薄膜电容的结构与纸介电容相似，但它是用聚酯、聚苯乙烯等低损耗塑材做介质的。其频率特性好，介电损耗小，不能做成大的容量，耐热能力差。它主要应用于滤波器、积分、振荡、定时电路等。薄膜电容的实物如图2-24所示。

图2-23 金属化纸介电容的实物图

图2-24 薄膜电容的实物图

1）聚酯（涤纶）电容（CL）

电容量：40pF～4μF。

额定电压：63～630V。

主要特点：小体积，大容量，耐热耐湿，稳定性差。

应用：对稳定性和损耗要求不高的低频电路。

2）聚苯乙烯电容（CB）

电容量：10pF～1μF。

额定电压：100V～30kV。

主要特点：稳定，低损耗，体积较大。

应用：对稳定性和损耗要求较高的电路。

3）聚丙烯电容（CBB）

电容量：1000pF～10μF。

额定电压：63～2000V。

主要特点：性能与聚苯相似但体积小，稳定性略差。

应用：代替大部分聚苯或云母电容，用于要求较高的电路。

5. 涤纶电容

涤纶电容的介质为涤纶薄膜。其外形结构有金属壳密封的，塑料壳密封的，还有的是将卷好的芯子用带色的环氧树脂包封的。涤纶电容的实物如图2-25所示。

性能特点：容量大、体积小、耐热、耐湿性好；制作成本低；稳定性较差；容量范围为470pF～4μF；工作电压为63～630V。

6. 瓷介电容

瓷介电容用陶瓷材料作为介质，在陶瓷片上覆银而制成电极，并焊上引出线，再在外层涂以各种颜色的保护漆,以表示系数。瓷介电容的实物如图2-26所示。

性能特点：耐热性能好,在600℃高温下长期工作不老化;稳定性好,耐酸、碱、盐类的腐蚀;易制成体积小的电容,这是因为有些陶瓷材料的介电常数很大;绝缘性能好,可制成高压电容;介质损耗小,且陶瓷材料的损耗正切值与频率的关系不太密切,因此它被广泛应用于高频电路中;温度系数范围宽,因此可用不同材料制成不同温度系数的电容;瓷介电容的电容量小,机械强度低,易碎易裂,这是其不足之处;容量范围为 1~6800pF;工作电压为 63~500V,其中高压型为 1~30kV。

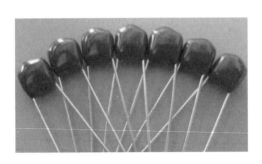 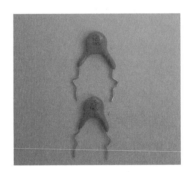

图 2-25　涤纶电容的实物图　　　　图 2-26　瓷介电容的实物图

7. 独石电容

独石电容（多层陶瓷电容）是在若干片陶瓷薄膜坯上被覆电极浆材料,叠合后一次绕结成一块不可分割的整体,外面再用树脂包封而制成的。其主要特点是小体积、大容量、高可靠和耐高温。而高介电常数的低频独石电容具有工作稳定,体积极小,Q 值高的优点,其缺点是容量误差较大。独石电容的实物如图2-27所示。

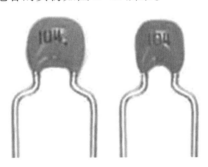

图 2-27　独石电容的实物图

性能特点：容量范围为 0.5pF~1μF;耐压为二倍额定电压;广泛应用于电子精密仪器及各种小型电子设备中,用于谐振、耦合、滤波、旁路。

2.2.6　电容的选用及注意事项

（1）首先要满足电路对电容主要参数的要求。不管是电解电容、纸介电容或瓷介电容等,其主要参数是标称容量、允许误差和额定工作电压。其次要优先选用绝缘电阻大、介质损耗小、漏电流小的电容。这是因为漏电流大会使电容的功率损耗加大,且会直接影响电路性能。例如，在振荡电路中应选用温度系数小的电容；在高频电路（如混频电路）中，要选用云母电容等高频性能好的电容。

（2）要选用符合电路要求的类型。例如，电源滤波、去耦电路可选用铝电解电容；在低频耦合、旁路电路中应选用纸介和电解电容；在中频电路中，可选用金属化纸介和有机薄膜电容；在高频电路中，应选用云母电容及 CC 型瓷介电容；在高压电路中，可选用 CC81 型高压瓷介电容、云母电容等；在调谐电路中，可选用小型密封可变电容或空气介质电容等。

（3）根据线路板的安装要求等来选用一定形状的电容。各类电容均有多种形状和结构，有管形、筒形、圆片形、方形、柱形及片状无引线形等。选用时要根据安装线路板的连接方式、位置等实际情况来选择电容的结构和形状。

（4）选用电解电容时，要考虑其极性要求。

2.3 电感

电感（电感线圈）是用绝缘导线（如漆包线、纱包线等）绕制而成的电磁感应元件，也是电子电路中常用的元件之一。

2.3.1 电感的基本知识

1. 定义

电感是由导线一圈靠一圈地绕在绝缘管上制成的，导线彼此互相绝缘，而绝缘管既可以是空心的，也可以包含铁芯或磁粉芯。广义上讲，电感就是能将电能与磁场能量相互转化的二端元件，用 L 表示，其国际单位为亨利（H），倍率单位有毫亨（mH），微亨（μH），它们之间的换算关系是

$$1H = 10^3 \text{ mH} = 10^6 \text{ μH} \tag{2-3}$$

2. 功能

（1）电感的作用：其作用简单地说就是通直流阻交流，它还有对交流信号进行隔离、滤波或与电容、电阻等组成谐振电路等作用。

（2）调谐与选频的作用：电感与电容并联可组成 LC 调谐电路。

（3）磁环的作用：磁环与连接电缆构成一个电感（电缆中的导线在磁环上绕几圈作为电感线圈）。它是电子电路中常用的抗干扰元件，对于高频噪声有很好的屏蔽作用，因此被称为吸收磁环。由于通常使用铁氧体材料制成，所以它又称铁氧体磁环（简称磁环）。磁环在不同的频率下有不同的阻抗特性。

（4）电感的其他作用：将电能转换为内能（热能）、筛选信号、过滤噪声、稳定电流及抑制电磁波干扰等。

3. 主要性能指标

（1）电感量：电感的电感量的大小主要取决于线圈的圈数、绕制方式及磁芯的材料等。其单位为亨利，用字母"H"表示。1H 的意义是当通过线圈的电流每秒变化 1A 所产生的感

应电动势为1V时，线圈的电感量为1H（即1亨利）。电感量表示线圈本身的固有特性，与通过电流的大小无关。

（2）标称电流值：电感在正常工作时允许通过的最大电流叫做标称电流值，也称为额定电流。若工作电流大于额定电流，电感会发热而改变其固有参数，甚至被烧毁。

（3）允许误差：电感量的实际值与标称之差除以标称值所得的百分数。电感量的误差等级及允许误差值如表2-7所示。

表2-7 电感量的误差等级及允许误差值

电感量的偏差等级	允许误差值
Ⅰ级	允许误差为±5%
Ⅱ级	允许误差为±10%
Ⅲ级	允许误差为±20%

注：一般高频电感的电感量较小，为0.1~100μH，低频电感的电感量为1~30mH。

2.3.2 电感的型号命名方法

电感的型号命名一般由四部分组成，各部分的含义如下。
第一部分：主称，常用L表示线圈，ZL表示高频或低频阻流圈。
第二部分：特征，常用G表示高频。
第三部分：类型，常用X表示小型。
第四部分：区别代号，如LGX型即为小型高频电感线圈。

2.3.3 电感量的标注方法

电感的电感量、允许误差和标称电流值这几个主要参数都直接标识在固定电感的外壳上，以便于生产和使用。其标注方法有以下四种。

（1）直标法，即在小型固定电感的外壳上直接用文字标出电感的电感量、误差和最大直流工作电流等主要参数。其中最大工作电流常使用字母A、B、C、D、E等来标注。小型固定电感的工作电流与字母的对应关系如表2-8所示。

表2-8 小型固定电感的工作电流与字母的对应关系

字 母	A	B	C	D	E
最大工作电流（mA）	50	150	300	700	1600

例如，330μH—C·Ⅱ表明电感的电感量为330μH，误差为Ⅱ级（±10%），最大工作电流为C挡电流。

图2-28 电感的文字符号法

（2）文字符号法。电感的文字符号法同样是使用单位的文字符号来表示的。当单位为μH时，用R作为电感的文字符号，其他与电阻的标注相同。电感的文字符号法如图2-28所示，图中分别给出了电感量为4.7μH和0.33μH的电感的文字符号法。

（3）色标法，即在电感的外壳上涂以各种不同颜色的环来表明其主要参数。其中第一条色环表示电感量的第一位有效数字;第二条色环表示电感量的第二位有效数字;第三条色环表示十进制倍数(即10^n);第四条色环表示误差。色标法中各颜色所表示的倍率和精度如表2-9所示。数字与颜色的对应关系与电阻的色标法相同,可参阅2.1.3节。其单位为微亨(μH)。由表2-9可知,黑、棕、红、橙、黄、绿、蓝、紫、灰、白使用0~9的数字;金色的倍率为10^{-1}(0.1),误差为±5%;银色的倍率为10^{-2}(0.01),误差为±10%。

表2-9 色标法中各颜色所表示的倍率和精度

色 标	标称电感量		倍 率	精 度
	第一条色环	第二条色环		
黑		0	1	±20%
棕		1	10	—
红		2	100	—
橙		3	1000	—
黄		4	—	—
绿		5	—	—
蓝		6	—	—
紫		7	—	—
灰		8	—	—
白		9	—	—
金		—	0.1	±5%
银		—	0.01	±10%

例如,某一电感的色环标志依次为橙、橙、红、银,则表明其电感量为$33×10^2$μH,允许误差为±10%。

(4)数码法:电感的数码法与电阻一样,前面的两位数为有效数字,第三位为倍率,单位为μH。电感的数码法举例如表2-10所示。

表2-10 电感的数码法举例

47	470	471
47μH	47μH	470μH

2.3.4 电感的分类

1. 按结构分类

电感按其结构的不同可分为线绕式电感和非线绕式电感(多层片状、印刷电感等),还可分为固定式电感和可调式电感。固定式电感又分为空心电感器、磁芯电感、铁芯电感等。根据结构外形和引脚方式,固定式电感还可分为立式同向引脚电感、卧式轴向引脚电感、大中型电感、小巧玲珑型电感和片状电感等。可调式电感又分为磁芯可调电感、铜芯可调电感、滑动接点可调电感、串联互感可调电感和多抽头可调电感。

2. 按工作频率分类

电感按工作频率可分为高频电感、中频电感和低频电感。空心电感、磁芯电感和铜芯电感一般为中频或高频电感，而铁芯电感多数为低频电感。

3. 按用途分类

电感按用途可分为振荡电感、校正电感、显像管偏转电感、阻流电感、滤波电感、隔离电感、补偿电感等。几种电感的图形符号如图 2-29 所示。振荡电感又分为电视机行振荡线圈、东西枕形校正线圈等。显像管偏转电感分为行偏转线圈和场偏转线圈。阻流电感（也称阻流圈）分为高频阻流圈、低频阻流圈、电子镇流器用阻流圈、电视机行频阻流圈和电视机场频阻流圈等。滤波电感分为电源（工频）滤波电感和高频滤波电感等。

图 2-29　几种电感的电路图形符号

2.3.5 常用电感

1. 固定电感

将导线绕在绝缘骨架上，就构成了线圈。线圈有空心线圈和带磁芯的线圈。线圈的线匝组合称为绕组，绕组形式有单层和多层之分，单层绕组有间绕和密绕两种形式，多层绕组有分层平绕、乱绕、蜂房式绕等形式。各种电感实物如图 2-30 所示。

（1）小型固定电感线圈是将线圈绕制在软磁铁氧体的基体上构成的，这样能获得比空心线圈更大的电感量和较大的 Q 值。它一般有立式和卧式两种，外表涂有环氧树脂或其他材料作为保护层。由于其具有质量轻、体积小、安装方便等优点，所以被广泛应用在电视机、收录机等的滤波、陷波、扼流、振荡、延迟等电路中。

（2）高频天线线圈，其骨架一般采用纸管或塑料，用多股丝漆包线绕制而成。

（3）偏转线圈。黑白电视机的偏转线圈由两组线圈、铁氧体磁环和中心位置调节片等组成。为了在显像管的荧光屏上显示图像，就要使电子束沿着荧光屏进行扫描。偏转线圈就是利用磁场产生的力使电子束偏转的，其中行偏转使得电子束沿水平方向运动，场偏转又使得电子束沿垂直方向运动，结果在荧光屏上就形成了长方形的光栅。

2. 可变电感

线圈电感量的变化可分为跳跃式和平滑式两种。例如，电视机的谐振选台所用的电感线圈，就可将一个线圈引出数个抽头，以供接收不同频道的电视信号，这种引出抽头改变电感量的方法使得电感量呈跳跃式，因此这种电感线圈也称为跳跃式线圈。在需要平滑均匀改变电感值时，有以下三种方法：

（1）通过调节插入线圈中磁芯或铜芯的相对位置来改变线圈电感量；

（2）通过滑动在线圈上触点的位置来改变线圈匝数，从而改变电感量；

（3）将两个串联线圈的相对位置进行均匀改变以实现互感量的改变，从而使线圈的总电感量值随着变化。

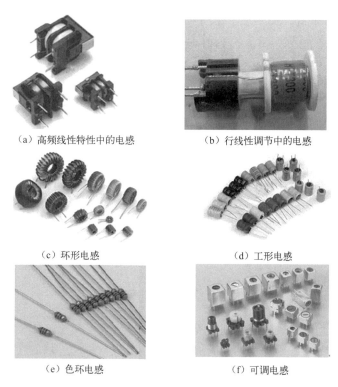

图 2-30　各种电感实物图

2.3.6　电感的选用及注意事项

电感的选用和电阻及电容元件的选用方法一样，除了要使其主要参数满足电路要求外，还要根据使用场合不同（如高频振荡电路和电源滤波电路）来分别选择合适的电感。但电感又不像电阻和电容元件那样由生产厂家根据规定标准和系列进行规模生产以供选用。在电感中，除了一部分（如低频阻流圈、振荡线圈及专用电感）按规定的标准生产有成品外，绝大部分为非标准件，往往需要根据实际情况自己制作。

1. 根据电路需要，选定绕制方法

在绕制空心电感线圈时，要依据电路的要求，电感量的大小及线圈骨架直径的大小，确定绕制方法。间绕式线圈适合在高频和超高频电路中使用，当圈数为 3~5 圈时，可不用骨架，就能具有较好的特性，且 Q 值较高，可达 150~400，稳定性也很高。单层密绕式线圈适用于短波、中波回路中，其 Q 值可达到 150~250，并具有较高的稳定性。

2. 确保线圈载流量和机械强度，选用适当的导线

线圈不宜用过细的导线绕制，以免增加线圈电阻，使 Q 值降低。同时，导线过细，其载流量和机械强度都较小，容易烧断或碰断线。因此，在确保线圈的载流量和机械强度的前提下，要选用适当的导线绕制。

3. 应有明显的标志

绕制线圈抽头应有明显标志，带有抽头的线圈也应有明显的标志，这样对于安装与维修来说都很方便。

4. 不同频率特点的线圈，采用不同材料的磁芯

工作频率不同的线圈，有不同的特点。在音频段工作的线圈，通常采用硅钢片或坡莫合金为磁芯材料。低频时，线圈采用铁氧体作为磁芯材料，其电感量较大，可高达几亨到几十亨。在几十万赫兹到几兆赫兹之间，如中波广播段的线圈，一般采用铁氧体磁芯，并用多股绝缘线绕制。当频率高于几兆赫兹时，线圈采用高频铁氧体作为磁芯，也常采用空心线圈，此情况不宜采用多股绝缘线，而宜采用单股粗镀银线绕制。在 100MHz 以上时，一般已不能采用铁氧体芯，只能采用空心线圈；如要进行微调，可采用钢芯。使用于高频电路的阻流圈，除了电感量和额定电流应满足电路的要求外，还必须注意其分布电容不宜过大。

2.4 场效应管

场效应管是利用电场效应来控制电流变化的放大元件。它与晶体管相比，具有输入阻抗高、噪声低、热稳定性好等优点，因而得到了迅速发展与应用。场效应管与晶体管同为放大器件，但工作原理不同：晶体管是电流控制器件，在一定条件下，其集电极电流受基极电流控制；而场效应管是电压控制器件，电子电流受栅极电压控制。

2.4.1 场效应管的基本知识

1. 定义

场效应晶体管（Field Effect Transistor，FET）简称场效应管。它由多数载流子参与导电，也称为单极型晶体管。它属于电压控制型半导体器件，具有输入电阻高、噪声小、功耗低、动态范围大、易于集成、没有二次击穿现象、安全工作区域宽等优点。在开关电源中常用的是金属-氧化物-半导体场效应管 MOSFET（MetalOxide Semicoductor Field Effect Transistor），它是由金属、氧化物（SiO_2 或 SiN）及半导体三种材料制成的，是利用电压控制电流以实现放大作用的半导体器件。

2. 功能

① 场效应管可应用于放大。由于场效应管的放大器的输入电阻很高，所以其耦合电容的容量可以较小，不必使用电解电容。

② 场效应管可以用做电子开关。

③ 场效应管的输入阻抗很高，因此它非常适合用于阻抗变换。它常用在多级放大器的输入级进行阻抗变换。

④ 场效应管可以用做可变电阻。

⑤ 场效应管可以方便地用做恒流源。

3. 主要参数

1) 直流参数

开启电压 U_T：是指增强型绝缘栅场效应管中，使漏源间刚导通时的栅极电压。

夹断电压 $U_{GS(off)}$（也可以用 U_P）：是指增强型绝缘栅场效应管中，使漏源间刚截止时的栅极电压。

饱和漏极电流 I_{DSS}：指耗尽型绝缘栅场效应管在 $U_{GS}=0$ 时的漏极电流。

输入电阻 $R_{GS(DC)}$：因 $i_G=0$，所以输入电阻很大。JFET 的输入电阻大于 $10^7\Omega$，MOSFET 的输入电阻大于 $10^{12}\Omega$。

2) 交流参数

低频跨导（互导）g_m：反映了栅源电压对漏极电流的控制能力，且与工作点有关，是转移特性曲线上过 Q 点切线的斜率。

3) 极限参数

最大漏–源电压 $U_{(BR)DS}$：漏极附近发生雪崩击穿时的 U_{DS}（漏源电压）。

最大栅–源电压 $U_{(BR)GS}$：栅极与源极间 PN 结的反向击穿电压。

最大耗散功率 P_{DM}：与晶体管的 P_{CM} 相似，当功率超过 P_{DM} 时，场效应管可能烧坏。

2.4.2 场效应管的命名方法

第一种命名方法：与双极型晶体管相同，其中第三位字母为 J 代表结型场效应管，为 O 代表绝缘栅场效应管；第二位字母代表材料，其中 D 是 P 型硅，其反型层是 N 沟道，C 是 N 型硅，其反型层是 P 沟道。例如，3DJ6D 是结型 N 沟道场效应晶体管，3DO6C 是绝缘栅型 N 沟道场效应晶体管。

第二种命名方法：CS××#，其中 CS 代表场效应管，×× 是以数字代表型号的序号，# 是用字母代表同一型号中的不同规格，如 CS14A、CS45G 等。

2.4.3 场效应管的分类

场效应管分为结型、绝缘栅型两大类。结型场效应管（JFET）因有两个 PN 结而得名，绝缘栅型场效应管（JGFET）则因栅极与其他电极完全绝缘而得名。目前在绝缘栅型场效应管中，应用最为广泛的是 MOS 场效应管，简称 MOS 管（即金属–氧化物–半导体场效应管，MOSFET）；此外还有 PMOS、NMOS 和 UMOS 功率场效应管，以及最近刚问世的 πMOS 场效应管等。按沟道半导体材料的不同，结型和绝缘栅型场效应管各分为 N 沟道和 P 沟道两种。若按导电方式来划分，场效应管又可分成耗尽型与增强型。结型场效应管均为耗尽型，绝缘栅型场效应管既有耗尽型的，也有增强型的。场效应晶体管可分为结型场效应晶体管和 MOS 场效应晶体管。而 MOS 场效应晶体管又分为 N 沟耗尽型和增强型，P 沟耗尽型和增强型四大类。

2.4.4 结型场效应管

1. 结构与符号

结型场效应管的结构示意图及其表示符号如图 2-31 所示。

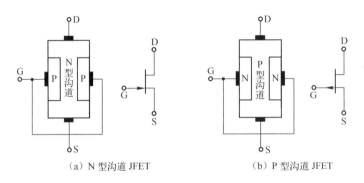

(a) N 型沟道 JFET   (b) P 型沟道 JFET

图 2-31 结型场效应管的结构示意图及其表示符号

在图 2-31（a）中，S 表示 Source，源极；D 表示 Drain，漏极；G 表示 Gate，栅极。在漏极和源极之间加上一个正向电压后，N 型半导体中的多数载流子（电子）便可以导电了。这种导电沟道是 N 型的场效应管，称为 N 沟道结型场效应管。

图 2-31（b）中的场效应管在 P 型硅棒的两侧制成了高掺杂的 N 型区（N^+），其导电沟道为 P 型，多数载流子为空穴。

2. 结型场效应管的特性曲线

1) 转移特性曲线

转移特性曲线表达当 U_{DS} 一定时，栅源电压 u_{GS} 对漏极电流 i_D 的控制作用，即

$$i_D = f(u_{GS})\big|_{U_{DS}=C} \tag{2-4}$$

理论分析和实测结果表明，i_D 与 u_{GS} 符合平方律关系，即

$$i_D = I_{DSS}\left(1 - \frac{u_{GS}}{U_P}\right)^2 \tag{2-5}$$

式中，I_{DSS} 为饱和电流，表示 $u_{GS}=0$ 时的 i_D 值；U_P 为夹断电压，表示 $u_{GS}=U_P$ 时 i_D 为零。

由此可见，转移特性曲线是用来说明在一定的漏源电压 U_{DS} 时，栅源电压 u_{GS} 和漏极电流 i_D 之间变化关系的曲线。JFET 的转移特性曲线如图 2-32 所示。

为了使输入阻抗大（不允许出现栅流 i_G），也为了使栅源电压对沟道宽度及漏极电流有效地进行控制，PN 结一定要反偏，因此在 N 沟道 JFET 中，u_{GS} 必须为负值。

2) 输出特性曲线

输出特性曲线表达当栅源电压 U_{GS} 不变时，漏极电流 i_D 与漏源电压 u_{DS} 的关系，即

$$i_D = f(u_{DS})\big|_{U_{GS}=常数} \tag{2-6}$$

由此可见，输出特性曲线表示的是以 u_{GS} 为参变量时 i_D 与 u_{DS} 的关系。JFET 的输出特性

曲线如图 2-33 所示，根据特性曲线的各部分特征，可以将其分为四个区域，如图中所示。

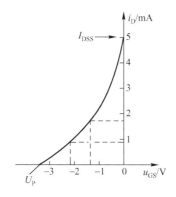

图 2-32 JFET 的转移特性曲线

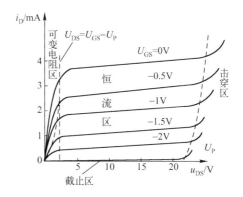

图 2-33 JFET 的输出特性曲线

2.4.5 绝缘栅型场效应管

1. 结构

绝缘栅型场效应管的结构示意图如图 2-34 所示。

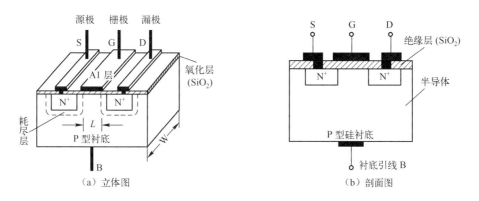

图 2-34 绝缘栅型场效应管的结构示意图

2. N 沟道增强型 MOSFET

1) N 沟道增强型 MOSFET 的导电沟道的形成

N 沟道增强型 MOSFET 的沟道形成及符号如图 2-35 所示，其中图 2-35（a）所示是在一块杂质浓度较低的 P 型半导体衬底上制作两个高浓度的 N 型区，并分别将它们作为源极 S 和漏极 D，然后在衬底的表面制作一层 SiO_2 绝缘层，并在上面引出一个电极作为栅极 G。图 2-35（b）所示是其在电路中的符号。

2) N 沟道增强型 MOSFET 的特性曲线

（1）转移特性曲线。

N 沟道增强型 MOSFET 的转移特性曲线如图 2-36 所示。

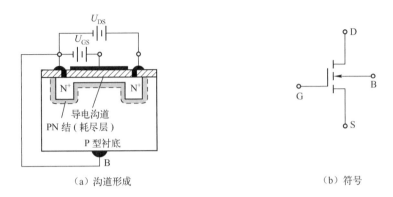

(a) 沟道形成　　　　　　　　　(b) 符号

图 2-35　N 沟道增强型 MOSFET 的沟道形成及符号

其主要特点为：

① 当 $u_{GS} < U_T$ 时，$i_D = 0$；

② 当 $u_{GS} > U_T$ 时，$i_D > 0$，u_{GS} 越大，i_D 也随之增大，二者符合平方律关系，如下式所示：

$$i_D = \frac{\mu_n C_{ox}}{2} \frac{W}{L} (u_{GS} - U_T)^2 \tag{2-7}$$

式中，U_T 为开启电压（或阈值电压）；μ_n 为沟道电子运动的迁移率；C_{ox} 为单位面积栅极电容；W 为沟道宽度；L 为沟道长度；W/L 为 MOSFET 的宽长比。在 MOSFET 集成电路设计中，宽长比是一个极为重要的参数。

（2）输出特性曲线。

N 沟道增强型 MOSFET 的输出特性曲线如图 2-37 所示。与结型场效应管的输出特性相似，它也分为恒流区、可变电阻区、截止区和击穿区。其特点如下所示。

① 截止区：$u_{GS} \leq U_T$，导电沟道未形成，$i_D = 0$。

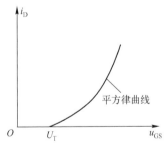

图 2-36　N 沟道增强型 MOSFET 的转移特性曲线　　图 2-37　N 沟道增强型 MOSFET 的输出特性曲线

② 恒流区：
- 曲线间隔均匀，u_{GS} 对 i_D 的控制能力强；
- u_{DS} 对 i_D 的控制能力弱，曲线平坦；
- 进入恒流区的条件，即预夹断条件为 $u_{DS} \geq u_{GS} - U_T$。

③ 可变电阻区：

可变电阻区的电流方程为

$$i_D = \frac{\mu_n C_{ox} W}{2L}[2(u_{GS} - U_T)u_{DS} - u_{DS}^2]$$

因此，可变电阻区的输出电阻 r_{DS} 为

$$r_{DS} = \frac{du_{DS}}{di_D} = \frac{L}{\mu_n C_{ox} W(u_{GS} - U_T)}$$

2.4.6 场效应管的选用及注意事项

（1）场效应管在使用中要注意电压极性，且电压、电流的数值不能超过最大允许值。

（2）为了防止栅极击穿，要求一切测试仪器、电烙铁都必须有外接地线。焊接时使用小功率烙铁，动作要迅速，或切断电源后利用余热焊接。焊接时应先焊源极，后焊栅极。

（3）绝缘栅型场效应管的输入电阻很大，使得栅极的感应电荷不易泄漏，而且 SiO_2 氧化层又很薄，栅极只要有少量电荷，即可产生高压强电场，极易造成绝缘栅型场效应管的击穿，因此要绝对防止栅极悬空。在不用时，应将其三个极短路。

（4）场效应管的漏极和源极通常制成对称的，因此可互换使用。但有些产品的源极与衬底已连在一起，此时的漏极和源极不能互换使用。

2.5 双极型晶体管

双极型晶体管（Bipolar Transistor）是一种电流控制器件，电子和空穴同时参与导电。与场效应晶体管相比，双极型晶体管的开关速度快，但其输入阻抗小，功耗大。双极型晶体管具有体积小、质量轻、耗电少、寿命长、可靠性高等优点，已广泛用于开关电源、广播、电视、通信、雷达、计算机、自控装置、电子仪器、家用电器等领域，起到放大、振荡、开关等作用。

2.5.1 双极型晶体管的基本知识

1. 定义

用不同的掺杂方式在同一个硅片上制造出三个掺杂区域，并形成两个 PN 结，这两个 PN 结背靠背构成具有电流放大作用的晶体管，于是就构成了双极型晶体管。在这三层半导体中，中间一层称为基区，外侧两层分别称为发射区和集电区。

2. 功能

1）电流放大

电流放大的实质是双极型晶体管能以基极电流微小的变化量来控制集电极电流较大的变化量。这是双极型晶体管最基本和最重要的功能。

2）其他功能

其他功能有振荡、开关、混频等。

3. 主要参数

1）电流放大系数 β 和 h_{FE}

β 表示交流电流放大系数，h_{FE} 表示直流电流放大系数。常在双极型晶体管外壳上用色

点表示 h_{FE}。国产锗、硅开关管，高、低频小功率管，如硅低频大功率管所用的色标标志如表 2-11 所示。

表 2-11　硅低频大功率管的色标标志

β 范围	5~15	15~25	25~40	40~55	55~80	80~120	120~180	180~270	270~400	400~600
色标	棕	红	橙	黄	绿	蓝	紫	灰	白	黑

2）直流参数

(1) 集电极-基极反向饱和电流 I_{cbo}：发射极开路（$I_e=0$）时，基极和集电极之间加上规定的反向电压 U_{cb} 时的集电极反向电流。它只与温度有关，在一定温度下是个常数，因此称之为集电极-基极反向饱和电流。良好的晶体管的 I_{cbo} 很小，小功率锗管的 I_{cbo} 为 1~10mA，大功率锗管的 I_{cbo} 可达数毫安培，而硅管的 I_{cbo} 则非常小，是毫微安级。

(2) 集电极-发射极反向电流 I_{ceo}（穿透电流）：基极开路（$I_b=0$）时，集电极和发射极之间加上规定反向电压 U_{ce} 时的集电极电流。I_{ceo} 大约是 I_{cbo} 的 β 倍，即 $I_{ceo}=(1+\beta)I_{cbo}$。I_{cbo} 和 I_{ceo} 受温度影响极大，它们是衡量双极型晶体管热稳定性的重要参数，其值越小，双极型晶体管的性能越稳定。小功率锗管的 I_{cbo} 比硅管大。

(3) 发射极-基极反向电流 I_{ebo}：集电极开路时，在发射极与基极之间加上规定的反向电压时发射极的电流，它实际上是发射结的反向饱和电流。

(4) 直流电流放大系数 β_1（或 h_{FE}）：这是指共发射极接法，没有交流信号输入时，集电极输出的直流电流与基极输入的直流电流的比值，即 $\beta_1=I_c/I_b$。

3）交流参数

(1) 交流电流放大系数 β：这是指共发射极接法时，集电极输出电流的变化量 ΔI_c 与基极输入电流的变化量 ΔI_b 之比，即 $\beta=\Delta I_c/\Delta I_b$。一般晶体管的 β 为 10~200，如果 β 太小，则电流放大作用差；如果 β 太大，电流放大作用虽然大，但性能往往不稳定。

(2) 共基极交流放大系数 α（或 h_{fb}）：这是指共基极接法时，集电极输出电流的变化量 ΔI_c 与发射极电流的变化量 ΔI_e 之比，即 $\alpha=\Delta I_c/\Delta I_e$，因为 $\Delta I_c<\Delta I_e$，故 $\alpha<1$。高频晶体管的 $\alpha>0.9$ 就可以使用。α 与 β 之间的关系为

$$\alpha=\beta/(1+\beta) \qquad (2-8)$$
$$\beta=\alpha/(1-\alpha)\approx 1/(1-\alpha) \qquad (2-9)$$

(3) 截止频率 f_β、f_α：f_β 是共发射极的截止频率，是当 β 下降到低频时的 70.7% 的频率；f_α 是共基极的截止频率，是当 α 下降到低频时的 70.7% 的频率。f_β、f_α 是表明双极型晶体管频率特性的重要参数，它们之间的关系为

$$f_\beta\approx(1-\alpha)f_\alpha \qquad (2-10)$$

(4) 特征频率 f_T：f_T 是当 β 下降到 1 时，全面反映双极型晶体管的高频放大性能的重要参数。

2.5.2　双极型晶体管的命名方法

1. 国产双极型晶体管的命名方法

国产双极型晶体管的符号包括以下五部分。

第一部分：用数字表示器件电极数目。
第二部分：用拼音字母表示器件的材料和极性。
第三部分：用拼音字母表示器件的类型。
第四部分：用数字表示序号。
第五部分：用字母表示区别代号。

其中，前三部分的具体符号及含义如表 2-12 所示。

表 2-12 国产双极型晶体管前三部分的具体符号及含义

第一部分		第二部分		第三部分	
符号	含义	符号	含义	符号	含义
3	晶体管	A	PNP 型锗材料	G	高频小功率管
		B	NPN 型锗材料	A	高频大功率管
		C	PNP 型硅材料	X	低频小功率管
		D	NPN 型硅材料	D	低频大功率管

另外，3DJ 型为场效应管，BT 打头的表示半导体特殊元件。晶体管在电路中常用"Q"加数字表示，如 Q17 表示编号为 17 的晶体管。

2. 国外双极型晶体管的命名

日本：第一部分用数字 2 表示管子具有 2 个 PN 结；第二部分用字母 S 表示管子属于日本电子工业协会注册登记的产品；第三部分用字母表示管子的极性与类型，其中 A 表示 PNP 型高频，B 表示 PNP 型低频，C 表示 NPN 型高频，D 表示 NPN 型低频；第四部分用两位数字表示注册登记的顺序号，若数字后面跟有 A、B、C 等字母，则表示是原型号的改进产品。

美国生产的双极型晶体管的命名方法与日本相似：第一部分为数字 2，第二部分用字母 N 表示管子属于美国电子工业协会注册的产品；第三部分用多位数字表示注册登记的序号。

欧洲国家：第一部分用字母表示硅锗材料，如 A 表示锗管、B 表示硅管；第二部分用字母表示晶体类型，如 C 表示低频率小功率管、D 表示低频大功率管，F 表示高频率小功率、L 表示高频大功率、S 表示小功率开关管、U 表示大功率开关管；第三部分用三位数字表示登记序号；第四部分为 β 参数分挡标志。

3. 双极型晶体管的封装形式和管脚识别

常用双极型晶体管的封装形式有金属封装（一般为铁质外盒外表镀金属或喷漆，并印上型号）、塑料封装（型号印在塑料外盒上）、玻璃封装（外盒喷上黑色或灰色的漆，再印上型号）三大类。双极型晶体管管脚的排列如表 2-13 所示。

管脚的排列方式具有一定的规律：对于小功率金属封装双极型晶体管，按底视图位置放置，使三个管脚构成等腰三角形的顶点，从左向右依次为 E、B、C；对于中小功率塑料双极型晶体管，使其平面朝向自己，三个管脚朝下放置，则从左到右依次为 E、B、C；对于只有两个管脚的大功率金属封装双极型晶体管，按底视图位置放置，两个管脚在左侧，外壳是集电极 C，基极 B 在下面，发射极 E 在上面；对于三个管脚的大功率晶体三极管，按底视图位置放置，两个管脚在右侧，则下面的管脚为发射极 E，三个管脚按逆时针方向分别为

E、B、C。

四个管脚的双极型晶体管有一个突起的定位梢,分辨各管脚时,将各管脚朝上,则从定位梢顺时针方向依次为 E、B、C、D,其中 D 为接外壳的管脚。

目前,国内各种类型的双极型晶体管有许多种,其管脚的排列不尽相同,对于在使用中不确定管脚排列的双极型晶体管,必须进行测量以确定各管脚的正确位置,或查找双极型晶体管使用手册,明确双极型晶体管的特性及相应的技术参数和资料。

表 2-13 双极型晶体管管脚的排列

类 型	外 形	管脚排列	说 明
1			1. 根据管脚排列及色点标志,可以判别其顶点是基极,有红色的一边是集电极,另一边是发射极
2			2. 等腰三角形排列,其顶点是基极,边缘凸出的一边为发射极,另一极为集电极
3			3. 等腰三角形排列,靠不同的色点来区分,顶点与壳体上的红色标记相对应的为集电极,与白点相对应的是基极,与绿点相对应的为发射极
4			4. b 与金属外壳相连,在电路中接地,起到屏蔽的作用
5			5. 管脚成直线且距离相等,靠近外壳红点的为发射极,中间的为基极,余下的为集电极
6			6. 管脚成直线,但距离不相等,距离较近的两个靠近管壳的为发射极,中间的为基极,余下的为集电极
7			7. 将平面朝向自己,管脚朝下,从左到右依次为发射极、基极、集电极
8			8. 管底朝向自己,中心线上方左侧为基极,右侧为发射极,金属外壳为集电极

2.5.3 双极型晶体管的分类

(1) 双极型晶体管按半导体制造材料可分为硅管和锗管。硅管受温度影响较小、工作稳定，因此在自动控制设备中常使用硅管。

(2) 双极型晶体管按内部的基本结构可分为 NPN 型和 PNP 型两类。目前我国制造的硅管多为 NPN 型（也有少量 PNP 型），锗管多为 PNP 型。

(3) 双极型晶体管按工作频率可分为高频管和低频管。工作频率高于 3MHz 的为高频管，工作频率在 3MHz 以下的为低频管。

(4) 双极型晶体管按功率可分为小功率管和大功率管。耗散功率小于 1W 的为小功率管，耗散功率大于 1W 的为大功率管。

(5) 双极型晶体管按用途可分为普通放大三极管和开关三极管等。

2.5.4 常用的双极型晶体管

1. 达林顿三极管（复合管）

达林顿三极管是将两个或两个以上三极管的相应电极连接在一起来完成单管功能的，它是大功率三极管。达林顿三极管的第一个三极管的极性是复合后的极性。达林顿三极管的复合图如图 2-38 所示。达林顿三极管的放大倍数是两个三极管放大倍数的乘积，即有 $\beta = \beta_1 \cdot \beta_2$。

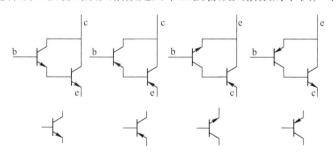

图 2-38 达林顿三极管的复合图

2. 大阻尼三极管

大阻尼三极管为大功率三极管，在其内部结构中，基极与发射极之间带有阻尼电阻，起分流作用；集电极与发射极之间有阻尼二极管，起保护作用，以避免因集电极电流无穷大而击穿三极管。当集电极电流无穷大时，阻尼二极管反向导通，从而降低集电极电压。大阻尼三极管如图 2-39 所示。

大阻尼三极管的特点：集电极与金属外壳相连；体积大，功率大；锗管工作时温度最高不得超过 55℃，硅管工作时温度最高不得超过 80℃。

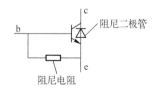

图 2-39 大阻尼三极管

3. 光敏三极管

光敏三极管是用光线的强度来控制电流大小的，它只有两个电极,为集电极和发射极。光敏三极管在有光照射时有输出电压、电流,处于导通或放大状态;当无光照时,光敏三极管处于截止状态。光敏三极管如图 2-40 所示。

光敏三极管的检测:对于有定位脚的光敏三极管,靠近定位脚的为发射极,另一个是集电极;如果外壳上标有色点,则靠近色点的为发射极,另一个为集电极;光敏三极管的管脚长短不同,管脚长的为发射极,管脚短的为集电极;还可以用万用表的欧姆挡检测,正反测两次应一次通一次不通,通时,红表笔所接的为集电极,而黑表笔所接的为发射极。

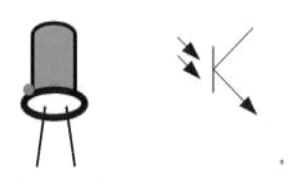

图 2-40 光敏三极管

4. 高效管与功放管

高效管与功放管的示意图如图 2-41 所示。

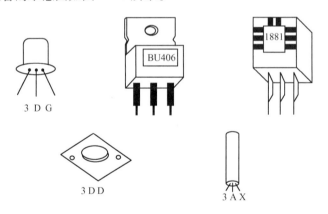

图 2-41 高效管与功放管的示意图

2.5.5 双极型晶体管的选用及注意事项

(1) 在使用晶体管设计电路时,需要考虑旁路电容给电压增益带来的影响。
(2) 在使用晶体管设计电路时,需注意晶体管内部的结电容的影响。
(3) 在使用晶体管设计电路时,需考虑晶体管的截止频率。
(4) 三极管作为开关时,需注意它的可靠性。
(5) 设计电路时,应该理解射极跟随器的原理。

(6) 同型号、同功率的大功率双极型晶体管可以代替小功率的双极型晶体管，但小功率的双极型晶体管不能代替大功率的双极型晶体管。

(7) 放大管的 β 值大的可以代替 β 值小的。

(8) 高频开关管可以代替低频开关管，但低频开关管不能代替高频开关管。

2.6 IGBT

近年来，随着双极型晶体管模块和 MOSFET 的出现，节能、设备小型化、轻量化等要求的提高，电动机可变驱动装置和电子计算机的备用电源装置等使用交换原件的各种电力变换器也迅速发展起来。但是电力变换器方面的需求，并没有通过双极型晶体管模块和 MOSFET 得到完全的满足。双极型功率晶体管模块虽然可以得到高耐压、大容量的元件，但是却有交换速度不够快的缺陷。而 MOSFET 虽然交换速度够快了，但是存在着不能得到高耐压、大容量等的缺陷。

绝缘栅双极型晶体管（Insulated Gate Bipolar Transistor，IGBT）正是顺应这种要求而开发的，它是一种既有 MOSFET 的高速切换，又有双极型晶体管的高耐压、大电流处理能力的新型元件。

2.6.1 IGBT 的基本知识

1. 定义

IGBT（绝缘栅双极型晶体管）是由 BJT（双极结型晶体管）和 MOSFET（金属-氧化物-半导体场效应管）组成的复合全控型电压驱动式功率半导体器件，它兼有 MOSFET 的高输入阻抗和 GTR 的低导通压降两方面的优点。GTR（电力晶体管，是一种双极型大功率、高反压晶体管，其功率非常大，因此又被称为巨型晶体管，简称 GTR）的饱和压降低，载流密度大，但驱动电流较大；MOSFET 的驱动功率很小，开关速度快，但导通压降大，载流密度小。IGBT 综合了以上两种器件的优点，即驱动功率小而饱和压降低。

2. 主要性能指标

1) 通态电压 U_{on}

所谓通态电压 U_{on}，是指 IGBT 进入导通状态的管压降 U_{DS}，这个电压随 U_{GS} 上升而下降。

2) 开关损耗

IGBT 的开关损耗包括关断损耗和开通损耗。常温下，IGBT 的关断损耗和 MOSFET 差不多。其开通损耗平均比 MOSFET 略小，且它与温度关系不大，但每增加 100℃，其值增加 2 倍。两种器件的开关损耗和电流相关，电流越大，损耗越大。

3) 安全工作区的主要参数（P_{CM}、I_{CM}、U_{CEM}、U_{GES}）

(1) 最大集电极功耗 P_{CM}：取决于允许结温。

(2) 最大集电极电流 I_{CM}：受元件擎住效应限制。

(3) 最大集电极-发射极电压 U_{CEM}：由内部 PNP 型晶体管的击穿电压确定。

(4) 栅极-发射极额定电压 U_{GES}：栅极控制信号的电压额定值。

3. 主要优缺点

与 MOSFET 和 BJT 相比，IGBT 的主要优势体现在：

（1）它有一个非常低的通态压降，且由于它具有优异的电导调制能力和较大的通态电流密度，使得更小的芯片尺寸和更低的功耗成为可能；

（2）MOS 栅结构使得 IGBT 有较低的驱动电压，且只需要简单的外围驱动电路；与 BJT 和晶闸管相比较，它能更容易地使用在高电压大电流的电路中；

（3）它有比较宽的安全操作区，且它具有比双极型晶体管更优良的电流传导能力，也有良好的正向和反向阻断能力。

IGBT 的主要缺点是：

（1）关闭速度优于 BJT 但不如 MOSFET；由于少数载流子产生的集电极电流拖尾，导致其关闭速度很慢；

（2）由于采用 PNPN 结构，所以很容易产生闩锁效应。

IGBT 适用于较大的阻断电压。在为了提高击穿电压而让漂移区的电阻率和厚度增加时，MOSFET 的通态电阻将会显著增大。正因为如此，大电流、高阻断电压的功率 MOSFET 通常是很难发展的。相反，对于 IGBT 来说，其漂移区的电阻由于高浓度的少数载流子的注入而急剧下降，这样 IGBT 的漂移区的正向压降变得和 IGBT 本身的厚度相关，但和原有的电阻率无关。

2.6.2 IBGT 的分类

1. 按有无缓冲区分类

（1）非对称型 IGBT：有缓冲区 N^+，为穿通型 IGBT；由于 N^+ 区存在，所以反向阻断能力弱，但正向压降低，关断时间短，关断时的尾部电流小。

（2）对称型 IGBT：无缓冲区 N^+，为非穿通型 IGBT；具有正、反向阻断能力，其他特性较非对称型 IGBT 差。

2. 按沟道类型分类

IBGT 按沟道类型分为 N 沟道 IGBT 和 P 沟道 IGBT。

2.6.3 IGBT 的结构和工作原理

1. IGBT 的结构

IGBT 是一个三端器件，它拥有栅极 G、集电极 C 和发射极 E。IGBT 的结构、简化等效电路和电气图形符号如图 2-42 所示。

如图 2-42（a）所示为 N 沟道 VDMOSFET 与 GTR 组合的 N 沟道 IGBT（N-IGBT）的内部结构断面示意图。IGBT 比 VDMOSFET 多一层 P^+ 注入区，形成了一个大面积的 PN 结 J_1。由于 IGBT 导通时由 P^+ 注入区向 N 基区发射少子，因而对漂移区电导率进行调制，可使 IGBT 具有很强的通流能力。介于 P^+ 注入区与 N^- 漂移区之间的 N^+ 层称为缓冲区。有无缓冲区决定了 IGBT 具有不同特性。有 N⁺ 缓冲区的 IGBT 称为非对称型 IGBT，也称穿通型 IGBT。它具有正向压降小、关断时间短、关断时尾部电流小等优点，但其反向阻断能力相对较弱。无 N⁻ 缓冲区的 IGBT 称为对称型 IGBT，也称非穿通型 IGBT。它具有较强的正反向阻断能力，但它的其他特性却不及非对称型 IGBT。

如图 2-42（b）所示的简化等效电路表明，IGBT 是由 GTR 与 MOSFET 组成的达林顿结构，该结构中的一部分是 MOSFET 驱动，另一部分是厚基区 PNP 型晶体管。

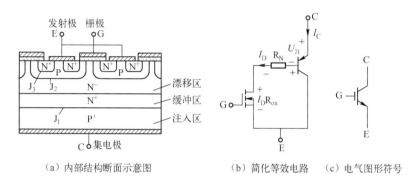

(a) 内部结构断面示意图　　(b) 简化等效电路　(c) 电气图形符号

图 2-42　IGBT 的结构、简化等效电路和电气图形符号

2. IBGT 的工作原理

简单来说，IGBT 相当于一个由 MOSFET 驱动的厚基区 PNP 型晶体管，它的简化等效电路如图 2-42（b）所示，图中的 R_N 为 PNP 晶体管基区内的调制电阻。从该等效电路可以清楚地看出，IGBT 是用晶体管和 MOSFET 组成的达林顿结构的复合器件。因为图中的晶体管为 PNP 型晶体管，MOSFET 为 N 沟道场效应晶体管，所以这种结构的 IGBT 称为 N 沟道 IGBT，其符号为 N-IGBT。类似地还有 P 沟道 IGBT，即 P-IGBT。

IGBT 的电气图形符号如图 2-42（c）所示。IGBT 是一种场控器件，它的开通和关断由栅极和发射极间电压 U_{GE} 决定，当栅射电压 U_{GE} 为正且大于开启电压 $U_{GE(th)}$ 时，MOSFET 内形成沟道并为 PNP 型晶体管提供基极电流进而使 IGBT 导通。此时，从 P⁺ 区注入 N⁻ 的空穴（少数载流子）对 N⁻ 区进行电导调制，减小 N⁻ 区的电阻 R_N，使高耐压的 IGBT 也具有很小的通态压降。当栅射极间不加信号或加反向电压时，MOSFET 内的沟道消失，PNP 型晶体管的基极电流被切断，IGBT 即关断。由此可知，IGBT 的驱动原理与 MOSFET 基本相同。

① 当 U_{CE} 为负时：J_3 结处于反偏状态，器件呈反向阻断状态。

② 当 U_{CE} 为正时：$U_G < U_{TH}$，沟道不能形成，器件呈正向阻断状态；$U_G > U_{TH}$，绝缘门极下形成 N 沟道，由于载流子的相互作用，在 N⁻ 区产生电导调制，使器件正向导通。

1) 导通

IGBT 硅片的结构与功率 MOSFET 的结构十分相似，主要差异是 IGBT 增加了 P⁺ 基片和一个 N⁺ 缓冲层（NPT-非穿通-IGBT 技术没有增加这个部分），其中一个 MOSFET 驱动两个双极器件（有两个极性的器件）。基片的应用在管体的 P^+ 和 N^+ 区之间创建了一个 J_1 结。当正栅偏压使栅极下面反演 P 基区时，一个 N 沟道便形成，同时出现一个电子流，并完全按照功率 MOSFET 的方式产生一股电流。如果这个电子流产生的电压在 0.7V 范围内，则 J_1 将处于正向偏压，一些空穴注入 N^- 区内，并调整 N^- 与 N^+ 之间的电阻率，这种方式降低了功率导通的总损耗，并启动了第二个电荷流。最后的结果是在半导体层次内临时出现两种不同的电流拓扑：一个电子流（MOSFET 电流）；一个空穴电流（双极）。当 U_{GE} 大于开启电压 $U_{GE(th)}$ 时，MOSFET 内形成沟道，为晶体管提供基极电流，IGBT 导通。

2）导通压降

电导调制效应使电阻 R_N 减小，通态压降小。所谓通态压降，是指 IGBT 进入导通状态的管压降 U_{DS}，这个电压随 U_{GS} 上升而下降。

3）关断

当在栅极施加一个负偏压或栅压低于门限值时，沟道被禁止，没有空穴注入 N^- 区内。在任何情况下，如果 MOSFET 的电流在开关阶段迅速下降，集电极电流则逐渐降低，这是因为换向开始后，在 N 层内还存在少数的载流子（少子）。这种残余电流值（尾流）的降低，完全取决于关断时电荷的密度，而密度又与几种因素有关，如掺杂质的数量和拓扑，层次厚度和温度。少子的衰减使集电极电流具有特征尾流波形。集电极电流将引起功耗升高、交叉导通问题，特别是在使用续流二极管的设备上，问题更加明显。

鉴于尾流与少子的重组有关，尾流的电流值应与芯片的 T_C、I_C 和 U_{CE} 密切相关，并且与空穴移动性有密切的关系。因此，根据所达到的温度，降低这种作用在终端设备设计上的电流的不理想效应是可行的。当栅极和发射极间施加反压或不加信号时，MOSFET 内的沟道消失，晶体管的基极电流被切断，IGBT 关断。

4）反向阻断

当集电极被施加一个反向电压时，J_1 就会受到反向偏压控制，耗尽层则会向 N^- 区扩展。因过多地降低这个层面的厚度，将无法取得一个有效的阻断能力，所以这个机制十分重要。另外，如果过大地增加这个区域的尺寸，就会连续地提高压降。

5）正向阻断

当栅极和发射极短接并在集电极端子施加一个正电压时，J_3 结受反向电压控制。此时，仍然是由 N 漂移区中的耗尽层承受外部施加的电压。

6）闩锁

IGBT 在集电极与发射极之间有一个寄生 PNPN 晶闸管。在特殊条件下，这种寄生器件会导通。这种现象会使集电极与发射极之间的电流量增加，对等效 MOSFET 的控制能力降低，通常还会引起器件击穿问题。晶闸管导通现象被称为 IGBT 闩锁。具体来说，产生这种缺陷的原因各不相同，但与器件的状态有密切关系。

2.6.4 IGBT 的基本特性

1. IGBT 的静态特性

IGBT 的静态特性主要有伏安特性、转移特性和开关特性。

1) 伏安特性

IGBT 的伏安特性是指以栅源电压 U_{GE} 为参变量时，漏极电流与栅极电压之间的关系曲线。

2) 转移特性

IGBT 的转移特性是指 I_C 与 U_{GE} 间的关系，与 MOSFET 的转移特性类似。开启电压 $U_{GE(th)}$ 是指 IGBT 能实现电导调制而导通的最低栅射电压。$U_{GE(th)}$ 随温度升高而略有下降，在 $+25℃$ 时，$U_{GE(th)}$ 的值一般为 $2\sim5V$。IGBT 的伏安特性和转移特性如图 2-43 所示。输出漏极电流受栅源电压 U_{GE} 的控制，U_{GE} 越高，I_C 越大。IGBT 的转移特性与 GTR 的输出特性相似，也可分为正向阻断区、有源区和饱和区三部分。在截止状态下的 IGBT，正向电压由 J_2 结承担，反向电压由 J_1 结承担。如果无 N^+ 缓冲区，则正、反向阻断电压可以做到同样水平；加入 N^+ 缓冲区后，反向关断电压只能达到几十伏水平，因此限制了 IGBT 的某些应用范围。

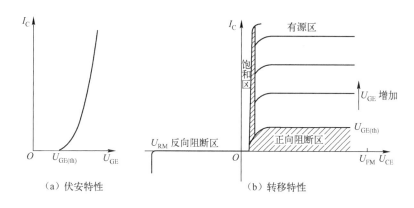

图 2-43 IGBT 的伏安特性和转移特性

3) 开关特性

IGBT 的开关特性是指漏极电流与漏源电压之间的关系。IBGT 的开关特性曲线如图 2-44 所示。IGBT 处于导通状态时，由于它的 PNP 型晶体管为宽基区晶体管，所以其 β 值极低。尽管其等效电路为达林顿结构，但流过 MOSFET 的电流成为 IGBT 总电流的主要部分。与功率 MOSFET 相比，IGBT 的通态压降要小得多，1000V 的 IGBT 有 $2\sim5V$ 的通态压降。这是因为 IGBT 中的 N^- 漂移区存在电导调制效应的缘故。

2. IGBT 的动态特性

IGBT 的动态特性主要有开通过程、关断过程。IGBT 的开、关过程如图 2-45 所示。

1) 开通过程

由于门源间流过驱动电流，所以门源间呈二极管正向特性，U_{GE} 维持不变。

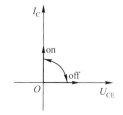

图 2-44 IGBT 的开关特性曲线

(1) 开通延迟时间 $t_{d(on)}$：从 u_{GE} 上升至其幅值的 10% 的时刻起，到 i_C 上升至 $10\% I_{CM}$ 所

需时间。

(2) 电流上升时间 t_r：i_C 从 $10\% I_{CM}$ 上升至 $90\% I_{CM}$ 所需时间。

(3) 开通时间 t_{on}：开通延迟时间与电流上升时间之和。

u_{CE} 的下降过程分为 t_{fv1} 和 t_{fv2} 两段。

① t_{fv1}：IGBT 中 MOSFET 单独工作的电压下降过程。

② t_{fv2}：MOSFET 和 PNP 型晶体管同时工作的电压下降过程。

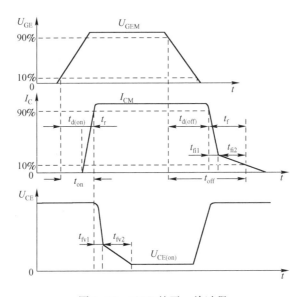

图 2-45 IGBT 的开、关过程

2）关断过程

(1) 关断延迟时间 $t_{d(off)}$：从 u_{GE} 后沿下降到其幅值的 90% 的时刻起，到 i_C 下降至 $90\% I_{CM}$ 所需时间。

(2) 电流下降时间 t_f：i_C 从 $90\% I_{CM}$ 下降至 $10\% I_{CM}$ 所需时间。

(3) 关断时间 t_{off}：关断延迟时间与电流下降时间之和。

电流下降时间 t_f 又可分为 t_{fi1} 和 t_{fi2} 两段。

① t_{fi1}：IGBT 内部的 MOSFET 的关断过程，i_C 下降较快。

② t_{fi2}：IGBT 内部的 PNP 晶体管的关断过程，i_C 下降较慢。

t_{fi2} 由 PNP 晶体管中的存储电荷决定，此时 MOSFET 已关断，IGBT 又无反向电压，体内存储电荷很难迅速消除，因此下降时间较长，功耗较大。一般无缓冲区的，下降时间短。

3）开、关时间

(1) 漏极电流的开通时间和上升时间。

开通时间：$t_{on} = t_{d(on)} + t_r$。

上升时间：$t_r = t_{fv1} + t_{fv2}$。

(2) 漏极电流的关断时间和下降时间。

关断时间：$t_{off} = t_{d(off)} + t_f$。

下降时间：$t_f = t_{fi1} + t_{fi2}$。

（3）反向恢复时间：t_{rr}。

3. 擎住效应

IGBT 的锁定现象又称擎住效应。IGBT 复合器件内有一个寄生晶闸管存在，它由 PNP 和 NPN 两个晶体管组成。在 NPN 型晶体管的基极与发射极之间并有一个体区电阻 R_{br}，在该电阻上，P 型体区的横向空穴流会产生一定压降，对 J_3 结来说，相当于加上一个正偏置电压。在规定的漏极电流范围内，这个正偏压不大，NPN 型晶体管不起作用。当漏极电流达到一定程度时，这个正偏压足以使 NPN 型晶体管导通，进而使寄生晶闸管开通、门极失去控制作用，这就是所谓的擎住效应。IGBT 产生擎住效应后，漏极电流增大，会造成过高的功耗，最后导致器件损坏。

漏极通态电流的连续值超过临界值 I_{DM} 时产生的擎住效应称为静态擎住现象。IGBT 在关断的过程中会产生动态的擎住效应。动态擎住所允许的漏极电流比静态擎住时还要小，因此，制造厂家所规定的 I_{DM} 值是按动态擎住所允许的最大漏极电流来确定的。

动态擎住的产生主要由重加 $\dfrac{du_{DS}}{dt}$ 来决定，此外还受漏极电流 I_{DM} 及结温 T_j 等因素的影响。在使用中，为了避免 IGBT 产生擎住现象：

（1）设计电路时，应保证 IGBT 中的电流不超过 I_{DM} 的值；

（2）用加大门极电阻 R_G 的办法延长 IGBT 的关断时间，减小重加 $\dfrac{du_{CE}}{dt}$ 的电压上升率；

（3）器件制造厂家也可在 IGBT 的工艺与结构上想方设法提高 I_{DM} 的值，尽量避免产生擎住效应。

4. 安全工作区

（1）FBSOA：由最大集电极电流、最大集射极间电压和最大集电极功耗确定的 IGBT 开通时的正向偏置安全工作区。随着导通时间的增加，损耗增大，发热严重，该安全工作区会逐步减小。

（2）RBSOA：由最大集电极电流、最大集射极间电压和最大允许电压上升率确定的 IGBT 关断时的反向偏置安全工作区。随着 IGBT 关断时的重加 $\dfrac{du_{CE}}{dt}$ 改变，电压上升率越大，安全工作区越小。通过选择门极电压、门极驱动电阻和吸收回路的设计，可控制重加 $\dfrac{du_{CE}}{dt}$，扩大 RBSOA。

2.6.5 IGBT 的总结

（1）开关速度高，开关损耗小。当电压在 1000V 以上时，其开关损耗只有 GTR 的 1/10，与电力 MOSFET 相当。

（2）有相同电压和电流定额时，安全工作区比 GTR 大，且具有耐脉冲电流冲击能力。

（3）通态压降比 VDMOSFET 低，特别是在电流较大的区域。

(4) 输入阻抗高，输入特性与 MOSFET 类似。

(5) 与 MOSFET 和 GTR 相比，其耐压和通流能力还可以进一步提高，同时可以保持开关频率高的特点。

2.7 变压器

变压器是电磁能量转换器件，根据电磁感应原理制作而成。变压器的最基本形式，包括两组绕有导线的线圈，并且彼此以电感方式耦合在一起。当一个交流电流（具有某一已知频率）在其中一组线圈中流动时，在另一组线圈中将感应出具有相同频率的交流电压，而感应电压的大小取决于两组线圈的耦合及磁交链程度。

2.7.1 变压器在电源技术中的作用

变压器和半导体开关器件、半导体整流器件、电容一起，称为电源装置中的 4 大主要元器件。变压器根据其在电源装置中的作用，有以下几种分类形式。

(1) 按照电压和功率变换方式分类：电压变换器、功率变压器、整流变压器、逆变变压器、开关变压器和脉冲功率变压器。

(2) 按照传递脉冲、驱动和触发信号作用分类：脉冲变压器、驱动变压器和触发变压器。

(3) 按照初级和次级的绝缘隔离作用分类：隔离变压器、起屏蔽作用的屏蔽变压器。

(4) 按照稳定输出电压或电流作用分类：稳压变压器（包括恒压变压器）或稳流变压器，调节输出电压作用的调压变压器。

(5) 按照变换电压、电流或脉冲检测信号分类：电压互感器、电流互感器、脉冲互感器、直流互感器、零磁通互感器、弱电互感器、零序电流互感器、霍尔电流电压检测器。

从以上的列举可以看出，不论是直流电源，交流电源，还是特种电源，都离不开变压器。图 2-46 和图 2-47 给出了各种类型的变压器。

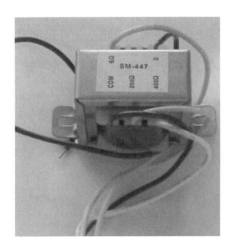

图 2-46 两种低频变压器

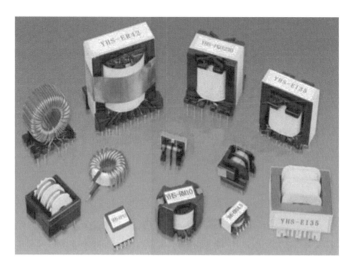

图 2-47 各种类型的高频变压器

2.7.2 变压器的基本原理

1. 定义

变压器利用电磁感应原理，从一个电路向另一个电路传递电能，是电能传递或信号传输的重要元件。它也可以说是将交流电转换成同频率的另一种交流电的静止电气设备。其主要构件是初级线圈、次级线圈和铁芯（磁芯）。

2. 变压器的构造

变压器的构造示意图如图 2-48 所示。

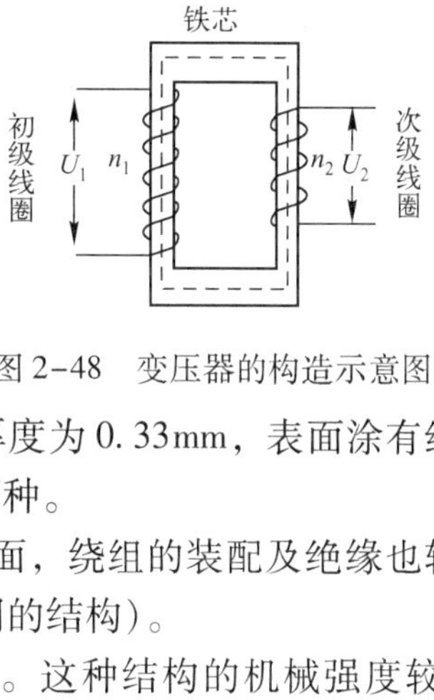

1）铁芯

变压器的铁芯又称闭合铁芯（由绝缘硅钢片叠合而成）。它既是磁路，又是套装绕组的骨架。铁芯分为芯柱、铁轭。为了减少铁芯损耗，铁芯通常采用含硅量较高，厚度为 0.33mm，表面涂有绝缘漆的硅钢片叠装而成。铁芯结构的基本形式分为芯式和壳式两种。

图 2-48 变压器的构造示意图

① 芯式：铁轭靠着绕组的顶面和底面，而不包围绕组侧面，绕组的装配及绝缘也较为容易，因此国产变压器大多采用芯式结构（电力变压器常采用的结构）。

② 壳式：铁轭不仅包围顶面和底面，也包围绕组的侧面。这种结构的机械强度较好，但制造工艺复杂，用材料较多。

2）绕组

绕组是变压器的线圈性匝组合，用纸包或纱包的绝缘扁线或圆线绕成。接入电能的一端称为初级绕组（或一次侧绕组），输出电能的一端称为次级绕组（或二次侧绕组），一、二次侧绕组中电压高的一端称为高压绕组，电压低的一端称为低压绕组。高压绕组匝数多，导线细；低压绕组匝数少，导线粗。

若不计铁芯的损耗，根据能量的守恒原理有

$$U_1 I_1 = U_2 I_2 = S \quad (S \text{ 为一、二次侧绕组的视在功率}) \tag{2-11}$$

从高、低压绕组的相对位置来看，变压器绕组可以分为同芯式和交叠式两类。

① 同芯式：高、低压绕组同芯地套在铁芯柱上。为便于绝缘，一般低压绕组在里面，高压绕组在外面。

② 交叠式：高、低压绕组互相交叠放置，为便于绝缘，上下两组为低压。

3) 图形符号

变压器的图形符号如图 2-49 所示。

3. 作用

变压器利用其一次侧（初级）、二次侧（次级）绕组之间圈数（匝数）比的不同来改变电压比或电流比，实现电能或信号的传输与分配。它主要有降低交流电压、提升交流电压、信号耦合、变换阻抗、隔离等作用。

图 2-49　变压器的图形符号

4. 主要性能指标

对不同类型的变压器都有相应的技术要求，可用相应的技术参数表示。例如，电源变压器的主要技术参数有额定功率、额定电压和电压比、额定频率、工作温度等级、温升、电压调整率、绝缘性能和防潮性能；一般低频变压器的主要技术参数有变压比、频率特性、非线性失真、磁屏蔽和静电屏蔽、效率等。

1) 变压比

变压器两组线圈的圈数分别为 N_1 和 N_2，N_1 代表初级线圈，N_2 代表次级线圈。在初级线圈上加一交流电压，在次级线圈两端就会产生感应电动势。当 $N_2 > N_1$ 时，其感应电动势要比初级所加的电压还要高，这种变压器称为升压变压器；当 $N_2 < N_1$ 时，其感应电动势低于初级电压，这种变压器称为降压变压器。初级、次级电压和线圈圈数间具有下列关系：

$$\frac{U_2}{U_1} = \frac{N_2}{N_1} = n \tag{2-12}$$

式中，n 称为变压比（圈数比）。当 $n < 1$ 时，则 $N_1 > N_2$，$U_1 > U_2$，该变压器为降压变压器，反之则为升压变压器。

2) 效率

在额定功率时，变压器的输出功率和输入功率的比值，叫做变压器的效率，即

$$\eta = \frac{P_2}{P_1} \times 100\% \tag{2-13}$$

式中，η 为变压器的效率；P_1 为输入功率；P_2 为输出功率。当变压器的输出功率 P_2 等于输入功率 P_1 时，效率 η 等于 100%，变压器将不产生任何损耗。但实际上这种变压器是没有的。变压器传输电能时总要产生损耗，这种损耗主要有铜损和铁损。

铜损是指变压器线圈电阻所引起的损耗。当电流通过线圈电阻发热时，一部分电能就转变为热能而损耗。由于线圈一般都由带绝缘的铜线缠绕而成，所以称该损耗为铜损。

变压器的铁损包括两方面：一方面是磁滞损耗，当交流电流通过变压器时，通过变压器硅钢片的磁力线的方向和大小随之变化，使得硅钢片内部分子相互摩擦，放出热能，从而损

耗了一部分电能,这便是磁滞损耗;另一方面是涡流损耗,当变压器工作时,铁芯中有磁力线穿过,在与磁力线垂直的平面上就会产生感应电流,由于此电流自成闭合回路形成环流,且成旋涡状,故称为涡流,涡流的存在使铁芯发热,消耗能量,因此这种损耗称为涡流损耗。

变压器的效率与变压器的功率等级有密切关系,通常功率越大,损耗与输出功率就越小,效率也就越高。反之,功率越小,效率也就越低。

3) 额定电流

额定电流指在额定电压和额定环境温度下各部分温升不超过允许值的长期允许通过电流,其单位为 A。

由 S_N 和 U_N 计算出来的电流,即为额定电流。

对单相变压器:

$$I_N = \frac{S_N}{U_{1N}} \quad I_{2N} = \frac{S_N}{U_{2N}} \tag{2-14}$$

对三相变压器:

$$I_{1N} = \frac{S_N}{\sqrt{3}\,U_{1N}} \quad I_{2N} = \frac{S_N}{\sqrt{3}\,U_{2N}} \tag{2-15}$$

4) 空载试验

空载试验是指变压器一次侧施加额定电压,二次侧断开运行的试验。通常用额定电流的百分数表示变压器在空载状态下的损耗(称为空载损耗),它主要包括铁芯中的磁滞和涡流损耗。它习惯上称为铁损,有时也称为不变损耗,单位为 W 或 kW。可通过空载损耗的值分析铁芯质量或是否存在缺陷。

5) 短路试验

短路试验是指二次侧短路、一次侧绕组通过额定电流的试验。该试验需要测量两个数值:阻抗电压(也称为短路电压)和短路损耗,它们分别表示变压器通过额定电流时变压器自身阻抗上产生的电压损耗及电能损耗。习惯上短路损耗又称铜损或可变损耗,主要反映绕组的性能。

6) 温升

温升指变压器在满负荷工作时线圈温度上升后的稳定值与工作环境温度的差值。温升是影响变压器绝缘性能的原因之一。

7) 空载电流

当二次侧负载为零(开路)时,一次侧中仍有一定的电流,这部分电流叫做空载电流。

2.7.3 常见的变压器

1. 电源变压器

电源变压器的主要作用是升压(提升交流电压)或降压(降低交流电压)。升压电源变压器的一次侧(初级)绕组较二次侧(次级)绕组的圈数(匝数)少,而降压电源变压器的一次侧绕组较二次侧绕组的圈数多。稳压电源和各种家电产品中使用的变压器均属于降压电源变压器。

电源变压器有 E 型电源变压器、C 型电源变压器和环型电源变压器之分。

1) E 型电源变压器

E 型电源变压器的铁芯是用硅钢片交叠而成的。其缺点是磁路中的气隙较大，效率较低，工作时的电噪声较大。其优点是成本低廉。

2) C 型电源变压器

C 型电源变压器的铁芯是由两块形状相同的 C 型铁芯（由冷轧硅钢带制成）对接而成的。与 E 型电源变压器相比，其磁路中的气隙较小，性能有所提高。

3) 环型电源变压器

环型电源变压器的铁芯是由冷轧硅钢带卷绕而成的，磁路中无气隙，漏磁极小，工作时的电噪声较小。

2. 低频变压器

低频变压器用来传递信号电压和信号功率，还可实现电路之间的阻抗匹配，对直流电具有隔离作用。它分为级间耦合变压器、输入变压器和输出变压器，它们的外形均与电源变压器相似。

1) 级间耦合变压器

级间耦合变压器用在两级音频放大电路之间，作为耦合元件，将前级放大电路的输出信号传送至后一级，并进行适当的阻抗变换。

2) 输入变压器

在早期的半导体收音机中，音频推动级和功率放大级之间使用的变压器为输入变压器，起信号耦合、传输作用，也称为推动变压器。输入变压器有单端输入式和推挽输入式。若推动电路为单端电路，则输入变压器也称为单端输入式变压器；若推动电路为推挽电路，则输入变压器也称为推挽输入式变压器。

3) 输出变压器

输出变压器接在功率放大器的输出电路与扬声器之间，主要起信号传输和阻抗匹配的作用。输出变压器也分为单端输出变压器和推挽输出变压器两种。

3. 高频变压器

常用的高频变压器有黑白电视机中的天线阻抗变换器和半导体收音机中的天线线圈等。

1) 天线阻抗变换器

黑白电视机上使用的天线阻抗变换器是用两根塑皮绝缘导线（塑胶线）并联绕在具有高导磁率的双孔磁芯上构成的。天线阻抗变换器两绕组的圈数虽相同，但其输入端是两个线圈串联，阻抗增大一倍；而输出端是两个线圈并联，阻抗减小一半。因此，其总的阻抗变换比为 4:1（将 300Ω 平衡输入信号变换为 75Ω 不平衡输出信号）。

2) 天线线圈

收音机的天线线圈也称为磁性天线，它是由两个相邻而又相互独立的一次（初级）、二次（次级）绕组套在同一磁棒上构成的。磁棒有圆形和长方形两种外形。中波磁棒采用锰锌铁氧体材料，其晶粒呈黑色；短波磁棒采用镍锌铁氧体材料，其晶粒呈棕色。天线线圈一般用多股或单股纱包线绕制在略粗于磁棒的绝缘纸管上，绕好后再套在磁棒上。

4. 中频变压器

1) 中频变压器的结构

中频变压器俗称"中周",应用在收音机或黑白电视机中。中频变压器属于可调磁芯变压器,其外形与收音机的振荡线圈相似,它也由屏蔽外壳、磁帽(或磁芯)、尼龙支架、"工"字磁芯、引脚架等组成。

2) 中频变压器的作用

中频变压器是半导体收音机和黑白电视机中的主要选频元件,在电路中起信号耦合和选频作用。调节其磁芯,改变线圈的电感量,即可改变中频信号的灵敏度及通频带。

收音机中的中频变压器分为调频用中频变压器和调幅用中频变压器,黑白电视机中的中频变压器分为图像部分中频变压器和伴音部分中频变压器。不同规格、不同型号的中频变压器不能直接互换使用。

5. 脉冲变压器

脉冲变压器用于各种脉冲电路中,其工作电压、电流等均为非正弦脉冲波。常用的脉冲变压器有电视机的行输出变压器、行推动变压器、开关变压器、电子点火器的脉冲变压器、臭氧发生器的脉冲变压器等。

1) 行输出变压器

行输出变压器简称 FBT 或行回扫变压器,是电视机中的主要部件。它属于升压式变压器,用来产生显像管所需的各种工作电压(如阳极高压、加速极电压、聚焦极电压等),有的电视机中的行输出变压器还为整机的其他电路提供工作电压。

黑白电视机用行输出变压器一般由"U"形磁芯、低压线圈、高压线圈、外壳、高压整流硅堆、高压线、高压帽、灌封材料、引脚等组成,它又分为分立式(非密封式、高压线圈和高压硅堆可以取下)和一体化式(全密封式)两种结构。

彩色电视机用行输出变压器在一体化式黑白电视机行输出变压器的基础上增加了聚焦电位器、加速极电压调节电位器、聚焦电源线、加速极供电线及分压电路。

2) 行推动变压器

行推动变压器也称为行激励变压器,它接在行推动电路与行输出电路之间,起信号耦合、阻抗变换、隔离及缓冲等作用,控制着行输出管的工作状态。行推动变压器由 E 型铁芯(或磁芯)骨架及一次(初级)、次(次级)绕组等构成。

3) 开关变压器

彩色电视机开关稳压电源电路中使用的开关变压器,属于脉冲电路用振荡变压器。其主要作用是向负载电路提供能量(即为整机各电路提供工作电压),实现输入、输出电路之间的隔离。开关变压器采用 EI 型或 EE 型、EC 型等高导磁率磁芯,其一次(初级)绕组为储能绕组,用来向开关管集电极供电。自激式开关电源的开关变压器一次绕组还包含正反馈绕组或取样绕组,用来提供正反馈电压或取样电压。他激式开关电源的开关变压器一次绕组还包含自馈电绕组,用来给开关振荡集成电路提供工作电压。开关变压器的二次(次级)侧有多组电能释放绕组,可产生多路脉冲电压,经整流、滤波后供给电视机的各有关电路。

6. 自耦变压器

自耦变压器的绕组为有抽头的一组线圈，其输入端和输出端之间有电的直接联系，不能隔离为两个独立部分。当输入端同时有直流电和交流电通过时，输出端无法将直流成分滤除而单独输出交流电（即不具备隔离直流作用）。

7. 隔离变压器

隔离变压器的主要作用是隔离电源、切断干扰源的耦合通路和传输通道，其一次侧、二次侧绕组的匝数比（即变压比）等于1。它分为电源隔离变压器和干扰隔离变压器。

1) 电源隔离变压器

电源隔离变压器是具有"安全隔离"作用的1:1电源变压器，一般作为彩色电视机的维修设备。彩色电视机的底板多数是带电的，在维修时若将彩色电视机与220V交流电源之间接入一只电源隔离变压器后，彩色电视机即呈悬浮供电状态。当人体偶尔触及电源隔离变压器二次侧（次级）的任一端时，均不会发生触电事故。

2) 干扰隔离变压器

干扰隔离变压器是具有噪声干扰抑制作用的变压器，它可以使两个有联系的电路相互独立，不能形成回路，从而有效地切断干扰信号的通路，使干扰信号无法从一个电路进入另一个电路。

8. 振荡变压器

有些仪器仪表和电子控制设备上用于正弦波电路中的振荡变压器与脉冲电路中使用的振荡变压器不同，其主要作用是进行电压器变换和阻抗变换，两者不能互换使用。

9. 恒压变压器

恒压变压器是根据铁磁谐振原理制成的一种交流稳压变压器，它具有稳压、抗干扰和自动短路保护等功能。当输入电压（电网电压）在 $-20\% \sim +10\%$ 范围内变化时，其输出电压的变化不超过 $\pm 1\%$。即使恒压变压器出输端出现短路故障时，在30min内也不会出现任何损坏。恒压变压器在使用时，只要接上整流桥堆和滤波电容，即可构成直流稳压电源，可省去其余的稳压电路。

2.7.4 高频脉冲变压器原理

高频脉冲变压器在开关电源中应用最广也最复杂。设计高频脉冲变压器就是要计算变压器的结构形式、铁芯和绕组的参数等。当高频脉冲变压器用做逆变器时，要充分考虑转换功率容量、逆变工作频率、逆变主电路形式、输入/输出电压等级和变化范围、铁芯材料和形状、绕组绕制方式、散热条件、工作环境和成本等各方面的因素。

1. 概述

脉冲变压器与理想变压器完全不同，其工作时的内部变化均是非线性的。要设计一个高质量的脉冲变压器必须了解以下基本概念。

1) 同名端

在两个绕组中分别通以直流电，当磁通方向相同时，两个绕组的电流流入端就是它们的同名端，两个绕组的电流流出端就是它们的另一组同名端。在实验中经常需要判断同名端，可采用 LCR 表测电感的方法。其原理是耦合的两个线圈串联，如果是同名端相连，则磁通互相抵消，电感量变小，反之则电感量变大。

2）饱和点

B-H 曲线如图 2-50 所示。如果导磁材料曲线起始部分的磁场强度 H 值增加，则对应的 B 值就沿着曲线 1→曲线 2 增加。B 和 H 均为 0 的那一点曲线的斜率称为初始磁导率。当 H 值增加，到达点 2 以后，B 值就不再随之增加，称此点为饱和点。

需要注意的是：饱和点与磁芯饱和是不同的。在设计脉冲变压器时，一定要避免变压器磁芯饱和，因为饱和时电流变化不会发生能量传递，其能量消耗在线圈上。磁芯饱和后，电感量消失，电流很大，绕组和开关管烫手，从而使磁体失去磁性，不再起电感作用。有时设备刚启动几十秒，变压器噪声很大，迅速变热并破裂。设计过脉冲变压器的人都会经历过这样的事情。由此得到的经验是：设计时一定要充分考虑转换功率容量和逆变主电路形式，不同的拓扑变压器参数是不同的；可以适当增加磁芯气隙，这样不但可以防止饱和，还可以降低噪声。

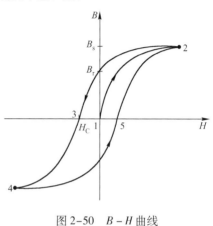

图 2-50 B-H 曲线

3）矫顽力

如果减小 H，则 B-H 曲线的轨迹将变为 2→3→4。当 H 减小到 0 时（2 与 3 点之间），B 有一剩余值，即 $B=B_r$。当 H 反向后，B 又逐渐减小，在点 3，B 值再次等于 0，此时的 H 称为矫顽力。

4）磁滞回线

在纯交流电的状态下，B-H 曲线每一周期的轨迹都是 2→3→4→5→2 的环状曲线。

5）绕组之间的电容

绕组之间的电容指在变压器一次侧和二次侧绕组之间的电容。这个电容的大小取决于绕组的几何形状、磁芯材料的介电常数和它的封装材料等。

6）分布电容

在实际变压器的绕组中存在分布电容，同时线圈导线和变压器磁芯之间也存在分布电容。其电容量的大小由绕组的几何形状、磁芯材料的介电常数和它的封装材料等来决定（如在设备中用的环氧树脂密封封装或绕组内部用的聚四氟乙烯绝缘）。

7）漏磁通

当变压器中流过负载电流时，就会在绕组周围产生磁通，在绕组中由负载电流产生的磁通叫漏磁通，漏磁通的大小决定于负载电流。漏磁通不宜在铁磁材质中通过。漏磁通也是矢量，也用峰值表示。

2. 脉冲变压器的等效电路

脉冲变压器的脉冲前沿取决于变压器的漏感和分布电容，漏感和分布电容越小，脉冲前沿也越小；脉冲顶部取决于励磁电感的大小，励磁电感越大，励磁电流越小，顶部压降也就越小；而脉冲后沿取决于励磁电感和分布电容的大小。因此，理想的脉冲变压器应该是漏感和分布电容为 0，励磁电感为无穷大，这样输出与输入波形才会完全一致，没有失真。但实际应用中，不可能这样。因此，如何尽可能减小漏感和分布电容，增大励磁电感是设计的关键。脉冲变压器的等效电路图如图 2-51 所示。

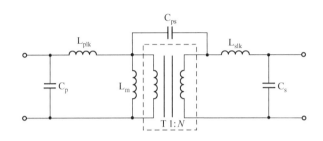

图 2-51　脉冲变压器的等效电路图

3. 脉冲变压器的铁芯材料

不同工作频率的变压器，可以选择不同磁性材料的铁芯和不同的铁芯尺寸规格。选择铁芯的材料和规格时，应根据铁芯的工作状态、功率容量的大小、工作频率及对铁损、体积、质量、价格、使用（如环境温度、工作稳定性）等方面的要求进行综合考虑。一般不可能各项要求都达到最佳指标，有些方面还会有矛盾，因此只能全面衡量。在满足基本要求的基础上，有的人采取折中的办法来选择一个合适的铁芯材料。

目前广泛应用的磁性材料主要有硅钢片、铁氧体、非晶态合金等。其主要参数有：饱和磁感应强度 B_s，其大小取决于材料的成分，它所对应的物理状态是材料内部的磁化矢量整齐排列；剩余磁感应强度 B_r，它是磁滞回线上的特征参数，是 H 回到 0 时的 B 值；方形比，即 B_r/B_s；矫顽力 H_c，它是表示材料磁化难易程度的量，取决于材料的成分及缺陷（杂质、应力等）。对高功率脉冲变压器而言，欲使其结构紧凑，损耗小，输出脉冲上升速率提高，应选择饱和磁感应强度 B_s 和电阻率 ρ 大，且带材厚度小的铁芯材料。铁芯材料参数如表 2-14 所示。超薄硅钢的饱和磁感应强度 B_s 为 1.8，较高，但电阻率 ρ 太低，涡流损耗大；坡莫合金的矫顽力 H_c 太高，磁滞损耗大；而非晶合金具有较高的 B_s，较低的 H_c，叠片厚度较小，电阻率较大，但价格昂贵。设计脉冲变压器时一般选择铁氧体作为铁芯。铁氧体的最大优点就是电阻率可以做得很高，因此其高频损耗小，适用于几千赫兹到几兆赫兹的工作频率。另外，铁氧体制造工艺简单，价格较便宜。

表 2-14　铁芯材料参数表

性能 材料	B_s (T)	B_r (T)	H_c (A/m)	ρ	方形比
非晶合金	1.6	1.2～1.4	3.2～4.0	125～130	0.75～0.90
铁氧体	0.4	0.3	1.6	106	0.75
超薄硅钢	1.8	1.5	36	57	/
坡莫合金	1.5	1.3	20	54	0.90

铁芯的最大工作磁通密度 B_m 和磁通变化量决定了变压器的磁滞损耗和涡流损耗（当然还与变化率 f 有关），因此合理确定 B_m 至关重要。确定合适的 B_m 需要充分考虑逆变电路形式、逆变工作频率、散热条件和最大允许温升和功耗。一般铁芯参数都给出其在某些频率 f、磁密 B_m 和工作温度下的铁损参数或曲线。

4. 铁芯的型号和规格

铁氧体磁芯材料的结构形式有环形、U 形、E 形及罐形等。其中，EI 型、EE 型及 E 型带有圆柱形中心柱，EC 型（大功率铁氧体磁芯的外腿带有螺钉固定位置等）。各种类型的铁氧体铁芯如图 2-52 所示。

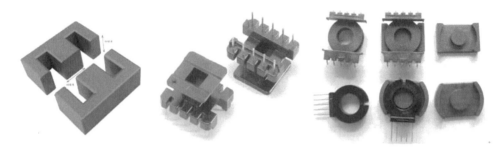

图 2-52　各种类型的铁氧体铁芯

EC 型或 EE 型磁芯具有圆柱形中心柱的结构，其绕组的绕制跟普通电力变压器的 ED 型铁芯结构的绕组绕制一样方便，尤其是副边大电流绕组可以采用跟窗口高度相近的高度漆包铜线绕制，既方便又解决了集肤效应问题，而且圆柱形中心柱绕组的漏感比方形的也小。例如，EC35 型磁芯，其外观如图 2-53 所示。EC35 型磁芯的规格参数如表 2-15 所示。

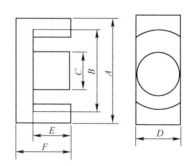

图 2-53　EC 型（包括 EC35 型）磁芯

表 2-15　EC35 型磁芯的规格参数

型号	尺寸（mm）					
	A	B	C	D	E	F
EC35	35.3 ±0.5	26.5 ±0.3	11.3 ±0.3	11.3 ±0.4	15.5 ±0.3	21.5 ±0.3

5. 脉冲变压器的制作流程

高频脉冲变压器的制作流程如下：

（1）领料；
（2）一次侧绕线；
（3）一次侧绝缘；
（4）二次侧绕线；
（5）二次侧绝缘；
（6）焊锡；
（7）加工铜箔；
（8）半成品测试电感值测试；
（9）漏电感值测试；
（10）直流电阻测试；
（11）相位测试；
（12）圈数比测试；
（13）高压绝缘测试；
（14）凡立水处理（真空含浸）；
（15）阴干处理；
（16）烤箱烤干处理；
（17）加包外围胶带；
（18）切脚处理；
（19）贴危险标签及料号标签；
（20）成品电气测试电感值测试。

6．变压器绕制方法

变压器的绕制工艺如图 2-54 所示。

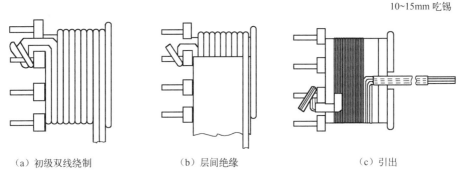

(a) 初级双线绕制　　(b) 层间绝缘　　(c) 引出

图 2-54　变压器的绕制工艺

需注意的问题如下。

（1）绕制变压器的绕组要考虑尽量减小漏感。要想减小漏感，在绕制绕组时就要尽量采用薄的绝缘材料。从绕组的结构来说，应增加绕组高度，减小绕组厚度和间距，并采用窗口较高的铁芯。

（2）尽可能减小导体的涡流损耗，这对控制变压器的发热、提高变压器转换功率和减小电路中的电压尖峰毛刺、提高逆变开关管的可靠性来说都是至关重要的。

（3）一次侧、二次侧绕组应尽可能紧密耦合，如果绕制不紧，会造成变压器的传输效率降低，引起变压器发热，导致输出特性变坏。

（4）在绕制过程中，每一个环节都要认真，如绝缘、吃锡、飞线引出、同名端的判定。若稍微疏忽，不仅会浪费半天的时间，还需要重新绕。要做到每一个绕组绕完，进行一次电气测试。

2.7.5　变压器的选用及注意事项

1．防止变压器过载运行

如果变压器长期过载运行，会引起线圈发热，使其绝缘逐渐老化，造成匝间短路、相间短路或对地短路及油的分解。

2. 保证绝缘油质量

变压器绝缘油在储存、运输或运行维护中，若油质量差或杂质、水分过多，会降低绝缘强度。当绝缘强度降低到一定值时，变压器就会短路而引起电火花、电弧或出现危险温度。因此，在运行中，应对变压器定期化验油质，不合格的油应及时更换。

3. 防止变压器铁芯绝缘老化损坏

铁芯绝缘老化，会使铁芯产生很大的涡流，引起铁芯长期发热，进而造成绝缘老化。另外，固定变压器的螺栓套管损坏也会加剧这一过程。

4. 防止检修不慎破坏绝缘

变压器检修吊芯时，应注意保护线圈或绝缘套管，如果发现有擦破损伤，应及时处理。

5. 保证导线接触良好

线圈内部接头接触不良，线圈之间的连接点、引至高/低压侧套管的接点及分接开关上各支点接触不良，会产生局部过热，破坏绝缘，发生短路或断路。此时所产生的高温电弧会使绝缘油分解，产生大量气体，进而使变压器内的压力加大，当压力超过瓦斯断电器保护定值而不跳闸时，会发生爆炸。

6. 防止电击

电力变压器的电源一般通过架空电线传输，架空电线很容易遭受雷击，使得变压器因击穿绝缘而烧毁，所以应该要装避雷设施。

7. 短路保护要可靠

变压器线圈或负载发生短路时，变压器将承受相当大的短路电流，如果保护系统失灵或保护定值过大，就有可能烧毁变压器。为此，必须安装可靠的短路保护装置。

8. 保持良好的接地

对于采用保护接零的低压系统，变压器低压侧的中性点要直接接地。当三相负载不平衡时，零线上会出现电流。当这一电流过大而接触电阻又较大时，接地点就会出现高温，引燃周围的可燃物质。

9. 防止超温

当变压器运行时，应监视其温度的变化。如果变压器线圈导线是 A 级绝缘，其绝缘体以纸和棉纱为主，则温度的高低对绝缘和使用寿命的影响很大，如温度每升高 8℃，绝缘寿命要减少 50% 左右。变压器在正常温度（90℃）下运行时，寿命约为 20 年；若温度升至 105℃，则寿命为 7 年；当温度升至 120℃ 时，寿命仅为两年。因此，当变压器运行时，一定要保持良好的通风和冷却，必要时可采取强制通风，以达到降低变压器温升的目的。

第 3 章 基本 PWM 变换器的主电路拓扑

直流-直流变换器也称为斩波器,它通过对电力电子器件的通断控制,将直流电压断续地加到负载上,通过改变占空比来改变输出电压的平均值。本章首先对直流斩波电路进行了简单介绍,然后重点对 4 种 DC-DC 电路拓扑(Buck、Boost、Buck-Boost、Cuk)的结构、工作原理、关键节点的波形图进行了论述,最后概括地介绍了上述 4 种结构中参数的计算方法。本章要求了解直流斩波电路技术的内涵,并重点掌握 4 种电路拓扑的结构特点、原理及工作过程,从而为开关电源的设计打下基础。

3.1 概述

第 1 章中从不同的角度对变换器进行了分类。本章和第 4 章则着重讲述基本的和带变压隔离的两类变换器。变换器(对 DC/DC 变换而言)的主要功能是变压,至于隔离与否,则要看使用需要。因此,基本变换器只完成变压;带变压隔离的变换器,除完成变压外,还有对输入/输出之间进行隔离的功能。本章介绍基本变换器的各项特征,包括电路结构、工作原理、波形、主要参数的计算方法,优、缺点等。

一些拓扑更适用于 DC/DC 变换器,此时也称为直流斩波电路。直流斩波是指将恒定的直流电变为另一种固定电压或可调电压的直流电。它一般指直接将一种直流电变为另一种直流电,而不包括直流-交流-直流变换。选择拓扑时还要看是大功率还是小功率,高压输出还是低压输出;在相同功率输出下,有些拓扑结构使用较少器件会导致可靠性降低,而有些拓扑结构本身器件较多,这样会提高可靠性及电源功能,因此选择时要折中考虑。较小的输入/输出纹波和噪声也是选择拓扑结构时经常要考虑的因素。另外,有些拓扑自身有缺陷,需要附加复杂且难以定量分析的电路才能工作。因此,要想恰当选择拓扑,熟悉各种不同拓扑的优、缺点及使用范围是非常重要的。错误的选择会使电源设计一开始就注定失败。开关电源拓扑的比较如表 3-1 所示。该表给出了不同拓扑结构的性能特点,设计时应综合考虑其中的参数,选择最优方案。本章将介绍几种早期的基本拓扑(Buck、Boost、Buck-Boost、CuK)并讨论它们的工作原理,典型波形,优、缺点及应用场合。

表 3-1 开关电源拓扑的比较

拓扑	功率范围/W	$U_{in(dc)}$ 范围/V	输入/输出隔离	典型效率(%)	相对成本
Buck 电路	0~1000	5~40	无	70	1.0
Boost 电路	0~150	5~40	无	80	1.0
Buck-Boost 电路	0~150	5~40	无	80	1.0
CuK 电路	0~150	5~40	无	80	1.0
正激式电路	0~150	5~500	有	78	1.4

续表

拓　　扑	功率范围/W	$U_{in(dc)}$ 范围/V	输入/输出隔离	典型效率（%）	相对成本
反激式电路	0～150	5～500	有	80	1.2
推挽式电路	100～1000	50～1000	有	75	2.0
半桥电路	100～500	50～1000	有	75	2.2
全桥电路	400～2000	50～1000	有	73	2.5

3.2　Buck 变换器

3.2.1　电路结构及工作原理

Buck 变换器又称为降压变换器、串联开关稳压电源、三端开关型降压稳压器。Buck 变换器的结构如图 3-1 所示。由图可知，Buck 变换器主要包括开关管 VT，二极管 VD_1，电感 L_1，电容 C_1 和反馈环路。而一般的反馈环路由四部分组成：采样网络、误差放大器、脉宽调制器（PWM）和驱动电路。

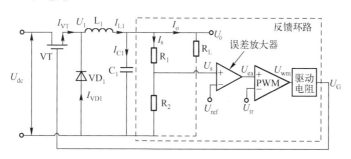

图 3-1　Buck 变换器的结构

为了便于对 Buck 变换器的基本工作原理进行分析，首先做以下几点合理的假设：

（1）开关管 VT 和二极管 VD_1 都是理想元件，它们可以快速地导通和关断，且导通时压降为零，关断时漏电流为零；

（2）电容和电感同样是理想元件，其中电感工作在线性区而未饱和时，寄生电阻等于零；电容的等效串联电阻和等效串联电感等于零；

（3）输出电压中的纹波电压和输出电压相比非常小，可以忽略不计；

（4）采样网络 R_1 和 R_2 的阻抗很大，从而使得流经它们的电流可以忽略不计。

在以上假设的基础上，下面对 Buck 变换器的基本原理进行分析。电路节点波形如图 3-1 所示。当开关管 VT 导通时，电压 U_1 与输入电压 U_{dc} 相等，晶体管 VD_1 处于反向截至状态，电流 $I_{VD1}=0$。电流 $I_{VT}=I_{L1}$ 流经电感 L_1，电流线性增加。该电流经过电容 C_1 滤波后，产生输出电流 I_o 和输出电压 U_o。采样网络 R_1 和 R_2 对输出电压 U_o 进行采样得到电压信号 U_s，并与参考电压 U_{ref} 比较放大得到信号。如图 3-2（a）所示，信号 U_{ea} 和线性上升的三角波信号 U_{tr} 比较。当 $U_{tr}>U_{ea}$ 时，控制信号 U_{wm} 和 U_G 跳变为低电平，开关管 VT 截止。此时，电感 L_1 为了保持其电流 I_{L1} 不变，电感 L_1 中的磁场将改变其两端的电压极性。这时，二极管

VD$_1$ 承受正向偏压，并有电流 I_{VD1} 流过，因此称 VD$_1$ 为续流二极管。当 $I_{L1} < I_o$ 时，电容 C$_1$ 处于放电状态，有利于输出电流 I_o 和输出电压 U_o 保持恒定。开关元件截止的状态一直保持到下一个周期的开始，当又一次满足条件 $U_{ea} < U_{tr}$ 时，开关管 VT 再次导通，重复上面的过程。

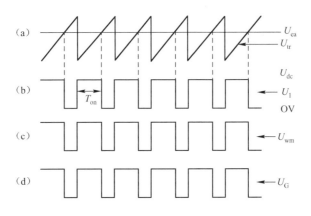

图 3-2　电路节点波形图

仔细分析 Buck 变换器的原理图可知，它的反馈环路是一个负反馈环路，如图 3-3 所示，当输出电压 U_o 升高时，电压 U_S 升高，因此误差放大器的输出电压 U_{ea} 降低。由于 U_{ea} 的降低，使得三角波 U_{tr} 更早地达到比较电平，因此导通时间 T_{on} 减小，则 Buck 变换器的输入能量降低。由能量守恒可知，输出电压 U_o 降低。反之亦然。

$$U_o \uparrow \longrightarrow U_S \uparrow \longrightarrow U_{ea} \downarrow \longrightarrow T_{on} \downarrow \longrightarrow U_o \downarrow$$
$$U_o \downarrow \longrightarrow U_S \downarrow \longrightarrow U_{ea} \uparrow \longrightarrow T_{on} \uparrow \longrightarrow U_o \uparrow$$

图 3-3　Buck 变换器的负反馈环路

3.2.2　电路关键节点波形

按电感电流 I_{L1} 在每个周期开始时是否从零开始，Buck 变换器的工作模式可以分为电感电流连续工作模式（CCM）和电感电流不连续工作模式（DCM）两种。两种工作模式的 Buck 变换器的主要工作波形图如图 3-4 所示。下面分别对这两种工作模式进行分析。

1. Buck 变换器的 CCM 工作模式

由定义可知，Buck 变换器的 CCM 模式是指每个周期开始时电感 L$_1$ 上的电流不等于零。图 3-4（a）给出了 Buck 变换器工作在 CCM 模式下的主要波形。设开关管 VT 的导通时间为 T_{on}，截止时间为 T_{off}，工作时钟周期为 T，则易知

$$T = T_{on} + T_{off} \tag{3-1}$$

开关管 VT 的状态可以分为导通和截止两种状态。假设输入/输出不变，开关管 VT 处于导通状态时，电压 $U_1 = U_{dc}$，此时电感 L$_1$ 两端的电压差等于 $U_{dc} - U_o$，电感电流 I_{L1} 线性上升，二极管电流 $I_{VD1} = 0$。在开关管 VT 导通的时间内，电感电流的增量为

$$\Delta i_{L1} = \int_0^{T_{on}} \frac{U_{dc} - U_o}{L_1} dt = \frac{U_{dc} - U_o}{L_1} T_{on} \tag{3-2}$$

式中，Δi_{L1} 表示开关管 VT 导通时间内电感电流的增量（A）；L_1 表示电感 L_1 的电感量（H）。

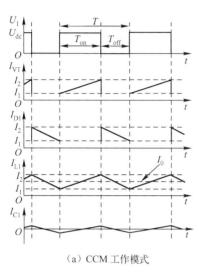
(a) CCM 工作模式

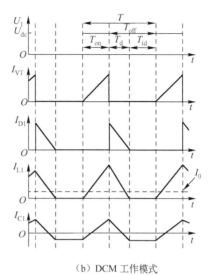
(b) DCM 工作模式

图 3-4　两种工作模式的 Buck 变换器的主要工作波形图

当开关管 VT 处于截止状态时，电感电流的增量为

$$\Delta i'_{L1} = -\int_0^{T_{off}} \frac{U_o}{L_1} dt = -\frac{U_o}{L_1} T_{off} \tag{3-3}$$

式中，$\Delta i'_{L1}$ 表示开关管 VT 截止时间内电感电流的增量（A）。

当 Buck 变换器处于稳态时，电感电流的增量 $\Delta i_{L1} = |\Delta i'_{L1}|$，因此有

$$\frac{U_{dc} - U_o}{L_1} T_{on} = \left| -\frac{U_o}{L_1} T_{off} \right| \tag{3-4}$$

整理可得

$$U_o = U_{dc} \frac{T_{on}}{T_{on} + T_{off}} = U_{dc} \frac{T_{on}}{T} \tag{3-5}$$

若令 $B_1 = \frac{T_{on}}{T}$，则有

$$U_o = U_{dc} \cdot B_1 \tag{3-6}$$

式中，B_1 表示开关管 VT 的导通时间占空比。

式（3-6）表明，输出电压 U_o 随着占空比 B_1 变化。若用 G 表示输出电压的电压增益，则 CCM 模式下 Buck 变换器的电压增益为

$$G = \frac{U_o}{U_{dc}} = B_1 \tag{3-7}$$

2. Buck 变换器的 DCM 工作模式

由定义可知，Buck 变换器的 DCM 工作模式是指每个周期开始时电感 L_1 上的电流等于零。图 3-4（b）给出了 Buck 变换器工作在 DCM 模式下的主要波形。由图 3-4（b）可知，在 DCM 工作模式下，Buck 变换器共有 3 种状态：开关管 VT 导通，二极管 VD_1 导通和系统

闲置（即开关管 VT 和二极管 VD_1 都关闭）。设开关管 VT 的导通时间为 T_{on}，截止时间为 T_{off}，二极管导通时间为 T_d，系统闲置时间为 T_{id}，工作时钟周期为 T，则易知

$$T = T_{on} + T_{off} = T_{on} + T_d + T_{id} \tag{3-8}$$

在开关管 VT 导通的时间内，电感电流的增量为

$$\Delta i_{L1} = \int_0^{T_{on}} \frac{U_{dc} - U_o}{L_1} dt = \frac{U_{dc} - U_o}{L_1} T_{on} \tag{3-9}$$

式中，Δi_{L1} 表示开关管 VT 导通时间内电感电流的增量（A）。

当开关管 VT 截止时，电感电流的增量为

$$\Delta i'_{L1} = -\int_0^{T_d} \frac{U_o}{L_1} dt = -\frac{U_o}{L_1} T_d \tag{3-10}$$

当 Buck 变换器处于稳态时，电感电流的增量 $\Delta i_{L1} = |\Delta i'_{L1}|$，因此有

$$\frac{U_{dc} - U_o}{L_1} \cdot T_{on} = \left| -\frac{U_o}{L_1} T_d \right| \tag{3-11}$$

整理可得

$$U_o = U_{dc} \frac{T_{on}}{T_{on} + T_d} \tag{3-12}$$

则 Buck 变换器在 DCM 模式下的电压增益为

$$G = \frac{U_o}{U_{dc}} = \frac{2}{1 + \sqrt{1 + \frac{8K}{B_1^2}}} \tag{3-13}$$

式中，$B_1 = \frac{T_{on}}{T}$；$K = \frac{L_1}{R_L T}$。

3.2.3 主要参数的计算方法

1. Buck 变换器电感的计算

选择 Buck 变换器电感的主要依据是变换器输出电流的大小。假设 Buck 变换器的最大额定输出电流为 I_{omax}，最小额定输出电流为 I_{omin}。

首先，当 Buck 变换器的输出电流等于 I_{omax} 时，仍然要保证电感工作在非饱和状态，这样电感值才能维持恒定不变。电感值 L_1 的恒定确保了电感上的电流线性上升和下降。

其次，最小额定输出电流 I_{omin} 和电感值 L_1 决定了 Buck 变换器的工作状态是否会进入 DCM 模式。我们知道，当 Buck 变换器工作在 CCM 模式时，有

$$T_{on} = \frac{U_o}{U_{dc}} T \tag{3-14}$$

且当输出电压 U_o，输入电压 U_{dc} 和变换器的工作周期 T 不变时，导通时间 T_{on} 保持不变。由 CCM 模式和 DCM 模式的临界条件可知，CCM 模式的最小输出电流为

$$I_{omin} = \frac{1}{2} \Delta i \tag{3-15}$$

又因为

$$\Delta i = \frac{U_{dc} - U_o}{L_1} T_{on} \qquad (3-16)$$

联立式（3-14），式（3-15）和式（3-16），得 Buck 变换器在 CCM 模式和 DCM 模式下的临界电感值为

$$L_c = \frac{U_{dc} - U_o}{2 \times I_{omin}} \cdot \frac{U_o}{U_{dc}} \cdot T = \frac{(U_{dc} - U_o) U_o T}{2 \times I_{omin} U_{dc}} \qquad (3-17)$$

2. Buck 变换器输出电容的选择和纹波电压

Buck 变换器输出电容的选择和纹波电压的大小密切相关。电容 C_1 的等效电路及电容 C_1 上的电流、电压变化如图 3-5 所示。图中的电阻 R_0 为等效串联电阻，电感 L_0 为等效串联电感。当频率低于 300kHz 或 500kHz 时，电容 C_1 的等效串联电感可以忽略，输出纹波电压主要取决于电容 C_0 和等效串联电阻 R_0。

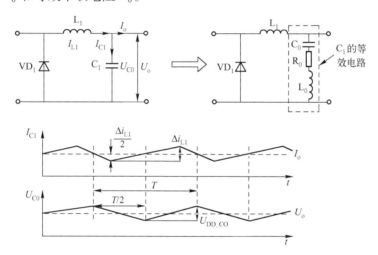

图 3-5 电容 C_1 的等效电路及电容 C_1 上的电流、电压变化

由图 3-5 可知，电容 C_1 上的电流为

$$I_{C_1} = I_{L_1} - I_0 \qquad (3-18)$$

因此，电容 C_1 上的电流最大变化量为 Δi_{L_1}，则等效串连电阻 R_0 上产生的电压波动峰–峰值为

$$U_{pp\_R_0} = \Delta i_{L_1} \cdot R_0 \qquad (3-19)$$

电容 C_0 上的电压纹波峰–峰值为

$$U_{pp\_C_0} = \frac{Q}{C_0} = \frac{\left(\frac{1}{2} \cdot \frac{\Delta i_{L_1}}{2}\right) \cdot \frac{T}{2}}{C_0} = \frac{\Delta i_{L_1} \cdot T}{8 C_0} \qquad (3-20)$$

因此，输出电压 U_o 上的电压纹波 U_{pp} 为

$$U_{pp} = U_{pp\_R_0} + U_{pp\_C_0} = \Delta i_{L_1} \cdot R_0 + \frac{\Delta i_{L_1} \cdot T}{8 C_0}$$
$$= \Delta i_{L_1} \cdot \left(R_0 + \frac{T}{8 C_0}\right) \qquad (3-21)$$

但从一些厂家的产品手册可知，大多数常用铝电解电容的 $R_0 \times C_0$ 是一个常数，且等于 $50 \sim 80 \times 10^{-6}\text{F}$，而 Buck 变换器的工作频率一般为 $20 \sim 50\text{kHz}$，其周期为 $20 \sim 50 \times 10^{-6}\text{s}$，因此有

$$\frac{U_{\text{pp\_}R_0}}{U_{\text{pp\_}C_0}} = \frac{R_0}{\frac{T}{8C_0}} = \frac{8R_0 C_0}{T} > 8 \tag{3-22}$$

这样，一般情况下忽略电容 C_0 产生的纹波电压，则电压纹波 U_{pp} 近似为

$$U_{\text{pp}} = U_{\text{pp\_}R_0} = \Delta i_{L_1} \times R_0 \tag{3-23}$$

而电压纹波和电感电流变化量可以由系统参数得到，因此可以求出变量 R_0 的值，再由常用铝电解电容的 $R_0 \times C_0$ 是一个常数可以计算出系统应该选用的电容值 C_0。

3.2.4 Buck 变换器的优、缺点

Buck 变换器的输入电流断续，输出电流连续，使用高压侧开关。

Buck 变换器的 DCM 工作模式相对于 CCM 工作模式来说，可以减小电感匝数，减小开关管的电流应力，但需增大电感线径，工作峰值电流会加倍，有效值电流也会较大，输出二极管的电流应力较大，这样会导致温升升高，EMC 处理难度加大。

3.3 Boost 变换器

3.3.1 电路结构及工作原理

与 Buck 变换器从高压输入得到低压输出不同，Boost 变换器的结构如图 3-6 所示。它是从低压输入得到高压输出的开关变换器，称为"Boost 变换器"或"升压电感变换器"。其工作电路为：在 U_{dc} 和开关管 VT 之间串接电感 L_1，电感的下端通过整流二极管 VD_1 给输出电容 C_0 及负载供电。

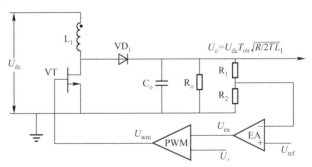

图 3-6 Boost 变换器的结构图

下面定量分析其输出电压 U_0 比直流输入电压 U_{dc} 高的原因。当 VT 在 T_{on} 时段导通时，VD_1 反偏，L_1 的电流线性上升直到 $I_{\text{p}} = U_{\text{dc}} t_{\text{dc}} / L_1$，这表示存储了能量

$$E = \frac{1}{2L_1}(I_{\text{p}})^2 = 0.5 L_1 I_{\text{p}}^2 \tag{3-24}$$

式中，E 的单位为焦耳；L_1 的单位为亨；I_{p} 的单位为安培。

由于在 VT 导通时段输出电流完全由 C_o 提供，所以 C_o 的值应选得足够大，以使在 T_{on} 时段向负载供电时其电压降低能满足要求。

当 VT 关断时，由于电感电流不能突变，所以 L_1 的电压极性颠倒，L_1 异名端的电压相对同名端为正。L_1 的同名端电压为 U_{dc} 且 L_1 经 VD_1 向 C_o 充电，使 C_o 两端电压高于 U_{dc}。此时电感储能给负载提供电流并补充 C_o 单独向负载供电时损失的电荷。U_{dc} 在 VT 关断时段也向负载提供能量，这一点还会在后面的定量分析中讲到。

输出电压的调整是通过负反馈环控制 VT 的导通时间来实现的。若直流负载电流上升，则导通时间会自动增加，为负载提供更多能量。若 U_{dc} 下降而 T_{on} 不变，则峰值电流，即 L_1 的储能会下降，导致输出电压下降。但负反馈环会检测到电压的下降，并通过增大 T_{on} 来维持输出电压恒定。

1. Boost 变换器的定量分析

若在 VT 下次导通之前，流过 VD_1 的电流已下降到零，则认为上次 VT 导通时存储在 L_1 中的能量已释放完毕，电路工作于不连续模式。

在一定时间 T 内，输送到负载的能量 E 称为功率。若 E 的单位为焦耳，T 的单位为秒，则功率的单位为瓦特。因此，若每周期一次地将式（3-24）确定的所有能量都传递到负载，则只从 L_1 传递到负载的功率就有

$$P_L = \frac{1/2 L_1 (I_p)^2}{T} \tag{3-25}$$

而在 L_1 的电流线性下降到零的时段里（图 3-7 中的 T_r 时段），同样的电流流经 U_{dc}，它同时给负载提供能量 P_{dc}，其值为 T_r 时段的平均电流乘以占空比和 U_{dc}，即

$$P_{dc} = U_{dc} \frac{I_p}{2} \frac{T_r}{T} \tag{3-26}$$

这样，输送的负载总功率为

$$P_t = P_L + P_{dc} = \frac{1/2 L_1 (I_p)^2}{T} + U_{dc} \frac{I_p}{2} \frac{T_r}{T} \tag{3-27}$$

由 $I_p = U_{dc} T_{on}/L_1$，得

$$P_t = \frac{(1/2 L_1)(U_{dc} T_{on}/L_1)^2}{T} + U_{dc} \frac{U_{dc} T_{on}}{2 L_1} \frac{T_r}{T} = \frac{U_{dc}^2 T_{on}}{2 T L_1}(T_{on} + T_r) \tag{3-28}$$

为保证 L_1 的电流在 VT 下次导通之前已下降到零，令 $(T_{on} + T_r) = kT$，其中 k 小于 1，则 $P_t = (U_{dc}^2 T_{on}/2TL_1)(kT)$。

若设输出电压为 U_o，输出负载电阻为 R_0，则

$$P_t = \frac{U_{dc}^2 T_{on}}{2 T L_1}(kT) = \frac{U_o^2}{R_0} \tag{3-29}$$

或

$$U_o = U_{dc} \sqrt{\frac{k R_0 T_{on}}{2 L_1}} \tag{3-30}$$

这样，负反馈环会根据式（3-30）对输入电压变化和负载变化进行调整以保持输出稳定。如果 U_{dc} 和 R_0 下降或上升，则反馈环会增大或减小来保持 U_o 恒定。

2. Boost 变换器的不连续工作模式和连续工作模式

如图 3-7（d）所示，若 VT 的电流在 VT 下次导通之前下降到零，则称电路工作于不连续模式。若电流在关断时间结束时还没下降到零，由于电感电流不能突变，则 VT 下次导通时电流上升会有一个阶梯，即 VT 和 VD_1 上的电流将呈典型的阶梯斜坡形状，如图 3-8 所示，此时电路工作于连续模式。

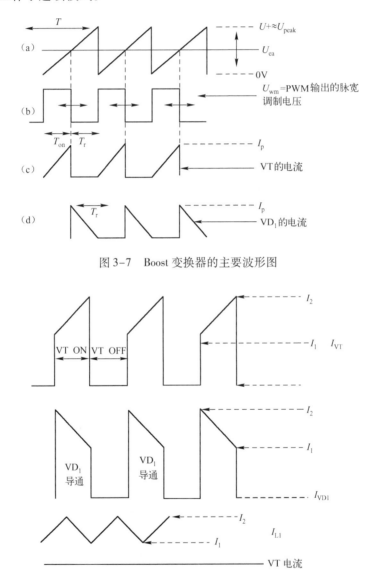

图 3-7　Boost 变换器的主要波形图

图 3-8　连续模式下 Boost 变换器 VT 和 VD_1 的电流波形

若反馈环在不连续模式工作正常，则当 R_0 或 U_{dc} 减小时，反馈环会增加 T_{on} 以保持输出电压恒定。若 R_0 或 U_{dc} 持续减小，则可能使 T_{on} 增大，到下次导通之前 VD_1 的电流仍未降到零，此时电路进入连续工作模式。

3.3.2 电路关键节点波形

Boost 变换器的主要波形如图 3-7 所示,连续模式下 Boost 变换器 VT 和 VD_1 的电流波形如图 3-8 所示。

3.3.3 主要参数的计算方法

1. 电压增益

下面分析开关闭合和断开的情况与输出电压的关系。设开关动作周期为 T_S,闭合时间为 $t_1 = D_1 T_S$,断开时间为 $t_2 - t_1 = D_2 T_S$;D_1 为接通时间占空比,D_2 为断开时间占空比,它们各自小于 1,连续状态时有 $D_1 + D_2 = 1$。在输入、输出电压不变的前提下,当晶体管导通时 I_L 线性上升,其电感电流的增量为

$$\Delta i_{L1} = \frac{U_S}{L} D_1 T_S$$

当晶体管截止时,I_L 线性下降,其增量为

$$\Delta i_{L2} = -\frac{U_o - U_S}{L} D_2 T_S$$

由于稳态时这两个电流变化量的绝对值相等,所以有

$$\frac{U_S D_1 T_S}{L} = \frac{(U_o - U_S) D_2 T_S}{L}$$

化简得到电压增益为

$$M = \frac{U_o}{U_S} = \frac{1}{1 - D_1} = \frac{1}{D_2}$$

3.3.4 Boost 变换器的优、缺点

没有电压闭环调节的 Boost 变换器不宜在输出端开路情况下工作,这是因为稳态运行时,开关管在 T_r 导通期间($T_{on} = DT_S$),电源输入电感 L 中的磁能在 T_r 截止期间通过二极管 VD 转移到输出端,如果负载电流很小,就会出现电流断流情况;如果负载电阻变得很大,负载电流太小,这时若占空比 D 仍不减小,T_{on} 不变,则电源输入电感的磁能必使输出电压不断增加。

Boost 变换器的输入电流连续,输出电流断续,使用低压侧开关。

Boost 变换器的效率很高,一般可达 92% 以上。

3.4 Buck – Boost 变换器

3.4.1 电路结构及工作原理

在 Buck 变换器后串接一个 Boost 变换器的线路,就会形成新的变换器——Buck – Boost 变换器。Buck – Boost 变换器的基本电路和简化电路如图 3-9 所示。如图 3-9(a)所示的基

本电路可以逐步进行简化成如图3-9（b）、（c）所示的电路。假设在图3-9（b）中，S_1和S_2是同步的，并有同一个占空比，则S_1、S_2、VD_1、VD_2的功能可以用等效的双刀双掷开关来表示。注意，在图3-9（b）中，已删去了电容C_1。直到目前的讨论为止，Buck变换器总是带有滤波输出电容，但严格地说，滤波输出电容不是必需的。因为Buck变换器的电感可以做成任意大，以实现在没有附加电容滤波器的情况下，减小负载电流的纹波幅值。在实际应用中常常加一个输出滤波电容，从而可以减小电感的值。但是不管后面接的Boost变换器的电感做得如何大，输出电流总是脉动的，因此输出电容C_2不能去除。由于L_2、C_2构成了一个第二级低通滤波器，所以第一级滤波器（由L_1、C_1构成）中的电感L_1中的纹波不会很大。去除C_1之后，电感L_1、L_2可以合成一个，因此得到图3-9（c）所示的电路。如果允许电路输出的电压极性可以反过来，则图3-9（c）可以变成Buck-Boost变换器的等效电路，如图3-10所示。实际Buck-Boost电路如图3-11所示，它是由晶体管及二极管VD_1组成的实际电路。

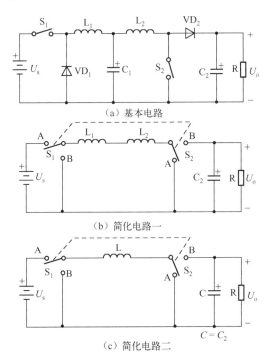

图3-9 Buck-Boost变换器的基本电路和简化电路

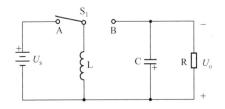

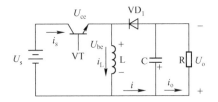

图3-10 Buck-Boost变换器的等效电路　　图3-11 实际Buck-Boost电路

如图3-11所示的实际Buck-Boost电路的工作过程是：当开关管VT导通时，电流i_s流过电感线圈L，L存储能量。当开关管VT断开时，i_L有减小趋势，电感线圈产生的自感电势反向，为下正上负，二极管 VD_1 受正向偏压而导通，负载上有了输出电压 U_o，电容 C 充电储能，以备开关 S_1 转至接通时放电维持 U_o 不变。

由于负载上的 U_o 的电压极性与输入电压 U_s 的电压极性相反，故图 3-11 所示电路又称为反号型变换器。在该电路中，电流 i_s 和 i 都是脉动的，但通过滤波电容 C 的作用，i_o 应该是连续的。

3.4.2 电路关键节点波形

按 i_L 的电流在周期开始时是否从 0 开始，Buck-Boost 变换器的工作模式可分为连续或不连续工作状态两种模式。Buck-Boost 变换器的工作波形图如图 3-12（a）、(b) 所示。

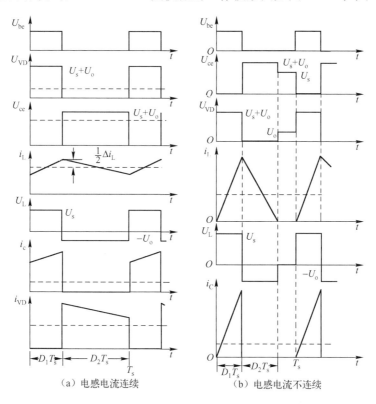

图 3-12 Buck-Boost 变换器的工作波形图

3.4.3 主要参数的计算方法

当电感电流连续且图 3-11 所示电路稳态工作时，VT 导通期间电感电流的增长量 $\Delta i_{L(+)}$ 等于它在 VT 截止期间的减小量 $\Delta i_{L(-)}$，因此可以得到

$$\frac{U_o}{U_{in}} = \frac{D}{1-D} \tag{3-31}$$

若不计损耗，则有

$$\frac{I_o}{I_{in}} = \frac{1-D}{D} \tag{3-32}$$

当开关管 VT 截止时,加在其上的电压 U_{VT} 为

$$U_{VT} = U_{in} + U_o = \frac{U_{in}}{1-D} = \frac{U_o}{D} \tag{3-33}$$

当开关管 VT 导通时,加在二极管 VD_1 上的电压 U_{VD} 为

$$U_{VD} = U_{in} + U_o = \frac{U_{in}}{1-D} = \frac{U_o}{D} \tag{3-34}$$

电感电流的平均值 I_L 为

$$I_L = \frac{I_{in}}{D} = \frac{I_o}{1-D} \tag{3-35}$$

流过开关管 VT 的平均电流就是输入电流 I_{in},其有效值为

$$I_{VT} = \sqrt{\frac{1}{T_S}\int_0^{T_S} i_{VT}^2 dt} = I_L\sqrt{D\left(1+\frac{\Delta i_L^2}{3I_L^2}\right)} \tag{3-36}$$

流过二极管 VD_1 的平均电流就是输出电流 I_o,其有效值为

$$I_{VD} = \sqrt{\frac{1}{T_S}\int_0^{T_S} i_{VD}^2 dt} = I_L\sqrt{(1-D)\left(1+\frac{\Delta i_L^2}{3I_L^2}\right)} \tag{3-37}$$

流过电感 L 的平均电流为 I_L,其有效值为

$$I_L = \sqrt{\frac{1}{T_S}\int_0^{T_S} i_L^2 dt} = I_L\sqrt{1+\frac{\Delta i_L^2}{3I_L^2}} \tag{3-38}$$

开关管 VT 和二极管 VD 的电流最大值为

$$I_{VTmax} = I_{VDmax} = I_{Lmax} = \frac{I_o}{1-D} + \frac{U_o}{2Lf_s}(1-D) \tag{3-39}$$

输出电压纹波 ΔU_o 为

$$\Delta U_o = \frac{D}{Cf_s}I_o \tag{3-40}$$

3.4.4 Buck – Boost 变换器的优、缺点

Buck – Boost 变换器的电压增益随晶体管的占空比变化而变化,使得它既可以降压,也可以升压,这是它的主要优点。但是它的应用电路稍显复杂,这是因为输入电流和输出电流是脉动的,为了平波要加滤波器。开关管的驱动不共地,这也使其线路构成复杂化,并增加了元件。

3.5 CuK 变换器

3.5.1 电路结构及工作原理

CuK 变换器是一种兼有研究与应用价值的 DC/DC 变换器。CuK 变换器的电路拓扑结构由美国加州理工学院 Slobodan Cuk 博士于 1976 年在其博士论文中提出,该电路只有一个开关,控制简单,占空比可大于 0.5,在输入和输出之间由一个电容传送能量,有利于减小体

积,提高功率密度。在其输入和输出端均有电感,从而有效地减小了输入和输出电流的脉动,使得输入和输出电流均连续,开关电流被限制在变换器内部,因此其产生的输出纹波和电磁干扰都比较小。CuK 变换器又称 Boost – Buck 串联变换器。其基本思想是:电路的第一级是 Buck,第二级是 Boost,Buck 的输出为 Boost 的输入。Boost – Buck 串联变换器的等效电路如图 3-13 所示。在图 3-13(a)中,假定 S_1、S_2 是同步的,并有同一个占空比,则 S_1、VD_1、S_2、VD_2 的功能可以用等效的双刀双掷开关 K 来表示,由此得到如图 3-13(b)所示的电路。如果允许输出电压为反极性,则双刀双掷开关及并联电容 C_1 可以用一个单刀双掷的开关及一个串联电容 C_1 来代替。这时,这个新电路可以简化成如图 3-13(c)所示。这个新电路的实际线路如图 3-13(d)所示。上述电路也称为古卡电路。从历史观点来看,许多流行的开关电源电路或多或少是随机被想到的,而且常常相同的开关电源电路结构,是由许多不同的人在不同的时间和不同的地点发现的。对这些电路进行归纳、研究,才理出基本的、派生的等所谓"系统"来。其中,CuK 变换器是较重要的发现。可以看到,这个电路只有一个开关和一个换流二极管。

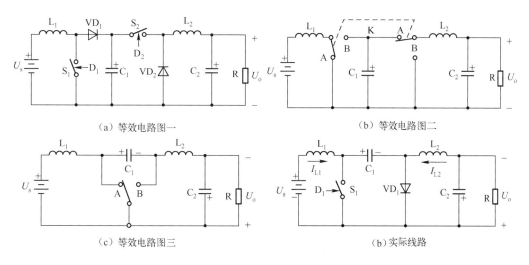

图 3-13 Boost – Buck 串联变换器的等效电路

由晶体管、二极管构成的 CuK 变换器如图 3-14(a)所示。图 3-14(b)中的电流波形为流经二个电感的电流波形(i_{L1},i_{L2})。其中 i_L 是 CuK 变换器的输入流电,i_{L2} 是输出电流。

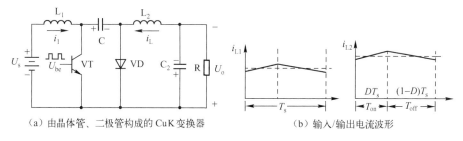

图 3-14 CuK 变换器及其输入/输出电流波形

能量的储存和传递是同时在两个时段（即 T_{on} 和 T_{off}）和两个环路中进行的。CuK 变换器中电流和电压的分配如图 3-15 所示。设晶体管开关周期为 T_s，导通期为 $T_{on} = D_1 T_s$，截止期为 $T_{off} = (1 - D_1) T_s$，$D_1 = \dfrac{T_{on}}{T_s}$ 为导通占空比。当经过若干周期进入稳态后，有：

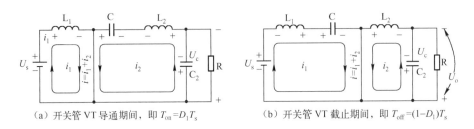

（a）开关管 VT 导通期间，即 $T_{on} = D_1 T_s$　　　（b）开关管 VT 截止期间，即 $T_{off} = (1 - D_1) T_s$

图 3-15　CuK 变换器中电流和电压的分配

（1）在 T_{on} 期间，如图 3-15（a）所示，VT 导通，把输入/输出环路闭合，VD 反偏而截止，这时输入电流 i_1 使 L_1 储能；C 的放电电流 i_2 使 L_2 储能，并供电给负载；VT 中流过的电流为输入、输出电流之和；

（2）在 T_{off} 期间，如图 3-15（b）所示，VT 截止，VD 正偏而导通，将输入/输出环路闭合，这时输入电流和 L_1 的释能电流 i_1 向 C 充电，同时 L_2 的释能电流 i_2 以维持负载中的电流不断流；流过 VD 的电流也为输入、输出电流之和。

由此可见，这个电路无论在 T_{on} 及 T_{off} 期间，都从输入向输出传递功率。只要输入、输出电感 L_1、L_2 及耦合电容 C 足够大，L_1、L_2 中的电流基本上就是恒定的。在 T_{off} 期间，输入电流 i_1 使 C 充电储能；在 T_{on} 期间，C 向负载放电释能。因此，C 是个能量的传递元件。

3.5.2　电路关键节点波形

当图 3-14（a）所示的 CuK 变换器电路经过若干周期进入稳态后，CuK 变换器的稳态波形图如图 3-16（a）、（b）所示。其中图 3-16（a）为连续工作模式，图 3-16（b）为不连续工作模式。分析时，应假设电容 C 上的电压 U_C 的纹波与其平均值之比是很小的，这样 U_C 可被认为是恒定电压。

由于稳态时，电感 L_1、L_2 的电压 U_{L1} 和 U_{L2} 的平均值为零，所以在 U_s、L_1、C、L_2、U_o 回路中有 $U_C = U_s + U_o$。当晶体管 VT 的 be 端加正脉冲时，电压 U_{VT} 为 0，在 U_s 作用下 i_{L1} 线性上升，L_1 两端电压为 U_s。另外，电容 C 通过 VT 放电，电流 i_{L2} 也线性上升，这时 L_2 上的电压 U_{L2} 是电容 C 的电压与 U_o 的差值，考虑到 $U_C = U_s + U_o$，则其差值为 $U_s + U_o - U_o = U_s$。上述二个电流之和 $i_{L1} + i_{L2}$ 流过晶体管的集电极。上述作用过程示于图 3-16（a）中的 $D_1 T_s$ 区间。

当 U_{be} 脉冲消失时，晶体管电压 U_{VT} 上升，由于二极管导通，所以 $U_{VD} = 0$，并使 U_{VT} 的端电压等于 U_C；流经 L_1 的电流 i_{L1} 线性下降，U_{L1} 反向。对于 U_{L1} 值的大小，同样考虑 $U_C = U_s + U_o$。观察 U_s、L_1、C、VD 回路，U_{L1} 是由 U_C 与 U_s 的差值决定的，因此 $U_{L1} = U_s + U_o - U_s = U_o$；$U_{L2}$ 电压由于 VD 的导通而与 U_o 相等；晶体管截止，二极管 VD 导通，其上流过电流 $i_{L1} + i_{L2}$。上述作用过程示于图 3-16（a）中的 $D_2 T_s$ 区间。

第 3 章 基本 PWM 变换器的主电路拓扑

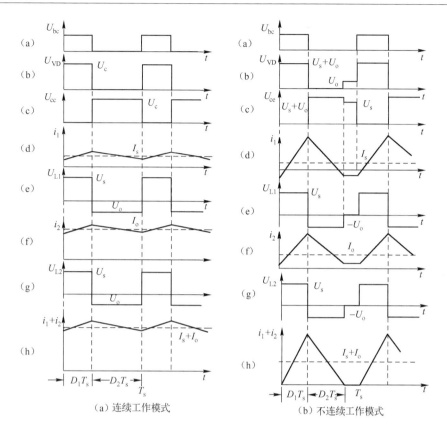

(a) 连续工作模式   (b) 不连续工作模式

图 3-16   CuK 变换器的稳态波形图

3.5.3 主要参数的计算方法

下面分析在开关闭合和断开的情况下，输入与输出电压的关系。为了讨论及计算的方便，设电路中使用的元件均为理想的，电感量也不变。下面先从图 3-15 中的输入环路来开始计算。

（1）在 T_{on} 期间，L_1 储能，L_1 上的压降为 U_s，根据电磁感应定律有

$$U_s = U_1 \frac{di_{L1}}{dt} \tag{3-41}$$

因此，在 T_{on} 期间，L_1 中的电流增量为

$$\Delta I_{L1(ON)} = \frac{U_s}{L_1} T_{on} = \frac{U_s}{L_1} D_1 T_s \tag{3-42}$$

（2）在 T_{off} 期间，L_1 释放能量，L_1 上的压降为 $U_c - U_s$，根据电磁感应定律有

$$U_c - U_s = -L_1 \frac{di_{L1}}{dt} \tag{3-43}$$

因此，在 T_{off} 期间，L_1 中的电流增量为

$$\Delta I_{L1(off)} = -\frac{U_c - U_s}{L_1} T_{off} = -\frac{U_c - U_s}{L_1}(1 - D_1) T_s \tag{3-44}$$

进入稳态后，有

$$\frac{U_\mathrm{s}}{L_1}D_1 T_\mathrm{s} = \frac{U_\mathrm{c} - U_\mathrm{s}}{L_1}(1-D_1)T_\mathrm{s} \tag{3-45}$$

因此，可得

$$U_\mathrm{c} = \frac{U_\mathrm{s}}{1-D_1} \tag{3-46}$$

同样，对输出环路的计算方法与之类似，可推导出

$$U_\mathrm{c} = \frac{U_\mathrm{o}}{D_1} \tag{3-47}$$

将式（3-46）代入式（3-47）可解得

$$U_\mathrm{o} = D_1 U_\mathrm{c} = D_1 \frac{U_\mathrm{s}}{1-D_1} = MU_\mathrm{s} \tag{3-48}$$

式中，$M = \dfrac{D_1}{1-D_1}$ 为电压增益。

由式（3-48）可以看出：

当 $D_1 = 0.5$ 时，$M = 1$，$U_\mathrm{o} = U_\mathrm{s}$；

当 $D_1 < 0.5$ 时，$M < 1$，$U_\mathrm{o} < U_\mathrm{s}$，为降压式；

当 $D_1 > 0.5$ 时，$M > 1$，$U_\mathrm{o} > U_\mathrm{s}$，为升压式。

3.5.4 CuK 变换器的优、缺点

与 Buck 和 Boost 变换器相比较，CuK 变换器有一个明显的优点，即其输入电源电流和输出负载电流都是连续的，且脉动很小，有利于对输入、输出进行滤波。另外，其输出电压的绝对值可以大于或小于输入电压；若使用耦合电感，在同样的磁化电感的条件下，其电流纹波会减小一半。CuK 变换器适合于对输出电压纹波有较高要求的应用。

CuK 变换器的缺点是电路需要双电感，结构变得复杂，成本也增加，同时效率降低。此外，其开关管流过两个电感的激磁电流，电流的应力大。

第4章 变压器隔离的DC-DC变换器拓扑结构

本章首先对DC-DC变换、实现方法进行了概述,介绍了DC-DC变换中变压器所起的作用,然后重点对5种DC-DC电路(单端正激式、单端反激式、半桥式、全桥式和推挽式电路)的拓扑结构、工作原理、关键节点的波形图进行了论述,最后概括地介绍了上述5种结构电路中电路元器件及输入、输出参数的计算方法。本章要求了解DC-DC电路技术的内涵,重点掌握DC-DC电路的拓扑结构特点、原理及工作过程,从而使后续各章的学习目标更加明确。

4.1 概述

一般电力(如市电)要经过转换才能符合使用的需要。其转换方式有交流转换成直流,高电压变成低电压,大功率变成小功率等。按电力电子的习惯称谓,AC-DC(AC表示交流电,DC表示直流电)称为整流,DC-AC称为逆变,AC-AC称为交流-交流直接变频(同时也变压),DC-DC称为直流-直流变换。开关电源的主要组成部分是DC-DC变换器,涉及频率变换。其实把直流电压变换为另一种直流电压的最简单办法就是串一个电阻,这样不涉及变频的问题,而且显得很简单,但是其效率低。用一个半导体功率器件作为开关,使带有滤波器的负载线路与直流电压一会儿相接,一会儿断开,则负载上也将得到另一个直流电压。这就是DC-DC的基本手段,类似于"斩波"(Chop)作用。

带有变压器的开关电源有单激式开关电源和双激式开关电源之分。单激式开关电源普遍应用于小功率电子设备之中,因此,其应用非常广泛。而双激式开关电源一般用于功率较大的电子设备之中,并且电路一般也要复杂一些。所谓单激式开关电源,是指开关电源在一个工作周期之内,变压器的初级线圈只被直流电压激励一次。一般单激式开关电源在一个工作周期之内,只有半个周期向负载提供功率(或电压)输出。当变压器的初级线圈正好被直流电压激励时,变压器的次级线圈也正好向负载提供功率输出,这种开关电源称为正激式开关电源;当变压器的初级线圈正好被直流电压激励时,变压器的次级线圈没有向负载提供功率输出,而仅在变压器初级线圈的激励电压被关断后才向负载提供功率输出,这种开关电源称为反激式开关电源,这种结构将在4.3节中详细介绍。

由于开关电源的输入交流电压经整流后会变换为300V左右(220V输入)的直流电,而用电设备所需的直流电压是多种多样的,所以必须通过DC-DC变换器实现直流电压的变换。因此,DC-DC变换器是开关电源的主要组成部分。变压器隔离的DC-DC变换器分类如下:

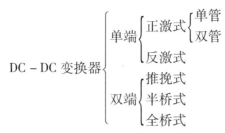

变压器隔离的 DC - DC 变换器是从第 3 章的基本变换器派生、组合、演变而来的。它们从哪个基本变换器变来，就带有哪个基本变换器的本质特征。所谓派生，是指变压隔离器（有隔离作用的变压器）插入各基本变换器的不同的点上而形成的电路。由于变压隔离器有单端式、并联式、半桥式和全桥式四种，所以可得到很多电路。所谓组合是指变换器的串联形式引起的变化。例如，降压与升压变换器相串联，或者升压与降压变换器相串联等。与第 3 章讨论的角度不同，本章将有意识地往隔离方向引导，并加以讨论，从而得到一些有应用价值、使用较广的电路。图 4-1 给出了变压器隔离的 DC - DC 变换器的功能示意图。

图 4-1　变压器隔离的 DC - DC 变换器的功能示意图

升压和降压等变换器可以完成直流电压的变换。但实际上存在着转换功能上的局限性，例如，输入/输出不隔离，输入/输出电压比或电流比不能过大，以及无法实现多路输出等。这种局限性只能用另一种开关变换器中的重要组件——变压隔离器来克服。各种不同的间接直流变流电路的比较如表 4-1 所示。

表 4-1　各种不同的间接直流变流电路的比较

拓扑结构	电路的优、缺点	功率范围	应用领域
正激式	电路较简单，成本低，可靠性高，驱动电路简单，变压器单向激磁，利用率低	几百瓦～几千瓦	各种中、小功率电源
反激式	电路非常简单，成本很低，可靠性高，驱动电路简单，难以达到较大的功率，变压器单向激磁，利用率低	几瓦～几十瓦小功率	电子设备、计算机设备、消费电子设备电源
全桥式	变压器双向激磁，容易达到大功率，但结构复杂，成本高，有直通问题，可靠性低，需要复杂的多组隔离驱动电路	几百瓦～几百千瓦	大功率工业用电源、焊接电源、电解电源等
半桥式	变压器双向激磁，没有变压器偏磁问题，开关较少，成本低，有直通问题，可靠性低，需要复杂的隔离驱动电路	几百瓦～几千瓦	各种工业用电源，计算机电源等
推挽式	变压器双向激磁，变压器一次侧电流回路中只有一个开关，通态损耗较小，驱动简单，有偏磁问题	几百瓦～几千瓦	低输入电压的电源

下面列出采用变压器隔离结构的原因：
（1）输出端与输入端之间需要隔离；

(2) 变压器可以同时输出多组不同数值的电压，只需改变变压器的匝数比和漆包线截面积的大小即可，因此改变输出电压和输出电流其实很容易；

(3) 变压器初、次级互相隔离，不需共用同一个地，因此，也有人把开关电源称为离线式开关电源，这里的离线并不是指不需要输入电源，而是指输入电源与输出电源之间没有导线连接，完全是通过磁场耦合来传输能量；

(4) 开关电源采用变压器对输入/输出进行电气隔离的最大好处是提高设备的绝缘强度，降低安全风险，同时还可以减轻 EMI 干扰，并且还容易进行功率匹配；

(5) 交流环节采用较高的工作频率，可以减小变压器和滤波电感、滤波电容的体积和质量；而且工作频率高于 20kHz 这一人耳的听觉极限，可以避免变压器和电感产生噪声。

4.2 单端正激式结构

4.2.1 简介

在高频开关电源功率转换电路中，单端变换器（反激式、正激式）与双端变换器（推挽式、半桥式、全桥式）的本质区别，在于其高频变压器的磁芯只工作在第一象限，即处于磁滞回线的一边。按变压器的次级开关整流器二极管的不同接线方式，单端变换器有两种类型：一种是单端反激式变换器（初级主功率开关管与次级整流管的开关状态相反，当前者导通时后者截止，反之当前者截止时后者导通）；另一种是单端正激式变换器（两者同时导通或截止）。

单端正激式变换器是一个隔离开关变换器，其根本特点是有一个用于隔离的高频变压器，因此可以用于高电压的场合。由于引入了高频变压器，所以极大地增加了变换器的种类，丰富了变换器的功能，也有效扩大了变换器的使用范围。单端正激式变换器拓扑因其结构简单、工作可靠、成本低廉而被广泛应用于独立的离线式中、小功率电源的设计中。在计算机、通信、工业控制、仪器仪表、医疗设备等领域，这类电源具有广阔的市场需求。

4.2.2 电路结构及工作原理

为使变换器结构简单，提高可靠性，减少成本和质量，图 4-2 给出了单端变压隔离器与降压变换器结合的线路。这是一个初级、次级同时工作的线路，称为正激变换器（Forward Converter），它广泛地应用在小功率电源中。由于初级绕组通过的是单向脉动电流，所以一个实用的正激变换器必须采取措施，使变压器铁芯磁性复位。

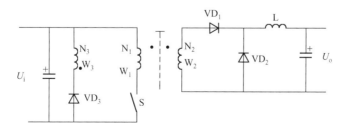

图 4-2 正激变换器的原理图

当控制开关管 S 接通时，直流输入电压 U_i 首先对变压器 T 的初级线圈 N_1 绕组供电，电流在 N_1 绕组的两端会产生自感电动势 e_1；同时，通过互感 M 的作用，在变压器 T 的次级线圈 N_2 绕组的两端也会产生感应电动势 e_2。当控制开关管 S 由接通状态突然转为关断状态时，电流在 N_1 绕组中存储的能量（磁能）也会产生感应电动势 e_1；同时，通过互感 M 的作用，在 N_2 绕组中也会产生感应电动势 e_2。因此，在控制开关管 S 接通之前和接通之后，在变压器初、次级线圈中感应产生的电动势方向是不一样的。

开关管 S 导通后，N_1 绕组两端的电压为上正下负，与其耦合的 N_2 绕组两端的电压也是上正下负，因此 VD_1 处于通态，VD_2 处于断态，电感 L 的电流逐渐增长。

当开关管 S 关断后，电感 L 通过 VD_2 续流，VD_1 关断，变压器的励磁电流经绕组 N_3 和 VD_3 流回电源，因此开关器件 S 关断后承受的电压为

$$U_S = \left(1 + \frac{N_1}{N_3}\right)U_i \tag{4-1}$$

4.2.3 电路关键节点波形

开关管 S 导通后，变压器的励磁电流由零开始，随着时间的增加而线性增长，直到 S 关断为止。为防止变压器的励磁电感饱和，必须设法使励磁电流在 S 关断后到下一次再开通的一段时间内降回零，这一过程称为变压器的磁芯复位。正激式电路的理想化波形如图 4-3 所示，磁芯复位过程的波形如图 4-4 所示。

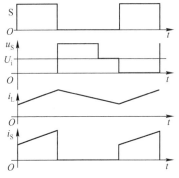

图 4-3 正激式电路的理想化波形

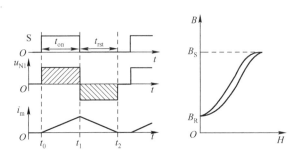

图 4-4 磁芯复位过程的波形图

变压器的磁芯复位时间为

$$t_{rst} = \frac{N_3}{N_1} t_{on} \tag{4-2}$$

在输出滤波电感电流连续的情况下，有

$$\frac{U_o}{U_i} = \frac{N_2}{N_1} \frac{t_{on}}{T} \tag{4-3}$$

当输出电感电流不连续时，输出电压 U_o 将大于式（4-3）的计算值，并随负载减小而增大；在负载为零的极限情况下，有

$$U_o = \frac{N_2}{N_1} U_i \tag{4-4}$$

4.2.4 主要参数的计算方法

1. 储能滤波电感和储能滤波电容的计算

$$L > \frac{U_o}{4I_o}T = \frac{U_i}{2I_o}T \qquad D = 0.5 \text{ 时} \tag{4-5}$$

$$C > \frac{I_o}{2\Delta U_{p-p}}T \qquad D = 0.5 \text{ 时} \tag{4-6}$$

式中，I_o 为流过负载的平均电流，当 $D=0.5$ 时，其大小正好等于流过储能电感 L 最大电流 i_{Lm} 的 1/2；T 为开关电源的工作周期，T 正好等于 2 倍控制开关管的接通时间 T_{on}；ΔU_{p-p} 为输出电压的纹波电压，它一般取峰-峰值，因此，它等于电容充电或放电时的电压增量，即 $\Delta U_{p-p} = 2\Delta U_C$。

2. 变压器初级线圈匝数的计算

式（4-7）是计算正激变换器的变压器初级线圈匝数的公式：

$$N_1 = \frac{U_i \tau 10^8}{S(B_m - B_r)} \tag{4-7}$$

式中，N_1 为变压器初级线圈绕组的匝数；S 为变压器铁芯的导磁面积（单位为平方厘米）；B_m 为变压器铁芯的最大磁感应强度（单位为高斯）；B_r 为变压器铁芯的剩余磁感应强度（单位为高斯），B_r 一般简称剩磁；$\tau = T_{on}$ 为控制开关管的接通时间，简称脉冲宽度，或电源开关管导通时间的宽度（单位为秒），一般 τ 在取值时要预留 20% 以上的余量；U_i 为输入电压，单位为 V。

该式中的指数是统一单位的，选用不同单位，指数的值也不一样，这里选用 CGS 单位制，即长度为厘米（cm），磁感应强度为高斯（Gs），磁通单位为麦克斯韦（Mx）。

3. 变压器初、次级线圈匝数比的计算

$$n = \frac{U_o}{U_i D} \tag{4-8}$$

式中，n 为正激变换器的变压器次级线圈与初级线圈的匝数比，即 $n = N_2/N_1$；U_o 为输出直流电压；U_i 为变压器初级的输入电压；D 为控制开关管的占空比。

4. 流过 VD_1 的电流最大值的计算

流过 VD_1 的电流最大值为

$$I_{VD1P} = I_{LP} = I_o + \frac{1}{2}\Delta I_L \quad (L = L_{min}) \tag{4-9}$$

5. 流过 VD_1 的电流平均值的计算

流过 VD_1 的电流平均值为

$$I_{VD1} = DI_o \quad (L = L_{min}) \tag{4-10}$$

6. 输出电压脉动的峰-峰值的计算

输出电压脉动的峰-峰值为

$$\Delta U_{o(p-p)} = \frac{U_o T^2}{8LC_o}\left(1 - \frac{nU_o}{U_i}\right) \tag{4-11}$$

4.2.5 正激式电路的优、缺点

1. 优点

(1) 正激变换器利用高频变压器一次侧、二次侧绕组隔离的特点，可以方便地实现交流电网和直流输出端之间的隔离。

(2) 正激变换器能方便地实现多路输出。

(3) 正激变换器只有一个开关管，只需要一组驱动脉冲；其对控制电路的要求比双端变换器低。

2. 缺点

(1) 在控制开关管 S 关断的瞬间，开关电源变压器的初、次线圈绕组都会产生很高的反电动势，这个反电动势是由流过变压器初线圈绕组的励磁电流存储的磁能量产生的。因此，在图 4-2 中，为了防止在控制开关管 S 关断瞬间产生反电动势击穿开关器件，在开关电源变压器中增加了一个反电动势能量吸收反馈线圈 N_3 绕组，以及一个削反峰二极管 VD_3。反馈线圈 N_3 绕组和削反峰二极管 VD_3 对于正激式开关电源是十分必要的，一方面，反馈线圈 N_3 绕组产生的感应电动势通过二极管 VD_3 可以对反电动势进行限幅，并把限幅能量返回给电源，对电源进行充电；另一方面，流过反馈线圈 N_3 绕组中的电流产生的磁场可以使变压器的铁芯退磁，使变压器铁芯中的磁场强度恢复到初始状态。

(2) 当控制开关管 S 关断时，变压器初级线圈产生的反电动势电压要比反激式开关电源产生的反电动势电压高，这是因为一般正激式开关电源工作时，控制开关管的占空比都取为 0.5 左右，而反激式开关电源控制开关管的占空比都取得比较小。

4.3 单端反激式结构

4.3.1 简介

当变压器的初级线圈正好被直流电压激励时，变压器的次级线圈没有向负载提供功率输出，而仅在变压器初级线圈的激励电压被关断后才向负载提供功率输出，这种开关电源称为反激式开关电源。反激式开关电源是在反极性（Buck – Boost）变换器基础上演变而来的，因此具有反极性变换器的特性。

那么为什么采用反激式电路呢？这是因为反激式电路使用的元器件最少，在功率等级低于 75W 时，总的电源器件成本会比其他电路技术要低。当功率在 75 ~ 100W 之间时，电压和电流应力的增加，使反激式电源的元器件成本也随之增加。在较高的功率等级时，具有较低电压和电流应力的电路（如正激式变换器），可能会使用较多的元器件。

4.3.2 电路结构及工作原理

反激式电路的原理图如图 4-5 所示。

S 导通后，VD 处于断态，N_1 绕组的电流线性增长，电感储能增加。

第4章 变压器隔离的 DC-DC 变换器拓扑结构

S 关断后，N_1 绕组的电流被切断，变压器中的磁场能量通过 N_2 绕组和 VD 向输出端释放。

在控制开关管 S 导通的 T_{on} 期间，输入电源 U_i 对变压器初级线圈 N_1 绕组加电，初级线圈 N_1 绕组有电流 i_1 流过，在 N_1 两端产生自感电动势的同时，在变压器次级线圈 N_2 绕组的两端也同时产生感应电动势，但由于 VD 关

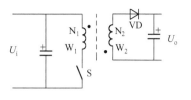

图 4-5 反激式电路的原理图

闭，没有产生回路电流，变压器次级线圈开路，即变压器次级线圈相当于一个电感，所以流过变压器初级线圈 N_1 绕组的电流就是变压器的励磁电流。变压器初级线圈 N_1 绕组两端产生的自感电动势可用下式表示：

$$e_1 = L_1 \frac{di_1}{dt} = U_i \quad (\text{K 接通期间}) \tag{4-12}$$

式中，e_1 为变压器初级线圈 N_1 绕组产生的自感电动势；L_1 是变压器初级线圈 N_1 绕组的电感。

对式 (4-13) 进行积分可求得

$$i_1 = \frac{U_i}{L_1} + i_1(0) \quad (\text{K 接通期间}) \tag{4-13}$$

当控制开关管 S 由接通突然转为关断瞬间，流过变压器初级线圈的电流 i_1 突然为 0，这意味着变压器铁芯中的磁通也要产生突变，但这是不可能的。如果变压器铁芯中的磁通产生突变，变压器初、次级线圈回路就会产生无限高的反电动势，反电动势又会产生无限大的电流，而电流又会抵制磁通的变化，因此，变压器铁芯中的磁通变化最终还是要受变压器初、次级线圈中的电流约束。因此，在控制开关管 S 关断的 T_{off} 期间，变压器铁芯中的磁通主要由变压器次级线圈回路中的电流来决定，即

$$e_2 = -L_2 \frac{di_2}{dt} = U_o \quad (\text{K 断开期间}) \tag{4-14}$$

$$i_2 = -\frac{U_o}{L_2} + i_2(0) \quad (\text{K 接通期间}) \tag{4-15}$$

4.3.3 电路关键节点波形

反激式电路的理想化波形如图 4-6 所示。

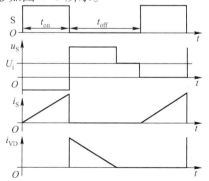

图 4-6 反激式电路的理想化波形

4.3.4 主要参数的计算方法

反激式开关电源的电路参数计算基本上与正激式开关电源的电路参数计算一样,主要包括对储能滤波电感、储能滤波电容,以及开关电源变压器进行的参数计算。

1. 储能滤波电感和储能滤波电容的计算

$$L > \frac{U_i}{8I_o}T \qquad D = 0.5 \text{ 时} \tag{4-16}$$

$$C > \frac{9}{16\Delta U_{p-p}}I_o T \qquad D = 0.5 \text{ 时} \tag{4-17}$$

式中,I_o 是流过负载电流的平均值;T 为开关工作周期;ΔU_{p-p} 为滤波输出电压的纹波电压,它一般取电压增量的峰–峰值,因此,当 $D = 0.5$ 时,其值等于电容充电时的电压增量,即 $\Delta U_{p-p} = 2\Delta U_C$。

2. 变压器初级线圈匝数的计算

变压器初级线圈匝数为

$$N_1 = \frac{U_i \tau 10^8}{S(B_m - B_r)} \tag{4-18}$$

3. 变压器初、次级线圈匝数比的计算

由于反激式开关电源的输出电压与控制开关管的占空比有关,所以在计算反激式开关电源变压器初、次级线圈的匝数比之前,首先要确定控制开关管的占空比 D。占空比 D 确定之后,根据式(4-20)就可以计算出反激式开关电源变压器的初、次级线圈的匝数比:

$$U_o = \frac{nU_i}{1-D}D \tag{4-19}$$

$$n = \frac{U_o(1-D)}{U_i D} \tag{4-20}$$

4. 占空比 D 的计算

占空比 D 为

$$D = \frac{nU_o}{nU_o + U_i} \tag{4-21}$$

5. 整流二极管所承受的最高反向电压的计算

整流二极管所承受的最高反向电压为

$$U_{\mathrm{DP}} = \frac{U_{\mathrm{i}}}{n} + U_{\mathrm{o}} \tag{4-22}$$

4.3.5 反激式电路的优、缺点

1. 优点

（1）反激式开关电源的优点是电路比较简单，比正激式开关电源少用一个大储能滤波电感及一个续流二极管。因此，反激式开关电源的体积要比正激式开关电源的体积小，且成本也要降低。

（2）反激式开关电源的输出电压受占空比的影响，相对于正激式开关电源来说要大很多。因此，反激式开关电源要求调控占空比的误差信号幅度比较低，误差信号放大器的增益和动态范围也比较小。由于这些优点，目前，反激式开关电源在家电领域中还是被广泛使用。

（3）反激式开关电源只有一个开关管，只需要一组驱动脉冲，且对控制电路的要求比双端变换器低。

2. 缺点

（1）反激式开关电源在开环情况下，其输出电压随着负载的增大而增大。因此，在开环情况下调试开关电源时，不允许不接负载开机，否则有击穿功率晶体管的危险。

（2）反激式开关电源的功率晶体管在截止期间所受到的反向电压比较高。

4.4 半桥式电路结构

4.4.1 简介

半桥式开关电源属于双激式开关电源，从原理上来说，它也属于推挽式开关电源，它是多种推挽式开关电源家庭成员之一。在半桥式开关电源中，两个控制开关管 S_1 和 S_2 轮流交替工作，开关电源在整个工作周期之内都向负载提供功率输出，因此，其输出电流的瞬间响应速度很高，电压的输出特性也很好。其主要优点是开关管关断时的承受电压为 U_{DC}，而不像推挽拓扑或单端正激式变换器那样为 $2U_{\mathrm{DC}}$。因此，该拓扑在网压为 220V 的市场设备中得到了广泛应用。在半桥式电路结构中可以采用价格较低的双极型晶体管和场效应管，它们能承受 336V 的开路电压（即使考虑 15% 的裕量，承受电压也在范围之内）。由于半桥式开关电源的两个开关器件的工作电压只有输入电压的一半，所以它比较适用于工作电压比较高的场合。

4.4.2 电路结构及工作原理

半桥式电路的原理如图 4-7 所示。

图中，C_1 和 C_2 上的电压相等，而且等于输入电压的一半，即 $U_i/2$。需要注意的是，两个开关管的发射极是不连在一起的，因此，它们的基极驱动电路之间需要隔开，不能连在一起。

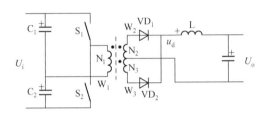

图 4-7　半桥式电路的原理图

工作过程如下。

S_1 与 S_2 交替导通，使变压器初级形成幅值为 $U_i/2$ 的交流电压。改变开关管的占空比，就可以改变次级整流电压 u_d 的平均值，也就改变了输出电压 U_o。

当 S_1 导通时，二极管 VD_1 处于通态；当 S_2 导通时，二极管 VD_2 处于通态；当两个开关管都关断时，变压器绕组 N_1 中的电流为零，VD_1 和 VD_2 都处于通态，各分担一半的电流。

当 S_1 或 S_2 导通时，电感 L 的电流逐渐上升；当两个开关管都关断时，电感 L 的电流逐渐下降。S_1 和 S_2 关断时承受的峰值电压均为 U_i。

由于电容的隔直作用，半桥式电路对由于两个开关管导通时间不对称而产生的变压器初级电压的直流分量有自动平衡作用，所以不容易发生变压器的偏磁和直流磁饱和。当滤波电感 L 的电流连续时，有

$$\frac{U_o}{U_i} = \frac{N_2 t_{on}}{N_1 T} \tag{4-23}$$

如果输出电感电流不连续，输出电压 U_o 将大于式（4-24）的计算值，并随负载减小而增大。在负载为零的极限情况下，有

$$U_o = \frac{N_2}{N_1} \frac{U_i}{2} \tag{4-24}$$

实际应用时，会在 S_1 和 S_2 上并联两个二极管 VD_1 和 VD_2，这两个二极管称为换向二极管。它有以下两个作用。

(1) 半桥式 DC-DC 变换器在运行过程中，如果负载突然开路，变压器的漏感和分布参数形成自激振荡，有可能在开关管两端产生瞬间过压，使其反向击穿损坏；加入换向二极管后，两电极间电位最多只能高出 0.7V 左右，这样就防止了开关管因反向导通而损坏。

(2) 当开关管刚截止时，换向二极管能将开关管导通时的变压器漏感储存的能量回送到输入电源，同时还能消除漏感形成的尖峰电压。

4.4.3　电路关键节点波形

半桥式电路的理想化波形如图 4-8 所示。

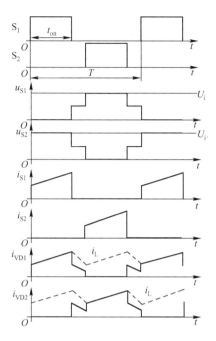

图 4-8 半桥式电路的理想化波形

4.4.4 主要参数的计算方法

1. 储能滤波电感的计算

两个开关管 S_1、S_2 的占空比必须小于 0.5，开关电源才能正常工作；当要求输出电压可调范围为最大时，占空比的取值最好为 0.25。当两个开关管 S_1、S_2 的占空比取值均为 0.25 时，有

$$L > \frac{nU_i T}{24 I_o} = \frac{nU_i}{24 F I_o} \qquad D = 0.25 \text{ 时} \tag{4-25}$$

$$U_o = \frac{2nU_i}{6} \qquad D = 0.25 \text{ 时} \tag{4-26}$$

式中，U_i 为半桥式开关电源的输入电压；U_o 为半桥式开关电源的输出电压；T 为开关管的工作周期；F 为开关管的工作频率；n 为开关电源次级线圈 N_2 绕组与初级线圈 N_1 绕组的匝数比。

2. 储能滤波电容的计算

当两个开关管 S_1、S_2 的占空比取值均为 0.25 时，有

$$C > \frac{I_o}{8 \Delta U_{p-p}} T \qquad D = 0.25 \text{ 时} \tag{4-27}$$

式中，I_o 是流过负载的电流；T 为开关管 S_1、S_2 的工作周期；ΔU_{p-p} 为输出电压的波纹电压，它一般都取峰-峰值，因此其值正好等于电容充电或放电时的电压增量，即 $\Delta U_{p-p} = 2\Delta U_C$。

3. 变压器初级线圈匝数的计算

$$N_1 = \frac{U_{ab}\tau\, 10^8}{4FSB_m} = \frac{U_i\, 10^8}{8FSB_m} \qquad D = 0.5 \text{ 时} \qquad (4-28)$$

式中，N_1 为变压器初级线圈绕组的匝数；S 为变压器铁芯的导磁面积（单位为平方厘米）；B_m 为变压器铁芯的最大磁感应强度（单位为高斯）；U_{ab} 为加到变压器初级线圈 N_1 绕组两端的电压，$U_{ab} = \frac{1}{2}U_i$，U_i 为开关电源的工作电压，单位为 V；$\tau = T_{on}$ 为开关管的接通时间，简称脉冲宽度，或开关管导通时间的宽度（单位为秒）。

4. 变压器初、次级线圈匝数比的计算

$$n = \frac{N_2}{N_1} = \frac{2U_o}{U_i} = \frac{2U_{pa}}{U_i} \qquad D = 0.5 \text{ 时} \qquad (4-29)$$

式中，N_1 为变压器初级线圈绕组的匝数；N_2 为变压器次级线圈的匝数；U_o 为输出电压的有效值；U_i 为直流输入电压；U_{pa} 为输出电压的半波平均值。

5. 抗不平衡电容值的计算

虽然半桥式开关电源电路自身具有抗不平衡的能力，但在实际应用电路中，通常在高频变压器的初级电路中串入一个容量足够大的电容 C，其作用是进一步增强电路的抗不平衡能力，防止由于开关管的特性差异而造成变压器铁芯饱和。

电容 C 可用下式计算：

$$C = \frac{3.1DTP_o}{2U_i\Delta U_C} \qquad (4-30)$$

式中，ΔU_C 为 C 两端的电压变化量，一般取 5%～10% 的 U_i。

4.4.5 半桥式电路的优、缺点

1. 优点

（1）高频变压器的利用率比单端正、反激式高。
（2）截止开关管极间承受的电压低。
（3）抗不平衡能力强。

2. 缺点

（1）加到高频变压器初级绕组上的电压是电容 C_1 和 C_2 两端电压的和，当 C_1 和 C_2 经变压器初级放电时，其电压要逐渐减小，因此输出脉冲电压的顶部呈倾斜状态。
（2）和推挽式电路相比较，输出功率较小。

在半桥式开关电源中，当开关管 S_1（或 S_2）导通时，加在变压器初级绕组上的电压是电容 C_1（或 C_2）两端的电压。在电路中，若由于开关管 S_1 和 S_2 的特性不一致，导致开关管 S_1 的导通时间比开关管 S_2 的长，则电容 C_1 两端的平均电压就会比电容 C_2 两端低。因

此，S_1 导通时，加在变压器初级绕组两端的电压幅值就会比 S_2 导通时的要低，从而能够使加到变压器初级绕组两端的正、负方波的伏·秒积分始终维持相等。因此，这种电路的抗不平衡能力是比较强的。

4.5 全桥式电路结构

4.5.1 简介

在需要大功率的场合，在众多 DC-DC 变换器拓扑中，首选全桥变换器。因为当功率开关管的额定电压和电流相同时，变换器的输出功率通常随开关管数量的增加而增大，故全桥变换器的输出功率最大。全桥变换器由四个功率开关管构成，其主变压器只需要一个初级绕组，该变压器通过正、反向的电压得到正、反向磁通，从而使其铁芯和绕组得到最佳利用，使其效率和功率密度得到提高。

4.5.2 电路结构及工作原理

全桥变换器具有功率开关器件所具有的电压、电流额定值较小、功率变压器效率高等优点，因此在实际中获得了广泛的应用。全桥电路的结构原理如图 4-9 所示。

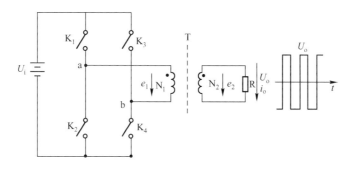

图 4-9　全桥电路的结构原理图

直流电压 U_i 施加在 K_1、K_2、K_3、K_4 四个开关管组成的两个桥臂上，通过控制开关管的通/断顺序及通/断时间，在变压器 T 的初级得到按某一占空比 D 变化的正、负半周对称的交流方波电压。如果变压器的变比为 N，则交流方波电压经过高频变压器的隔离和电压变换（升压或降压）后，在变压器的次级对应得到一个幅值为 U_i/N 的交流方波电压，该交流方波电压再通过输出整流桥变化为直流脉动方波电压，最后通过输出滤波将这个直流方波电压中的高频分量滤去，在输出端得到一个平直的直流电压，其电压值为 $U_o = D \cdot (U_i/N)$，其中 $D = T_{on}/(T_s/2)$ 为占空比。通过调节该占空比就可以方便地调节输出电压。

早期的全桥变换器的控制方式为双极性控制方式，它工作在硬开关状态下。开关管 K_1 和 K_4，K_2 和 K_3 同时开通和关断，两对开关管以 PWM 方式交替开通和关断，其开通时间均不超过半个开关周期，即它们的导通角小于 180°。当 K_1 和 K_4 导通时，K_2 和 K_3 上的电压为 U_i，反之亦然；当 4 个开关管都处于截止状态时，每个开关管承受的电压为 $U_i/2$。在这种控制方式中，功率变换是通过中断功率流和控制占空比的方式来实现的，其工作频率是恒定的。

全桥变换器 PWM 控制的实质就是在高频变压器初级得到一个交流方波电压，从而在高频变压器产生一个交流方波电压。开关管控制方式的改进，无论是有限双极性控制还是移相控制，都是在满足以下两点的基础上进行的：

（1）保证得到的高频变压器初级的交流电压波形不变；

（2）同一桥臂的开关管，即 K_1 和 K_3、K_2 和 K_4 不发生直通现象，因此可以考虑把其中一个开关管的开通时刻提前或将其关断时刻延后，只要开通的重叠时间不变，就能得到相同的电压方波。

如图 4-10 所示是全波整流输出全桥式开关电源的工作原理图；如图 4-11 所示是输出电压可调的全桥式开关电源的工作原理图。全波整流输出全桥式开关电源的工作原理与整流输出推挽式开关电源及整流输出半桥式开关电源的工作原理是非常接近的，只是变压器的激励方式与工作电源的接入方式有点不同。

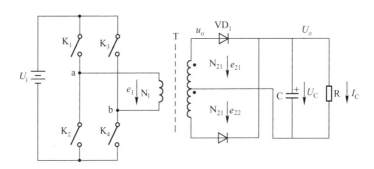

图 4-10　全波整流输出全桥式开关电源的工作原理图

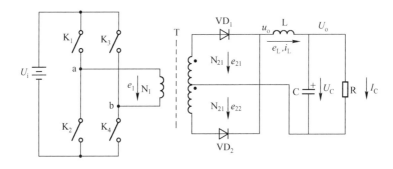

图 4-11　输出电压可调的全桥式开关电源的工作原理图

4.5.3　电路关键节点波形

电路关键节点波形图如图 4-12 所示。由图可知，K_1 和 K_4 同时导通，K_2 和 K_3 同时导通，每个管子的导通时间小于 1/2 开关周期。图中的 U_1 是高频变压器的初级电压，U_2 是高频变压器的次级电压，U_r 是经整流后的电压，U_o 是经滤波后的直流电压。

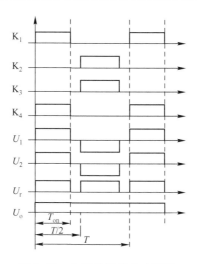

图 4-12 电路关键节点波形图

4.5.4 主要参数的计算方法

1. 储能滤波电感的计算

式（4-31）及式（4-32）是计算输出电压可调的全桥式开关电源的储能滤波电感和滤波输出电压的表达式（D 为 0.25 时）：

$$L \geqslant \frac{nU_iT}{12I_o} = \frac{nU_i}{12FI_o} \tag{4-31}$$

$$U_o = \frac{2nU_i}{3} \tag{4-32}$$

式中，U_i 为全桥式开关电源的输入电压；U_o 为全桥式开关电源的输出电压；T 为控制开关管的工作周期；F 为控制开关管的工作频率；n 为开关电源次级线圈 N_2 绕组与初级线圈 N_1 绕组的匝数比。

2. 储能滤波电容的计算

式（4-33）是输出电压可调的全桥式开关电源的储能滤波电容的计算公式（$D=0.25$ 时）：

$$C > \frac{I_o}{8\Delta U_{p-p}}T \tag{4-33}$$

式中，I_o 是流过负载的电流；T 为开关管 K_1 和 K_2 的工作周期；ΔU_{p-p} 为输出电压的波纹电压，它一般都取峰-峰值，因此它正好等于电容充电或放电时的电压增量，即 $\Delta U_{p-p} = 2\Delta U_C$。

3. 变压器初级线圈匝数的计算

全桥式开关电源的变压器铁芯的磁感应强度 B，可从负的最大值 $-B_m$ 变化到正的最大值 $+B_m$，并且变压器铁芯可以不用留气隙。全桥式开关电源变压器的计算方法与前面介绍的推挽式开关电源变压器的计算方法基本相同。当给定占空比时采用式（4-34）计算，当给定工作频率时采用式（4-35）计算：

$$N_1 = \frac{U_i \tau \, 10^8}{2SB_m} \quad (4-34)$$

$$N_1 = \frac{U_i \, 10^8}{4FSB_m} \quad (4-35)$$

式中，N_1 为变压器初级线圈绕组的匝数；S 为变压器铁芯的导磁面积（单位为平方厘米），B_m 为变压器铁芯的最大磁感应强度（单位为高斯）；U_i 为开关电源的工作电压，即加到变压器初级线圈 N_1 绕组两端的电压，单位为 V；$\tau = T_{on}$ 为控制开关管的接通时间，简称脉冲宽度，或开关管导通时间的宽度（单位为秒）；F 为工作频率，单位为赫兹。

上述两个公式中的指数是统一单位用的，选用不同单位，指数的值也不一样。这里选用 CGS 单位制，即长度为厘米（cm），磁感应强度为高斯（Gs），磁通单位为麦克斯韦（Mx）。这里的 F 和 τ 的取值要预留 20% 左右的余量。

4. 交流输出全桥式开关电源变压器初、次级线圈匝数比的计算

全桥式开关电源如果用做 DC/AC 或 AC/AC 逆变电源，即把直流逆变成交流，或把交流整流成直流后再逆变成交流，则这种逆变电源的输出电压一般都不需要调整，工作效率很高。请参考图 4-10。

用于逆变的全桥式开关电源，一般输出电压 U_o 都是占空比等于 0.5 的方波。由于方波的波形系数（有效值与半波平均值之比）等于 1，所以方波的有效值 U_o 与半波平均值 U_{pa} 相等，并且方波的幅值 U_p 与半波平均值 U_{pa} 也相等。因此，只要知道输出电压的半波平均值就可以知道有效值，再根据半波平均值，就可以求得全桥式开关电源变压器初、次级线圈的匝数比。

式（4-36）就是计算交流输出全桥式开关电源变压器初、次级线圈匝数比的公式：

$$n = \frac{N_2}{N_1} = \frac{U_o}{U_i} = \frac{U_{pa}}{U_i} \quad (4-36)$$

式中，N_1 为变压器初级线圈 N_1 绕组的匝数；N_2 为变压器次级线圈的匝数；U_o 为输出电压的有效值或平均值；U_i 为直流输入电压；U_{pa} 输出电压的半波平均值。

5. 直流输出电压非调整式全桥开关电源变压器初、次级线圈匝数比的计算

直流输出电压非调整式全桥开关电源，就是在 DC/AC 逆变电源的交流输出电路后面再接一级整流滤波电路，请参考图 4-11。这种电源的两组控制开关管 K_1 和 K_4、K_2 和 K_3 的占空比与 DC/AC 逆变电源一样，一般都是 0.5；整流输出电压的有效值 U_o 与半波平均值 U_{pa} 基本相等。因此，直流输出电压非调整式全桥开关电源变压器初、次级线圈匝数比可直接利用式（4-36）来计算。

6. 直流输出电压可调整式全桥开关电源变压器初、次级线圈匝数比的计算

直流输出电压可调整式全桥开关电源的功能就是使输出电压可调，因此，两组控制开关

管 K_1、K_4 和 K_2、K_3 的占空比必须要小于 0.5；当要求输出电压可调范围为最大时，占空比最好取 0.25。

式（4-37）、式（4-38）就是计算直流输出电压可调整式全桥开关电源变压器初、次级线圈匝数比的公式：

$$n = \frac{N_2}{N_1} = \frac{2U_o(1-D)}{U_i} \qquad D < 0.5 \text{ 时} \qquad (4\text{-}37)$$

$$n = \frac{N_2}{N_1} = \frac{3U_o}{U_i} \qquad D = 0.25 \text{ 时} \qquad (4\text{-}38)$$

式中，N_1 为变压器初级线圈绕组的匝数；N_2 为变压器次级线圈绕组的匝数；U_o 为直流输出电压；U_i 为开关电源的工作电压。

4.5.5 全桥式电路的优、缺点

1. 优点

（1）全桥式开关电源对 4 个开关器件的耐压要求比推挽式开关电源对 2 个开关器件的耐压要求可以降低一半。

（2）全桥式开关电源的输出功率要比推挽式开关电源的输出功率大很多。

（3）全桥式开关电源的变压器初级线圈只需要一个绕组。

2. 缺点

（1）功率损耗比较大，因此，全桥式开关电源不适宜用在工作电压较低的场合，否则工作效率会很低。

（2）当两组开关器件分别处于导通和截止过渡过程中，即两组开关器件都处于半导通状态时，相当于两组控制开关管同时接通，它们会对电源电压造成短路，此时在 4 个控制开关管的串联回路中将出现很大的电流，而这个电流并没有通过变压器负载。正常时，两组开关器件一组导通一组截止；但在过渡期间，在很短的一段时间内四个控制开关管会同时导通，产生很大的电流，从而使两组开关器件产生很大的功率损耗。

4.6 推挽式电路结构

4.6.1 简介

在双激式开关电源中，推挽式开关电源是最常用的开关电源。由于推挽式开关电源中的两个控制开关管 K_1 和 K_2 轮流交替工作，其输出电压波形非常对称，并且开关电源在整个工作周期之内都向负载提供功率输出，所以其输出电流的瞬间响应速度很高，电压输出特性也很好。推挽式开关电源是所有开关电源中电压利用率最高的开关电源，它在输入电压很低的情况下，仍能维持很大的功率输出，因此它被广泛应用于 DC/AC 逆变器，或 DC/DC 转换器电路中。

4.6.2 电路结构及工作原理

推挽式电路的结构原理如图 4-13 所示,当控制开关管 K_1 接通时,电源电压 U_i 通过控制开关管 K_1 加到变压器初级线圈 N_1 绕组的两端,通过电磁感应的作用在变压器次级线圈 N_3 绕组的两端也会输出一个与 N_1 绕组输入电压呈正比的电压,并加到负载 R 的两端,使开关电源输出一个正半周电压。当控制开关管 K_1 由接通转为关断时,控制开关管 K_2 则由关断转为接通,此时电源电压 U_i 加到变压器初级线圈 N_2 绕组的两端,通过互感在变压器次级线圈 N_3 绕组的两端也输出一个与 N_2 绕组输入电压呈正比的电压 U_o,并加到负载 R 的两端,使开关电源输出一个负半周电压。

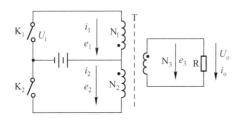

图 4-13 推挽式电路的结构原理图一

由于电源电压 U_i 加到变压器初级线圈 N_1 绕组和 N_2 绕组两端产生的磁通方向正好相反,所以在负载上可得到一个与线圈 N_1、N_2 绕组所加电压对应的正、负极性电压 U_o。U_o 的正半周对应的是 K_1 接通时,N_1 绕组与 N_3 绕组互相感应的输出电压;其负半周对应的是 K_2 接通时,N_2 绕组与 N_3 绕组互相感应的输出电压。

当要求推挽式开关电源输出电压波形的反冲幅度很小时,可采用如图 4-14 所示的电路。图 4-14 与图 4-13 相比,多了两个阻尼二极管 VD_1、VD_2,它们分别与控制开关管 K_1、K_2 并联。当控制开关管 K_1 由接通转换到关断时,在 N_2 绕组中产生感应电动势 e_2,不管 K_2 处于什么工作状态,接通或关断,只要 N_2 绕组中产生的感应电动势 e_2 的幅度超过工作电压 U_i,二极管 VD_2 就会导通,相当于感应电动势 e_2 通过二极管 VD_2 被工作电压 U_i 限幅,同时也相当于变压器次级线圈 N_3 绕组的输出电压 U_o 也通过电磁感应被 U_i 限幅,而二极管 VD_2 对控制开关管 K_2 的工作几乎没有影响。

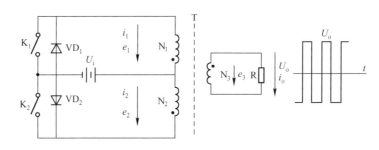

图 4-14 推挽式电路的结构原理图二

4.6.3 电路关键节点波形

推挽式电路的关键节点波形如图 4-15 所示,是图 4-13 中的推挽式电路在负载为纯电阻,且两个控制开关管 K_1 和 K_2 的占空比 D 均等于 0.5 时,变压器初、次级线圈各绕组的电压、电流波形。

图 4-15(a)和图 4-15(b)分别表示控制开关管 K_1 接通时,开关变压器初级线圈 N_1 绕组两端的电压波形,以及流过变压器初级线圈 N_1 绕组两端的电流的波形;图 4-15(c)

和图 4-15（d）分别表示控制开关管 K_2 接通时，开关变压器初级线圈 N_2 绕组两端的电压波形，以及流过开关变压器初级线圈 N_2 绕组两端的电流的波形；图 4-15（e）和图 4-15（f）分别表示控制开关管 K_1 和 K_2 轮流接通时，开关变压器次级线圈 N_3 绕组两端输出电压 U_o 的波形，以及流过开关变压器次级线圈 N_3 绕组两端的电流的波形。

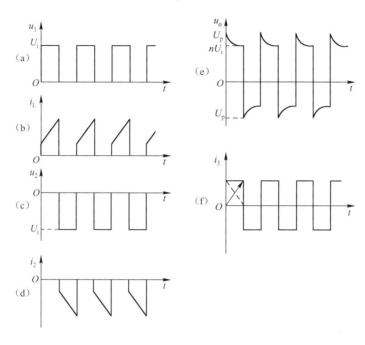

图 4-15 推挽式电路的关键节点波形

4.6.4 主要参数的计算方法

1. 初级线圈匝数的计算

$$N_1 = \frac{U_i \tau \, 10^8}{2SB_m} \tag{4-39}$$

$$N_1 = \frac{U_i \, 10^8}{4FSB_m} \quad (D = 0.5 \text{ 时}) \tag{4-40}$$

式中，N_1 为变压器初级线圈 N_1 或 N_2 绕组的匝数；S 为变压器铁芯的导磁面积（单位为平方厘米）；B_m 为变压器铁芯的最大磁感应强度（单位为高斯）；U_i 为加到变压器初级线圈 N_1 绕组两端的电压，单位为伏；$\tau = T_{on}$ 为控制开关管的接通时间，简称脉冲宽度，或电源开关管导通时间的宽度（单位为秒）；F 为工作频率，单位为赫兹，一般双激式开关电源变压器工作在正、反激输出的情况下，其伏秒容量必须相等，因此，可以直接用工作频率来计算变压器初级线圈 N_1 绕组的匝数；F 和 τ 的取值要预留 20% 左右的余量。

该式中的指数是统一单位用的，选用不同单位，指数的值也不一样，这里选用 CGS 单位制，即长度为厘米（cm），磁感应强度为高斯（Gs），磁通单位为麦克斯韦（Mx）。

2. 交流输出推挽式开关电源变压器初、次级线圈匝数比的计算

式（4-41）就是计算交流输出推挽式开关电源变压器初、次级线圈匝数比的公式：

$$n = \frac{N_3}{N_1} = \frac{U_o}{U_i} = \frac{U_{pa}}{U_i} \quad (D = 0.5 \text{ 时}) \tag{4-41}$$

式中，N_1 为开关变压器初级线圈两个绕组的其中一个的匝数；N_3 为变压器次级线圈的匝数；U_o 为输出电压的有效值；U_i 为直流输入电压；U_{pa} 为输出电压的半波平均值。

3. 直流输出电压可调整式推挽开关电源变压器初、次级线圈匝数比的计算

式（4-42）和式（4-43）就是计算直流输出电压可调整式推挽开关电源变压器初、次级线圈匝数比的公式：

$$n = \frac{N_3}{N_1} = \frac{2U_o(1-D)}{U_i} \quad (D < 0.5 \text{ 时}) \tag{4-42}$$

$$n = \frac{N_3}{N_1} = \frac{3U_o}{2U_i} \quad (D = 0.25 \text{ 时}) \tag{4-43}$$

式中，N_1 为变压器初级线圈 N_1 或 N_2 绕组的匝数；N_3 为变压器次级线圈的匝数；U_o 为直流输出电压；U_i 为直流输入电压。

4. 推挽式开关电源储能滤波电感的计算

式（4-44）、式（4-45）就是计算推挽式开关电源储能滤波电感和滤波输出电压的公式：

$$L = \frac{nU_iT}{12I_o} = \frac{nU_i}{12FI_o} \quad (D = 0.25 \text{ 时}) \tag{4-44}$$

$$U_o = \frac{2nU_i}{3} \quad (D = 0.25 \text{ 时}) \tag{4-45}$$

式中，U_o 为推挽式开关电源的输出电压；U_i 为推挽式开关电源的输入电压；T 为控制开关管的工作周期；F 为控制开关管的工作频率；n 为开关电源次级线圈 N_3 绕组与初级线圈 N_1 绕组或 N_2 绕组的匝数比。

5. 推挽式开关电源储能滤波电容的计算

式（4-46）是计算推挽式开关电源储能滤波电容的公式：

$$C = \frac{I_o}{8\Delta U_{p-p}}T \quad (D = 0.25 \text{ 时}) \tag{4-46}$$

式中，I_o 是流过负载的电流；T 为控制开关管 K_1 和 K_2 的工作周期；ΔU_{p-p} 为输出电压的波纹电压，它一般都取峰-峰值，因此它正好等于电容充电或放电时的电压增量，即 $\Delta U_{p-p} = 2\Delta U_C$。

由式（4-46）可见，推挽式开关电源的储能滤波电容与串联式开关电源的储能滤波电容相比，在数值上小了很多，这是因为推挽式开关电源采用全波整流或桥式整流输出，相当于占空比和工作频率都提高了一倍的缘故。占空比提高，可使流过储能滤波电感的电流不会

出现断流；工作频率提高，可使储能滤波电容的充、放电时间缩短，即滤波器的时间常数可以减小。

4.6.5 推挽式电路的优、缺点

1. 优点

（1）由于功率开关器件的发射极是共地的，所以无须隔离基极驱动电路。
（2）使用两个功率开关器件可获得较大的功率输出。
（3）推挽式开关电源变压器的漏感及铜阻损耗很小，因此开关电源的工作效率很高。
（4）功率开关器件的耐压值应大于$2U_{in}$。

2. 缺点

（1）由于两个开关管的蓄积时间不同，它们有可能同时导通，所以必须控制开关管的截止时间，防止这种现象的发生。由于存在这些问题，工作频率高的电源采用此电路时电路复杂，实现起来比较困难。一般推挽式开关电源的工作频率为100kHz。
（2）当K_1和K_2分别处于导通和截止的过渡期间时，两个开关管将会产生很大的功率损耗。
（3）小功率输出的推挽式开关电源变压器有两组初级线圈。

第 2 部分
开关电源的设计

第5章 开关电源一次侧电路的设计

本章主要介绍了开关电源一次侧电路的设计,包括:输入保护电路的基本构成和主要元器件的参数及其选择;开关电源噪声及其电磁干扰滤波器;输入整流管、整流桥及其倍压整流电路;几种常用的功率开关管;高频变压器磁芯的材料、形状及导线的主要参数。

5.1 输入保护电路的设计

5.1.1 输入保护电路的基本构成

开关电源的输入保护电路具有过电流保护、过电压保护和防浪涌冲击等多种功能,能够在复杂环境条件下迅速地对电源电路和负载进行有效保护。常用的几种输入保护电路的基本形式如图5-1所示。

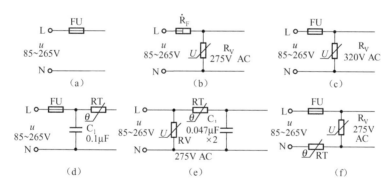

图5-1 常用的几种输入保护电路的基本形式

其中,图(a)中的熔丝管FU起到输入过电流保护的作用,图(b)中的熔断电阻器R_F与FU的作用相同,而压敏电阻器R_V可以吸收浪涌电压,具有过电压保护的作用。图(d)、(e)和(f)与图(a)、(b)和(c)的电路结构形式相同,只是在输入回路中串联了负温度系数热敏电阻R_T,它可以在通电的瞬间起到限流保护的作用。

开关电源常用的输入保护元件主要有熔丝管、熔断电阻器、负温度系数热敏电阻和压敏电阻器等。开关电源常用输入保护元件的主要性能如表5-1所示。

表 5-1 开关电源常用输入保护元件的主要性能表

保护元件类型	熔丝管	熔断电阻器	负温度系数热敏电阻	压敏电阻器
电路符号	FU	R_F	R_T	R_V
英文缩写	FU	RF	NTCR	VSR
主要特点	熔点低，电阻率高，熔断速度快，成本低；但熔断时会产生火花，甚至使管壳爆裂，安全性较差	熔断时不会产生电火花或烟雾，不会造成火花干扰，安全性好	电阻值随温度升高而降低，电阻温度系数一般为 -(1~6)%/℃	电阻值随端电压变化而变化，对过电压脉冲响应快，耐冲击电流能力强，漏电流小，电阻温度系数低
功能	过电流保护	过电流保护	通电时瞬间限流保护	吸收浪涌电压，防雷击保护
种类	普通熔丝管，快速熔丝管	阻燃型、防爆型	圆形、垫圈形、管形	普通型、防雷击型
中、小功率开关电源常用元件值	熔断电流应等于额定电流的 1.25~1.5 倍	4.7~10Ω 1~3W	1~47Ω 2~10W	275V 320V（AC）

5.1.2 熔丝管

熔丝管（Fuse-link）俗称保险管或熔断器，其电路符号为 FU。它是一种保证电路安全运行的电器元件。熔丝管是一种过电流保护元件，串联于开关电源输入电路的首端。熔丝管一般由熔体、电极和支架三部分组成。熔体是核心部分，决定了熔断电流的大小。同一类、同一规格熔丝管的熔体，其材质和几何尺寸要相同，其电阻值应尽可能地小且要一致，从而保证熔断特性一致。电极通常有两个，用来连接熔丝管与电路，因此必须具有良好的导电性。熔丝管的熔体一般都纤细柔软，因此一般通过支架将熔体和电极固定，便于安装和使用。支架必须有良好的机械强度、绝缘性、耐热性和阻燃性，在使用中不应产生断裂、变形、燃烧及短路等现象。

正常工作情况下，通过熔丝管的电流比较小，熔体温度升高但没有达到熔点，熔体不会熔化，输入电路可以可靠地接通。一旦发生过载或故障，流过熔丝管的电流超过规定值，则在一定的时间内，由熔体自身产生的热量使熔体熔断，切断输入电源，从而起到过电流保护的作用。熔丝管具有反时延特性，当过载电流小时，熔断时间长；当过载电流大时，熔断时间短。当过载电流在一定范围内且过载时间较短时，熔丝管不会熔断，可以继续使用。熔丝管若由铅锑合金制成，熔点较低；若由银铜合金制成，熔点较高。采用熔丝管保护电路具有结构简单、维护方便、价格便宜、熔断快速、动作灵敏等优点。

根据熔断速度不同，熔丝管可分为特慢速（一般用 TT 表示）、慢速（一般用 T 表示）、中速（一般用 M 表示）、快速（一般用 F 表示）和特快速（一般用 FF 表示）几种。慢速熔丝管也叫延时保险丝，延时保险丝的熔体经特殊加工而成，熔断时需要更多的热量。当电路中出现非故障的瞬时脉冲电流时，延时保险丝保持完好；而对于长时间的过载电流，延时保险丝熔断，切除电源。提供保护。在电源接通瞬间，由于输入滤波电容迅速充电，所以流入电源设备的峰值电流远远大于稳态输入电流。尽管这种电流峰值很高，但是持续时间很短，称为冲击电流或浪涌电流。普通的熔丝管会因为无法承受浪涌电流而熔断，使电源不能正常启动工作，若使用更大规格的熔丝管，则当故障时出现过载电流时，电路又不能得到及时的保护。采用慢速熔丝管通过调整能量吸收量既可以抵抗浪涌电流又能对过载提供保护。

选用熔丝管时应考虑以下几个方面。

（1）额定电流是指熔丝管能长期正常工作的电流，是由熔丝管各部分长期工作时的允许温升决定的。大多数传统的熔丝管采用的材料具有较低的熔化温度，对环境温度的变化比较敏感，其性能受到工作环境温度的影响，因此应该根据产品在高温条件下的折减曲线，选择额定电流。为了延长熔丝管的使用寿命，额定电流不应太接近于在最小输入电压和最大负载条件下电源输入电流的最大有效值，可取最大值的150%。在计算电流有效值时要考虑到波形系数，对电容输入滤波器来说波形系数近似为0.6。

（2）熔丝管的电压额定值必须大于供电输入电压的峰值。熔丝管的标准电压额定值系列为32V、125V、250V、600V。若熔丝管的实际工作电压大于其额定值，则熔体熔断时可能发生电弧不能熄灭的危险。

（3）在低压电路中应考虑熔丝管电阻的影响，一般小于1A的熔丝管电阻为几个欧姆。

（4）熔丝管的寿命受温度影响较大。环境温度越高，熔丝管的工作温度就越高，其寿命也就越短。相反，在较低的温度下运行会延长熔丝管的寿命。

（5）一般定义熔体的最小熔断电流与熔体的额定电流之比为最小熔化系数。常用熔体的熔化系数一般在1.1~1.5之间，通常大于1.25，也就是说额定电流为10A的熔体在电流12.5A以下时不会熔断。

传统的熔丝管属于一次性过电流保护元件，只能起到一次保护作用，熔断后需要更换，使用很不方便。

自恢复保险丝（Resettable Fuse，RF）是20世纪90年代问世的一种新型过电流保护器件，由聚合物树脂基体及分布在里面的导电粒子组成。在正常情况下，自恢复保险丝串联在电路中，导电粒子在树脂基体中链接形成链状导电通路，保险丝呈低阻状态，电路正常工作。当发生短路或者过载时，流经自恢复保险丝的大电流产生的热量使聚合物树脂内部的导电链路呈雪崩态变或断裂，保险丝呈高阻态，电流迅速减小，起到过电流保护作用。异常情况排除后，自恢复保险丝产生的热量不足以维持其高阻状态，导电粒子重新形成链状导电通路，保险丝恢复低阻状态。与传统熔丝管相比，自恢复保险丝具有体积小、开关特性好、可自行恢复、反复使用等优点。

自恢复保险丝没有极性，串联于AC/DC电源电路中，有DIP直插式或SMD表面贴装式。自恢复保险丝要安装在通风状态下，对高温敏感的元器件不要与其直接接触。

自恢复保险丝的主要参数有保持电流（25℃）I_H、动作电流（25℃）I_T、最大电压（耐压值）U_{max}、最大电流（耐流值）I_{max}、标称电阻（25℃）R_0、最小电阻（25℃）R_{min}、最大电阻（25℃）R_{max}等。

选择自恢复保险丝时可参考以下步骤。

（1）确定线路的平均工作电流和工作电压（无须考虑峰值）及元件工作的大致环境温度。

（2）根据工作电流、工作电压及安装方式，选择产品类型。主要产品类型及用途如表5-2所示。

表5-2 主要产品类型及用途

类　型	I(A)	U(V)	安装形式	用　途
RGE	3.0~24	<16	插件	一般电器
RXE	0.1~3.75	<60	插件	一般电器
RUE	0.9~9	<30	插件	一般电器
SMD	0.3~2.6	15/30/60	表面安装	计算机/一般电器
miniSMD	0.14~1.9	6/13.2/15/30/60	表面安装	计算机/一般电器
SRP	1.0~4.2	<24	片状	电池组
TR	0.08~0.18	<250/600	插件	通信器材

（3）不同环境温度下的电流值折算如表5-3所示。根据工作环境温度和表5-3中的电流值折算率，将平均工作电流折算成实际动作电流 I_H（实际动作电流 I_H ＝平均工作电流/折算率）。

表5-3 不同环境温度下的电流值折算表

类　型	-20℃	0℃	20℃	30℃	40℃	50℃	60℃	70℃	85℃
RGE	132%	120%	105%	96%	88%	80%	71%	61%	47%
RXE	136%	119%	100%	90%	81%	72%	63%	54%	40%
RUE	130%	115%	100%	91%	83%	77%	68%	61%	52%
SMD	134%	117%	100%	92%	83%	75%	66%	58%	45%
miniSMD	135%	118%	100%	93%	87%	80%	73%	65%	57%
SRP	135%	18%	100%	92%	85%	77%	69%	60%	50%

（4）查看该系列产品相应的保持电流 I_H、最高工作电压 U_{max}、最大电流 I_{max}、最大功耗 P_{Dmax}、最小电阻 R_{min}、最大电阻 R_{max} 等参数，选择合适的自恢复保险丝。部分产品规格参数如表5-4所示。其中参数 I_H 的值大于或等于（3）中的计算值。

表5-4 部分产品规格参数

类　型	规　格	I_H(A)	U_{max}(V)	I_{max}(A)	P_{Dmax}(W)	R_{min}(Ω)	R_{max}(Ω)
miniSMD	C014	0.14	60.00	10	0.80	1.500	5.00
	020	0.20	30.00	10	0.80	0.800	5.00
	C035	0.35	6.00	40	0.60	0.32	1.30
	C050	0.50	15.00	40	0.80	0.150	1.00
	075	0.75	13.00	40	0.80	0.110	0.45
	E190	1.90	16.00	100	1.50	0.024	0.08
RXE	010	0.10	60	40	0.38	2.50	4.50
	020	0.20	60	40	0.41	1.83	2.84
	030	0.30	60	40	0.49	0.88	1.36
	040	0.40	60	40	0.56	0.55	0.86
	050	0.50	60	40	0.77	0.50	0.77
	075	0.75	60	40	0.92	0.25	0.40
	110	1.10	60	40	1.50	0.15	0.25
	250	2.50	60	40	2.50	0.05	0.08

(5) 从相应的产品曲线上查出保护动作时间（保护动作时间与电流呈反比）。其中 mini-iSMD020、miniSMD075 两种自恢复保险丝的短路电流和动作保护时间的关系曲线如图 5-2 所示。

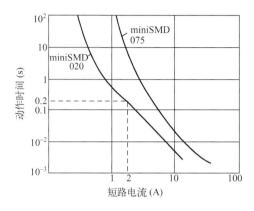

图 5-2 短路电流与动作保护时间的关系曲线图

(6) 使用时注意自恢复保险丝有一定的导通电阻，额定电流越大，导通电阻越小；高压型的导通电阻要更大一些。

举例说明：一台笔记本电脑的键盘（含鼠标）的工作电流及工作电压分别为 0.1A、3.3V，环境温度 $T_A = 40℃$。拟选用 miniSMD 系列自恢复保险丝。查表 5-3 可知，40℃时折算率为 87%，因此 $I_H = 0.1A \div 0.87 = 0.115A$。查表 5-4 选用 miniSMD020，其 $I_H = 0.20A$，大于计算值 0.115A，并留有一定的余量。确定型号后，由图 5-2 可以看出，当短路电流达 2A 时，其动作保护时间仅为 0.2s。

5.1.3 熔断电阻器

熔断电阻器（Fusible Resistor，FR）是一种具有电阻和熔丝管双重功能的特殊元件，在电路中用 R_F 或 R 表示。正常工作时，熔断电阻器在额定功率下发出的热量与周围介质达到平衡，具有普通电阻的功能；当电路出现异常过载，功率超过其额定功率时，该熔断电阻器因过负荷而在规定的时间内像熔丝管一样熔断，形成开路，从而起到保护其他元件的作用。熔断电阻器适用于低压电源装置，与传统的熔丝管相比，其优点是熔断时不会产生电火花或烟雾，并且具有结构简单、使用方便、熔断功率小及熔断时间短等优点。

1. 熔断电阻器的外形特征和电路符号

熔断电阻器的外形与普通色环电阻一样，比普通电阻略粗、长一些，有两根管脚，不分正、负极性。其标称阻值采用色标方式，且阻值一般比较小，只有几欧姆到一百欧姆左右。熔断电阻器主要用于直流电源电路中。

熔断电阻器的电路符号如图 5-3 所示。

图 5-3 (a) 所示是日本夏普公司常用的熔断电阻器的电路符号，其中 R 表示电阻，Fusible 表示熔断电阻器。

图 5-3 (b) 所示是熔断电阻器通用的电路符号，但不常用。

图 5-3 (c) 所示是日本日立公司常用的熔断电阻器的电路符号。

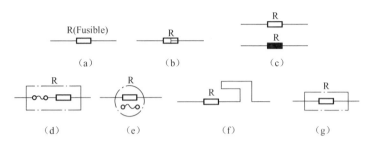

图 5-3 熔断电阻器的电路符号

图 5-3（d）所示是日本胜利公司、东芝公司的熔断电阻器的电路符号，该电路符号采用了熔断器符号，形象地表示出这种电阻具有熔断器的功能。

图 5-3（e）所示是日本松下公司、三洋公司的熔断电阻器的电路符号，这一符号中也有熔断器的标记。

图 5-3（f）所示是波兰采用的熔断电阻器的电路符号。

图 5-3（g）所示是国内常用的熔断电阻器的电路符号。

在许多电路图中，熔断电阻器也常采用普通电阻的电路符号。

2. 熔断电阻器的分类

熔断电阻器的种类很多，按工作方式不同分为可恢复式熔断电阻器和一次性熔断电阻器两种。

1）可恢复式熔断电阻器

可恢复式熔断电阻器是将普通电阻（或电阻丝）用低熔点焊料与弹性金属片串联焊接在一起后，再密封在一个圆柱形或方形外壳中制成的。其外壳有金属和透明塑料等几种。

在额定电流内，可恢复式熔断电阻器起固定电阻的作用。一旦元件过载发热时，可恢复熔断电阻器的焊点熔化，弹性金属片与电阻断开，切断电路起保护作用。可恢复式熔断电阻器熔断后，经过焊接可以重复使用。

2）一次性熔断电阻器

一次性熔断电阻器也称不可恢复型熔断电阻器，在额定电流内起固定电阻的作用。当电路工作状态异常，流过一次性熔断电阻器的工作电流超过额定电流时，它会像熔断器一样熔断，从而切断供电电源，起到保护电路的作用。一次性熔断电阻器熔断后无法修复，只能更换新的熔断电阻器。

一次性熔断电阻器按电阻体使用材料可分为线绕式熔断电阻器和膜式熔断电阻器，目前大多使用膜式熔断电阻器。

线绕式熔断电阻器属于功率型涂釉电阻，其阻值较小，通常应用于工作电流较大的电路中。在制作过程中，线绕式熔断电阻器常常在一部分绕线中采用细线或者在部分绕线上不涂釉质保护层，这样，当流过电阻的电流过大时，细线部分或裸露部分就会因过热而熔断。

膜式熔断电阻器是目前使用最多的熔断电阻器，又分为碳膜熔断电阻器、金属膜熔断电阻器和金属氧化膜熔断电阻器等多种。膜式熔断电阻器在制作时，通常是将膜层局部的螺纹间距缩短或在膜层表面涂覆低熔点的玻璃浆料（或玻璃粉与金属氧化物等的混合物），当通过熔断电阻器的工作电流过大时，电阻的导电膜层将迅速熔断。膜式熔断电阻器的外壳有陶瓷、有机硅树脂、阻燃漆等，封装外形有长方形、圆柱形、腰鼓形等。

3. 熔断电阻器的选择

熔断电阻器的主要特性有额定功率、标称阻值、阻值精度、开路电压及熔断特性等。熔断特性是熔断电阻器的重要特性，是指电路实际功耗为额定功耗的若干倍时，连续负荷运行一定时间后，在规定的环境温度范围内保证熔断电阻器熔断的特性。选用熔断电阻器时应考虑其电阻和熔断器的双重功能，根据电路的具体要求选择其阻值和功率等参数，既要保证熔断电阻器在过负荷时能快速熔断，又要保证在正常条件下它能长期稳定地工作。电阻值过大或功率过大，均不能起到保护作用。

常用的可恢复式熔断电阻器有 RX90 系列，其功率范围为 2.5~11W，阻值在 10~10kΩ 之间，熔断时间为几十秒至几百秒。

常用的一次性熔断电阻器主要有 RF10、RF11 系列。RF10 系列熔断电阻器为涂覆型薄膜熔断电阻器，有 0.25W、0.5W、1W、2W 四种规格，阻值范围为 1Ω~1kΩ，其阻值及其精度用色环标识。RF11 系列熔断电阻器为陶瓷外壳式熔断电阻器，有 0.5W、1W、2W、3W 四种规格，其阻值范围为 0.33~3.3kΩ，其封装外形有圆柱形和长方形两种形式。RF10 和 RF11 系列熔断电阻器具有阻燃特性，绝缘电压高。在标称阻值的 2~10Ω 范围内，当额定功率倍率为 25 时，RF10 的最大熔断时间为 15s，RF11 的最大熔断时间为 20s；当额定功率倍率为 12 时，RF10 的最大熔断时间为 60s，RF11 的最大熔断时间为 120s。

5.1.4 功率型负温度系数热敏电阻

负温度系数（Negative Temperature Coefficient，NTC）热敏电阻的阻值随温度的升高而减小。

NTC 热敏电阻是以锰、钴、镍和铜等金属氧化物为主要材料，采用先进陶瓷工艺制造而成的。因为在导电方式上类似锗、硅等半导体材料，所以这些金属氧化物材料都具有半导体性质。当温度低时，这些氧化物材料的载流子（电子和孔穴）数目少，其电阻值较高；随着温度的升高，载流子数目增加，电阻值降低。NTC 热敏电阻的标称阻值一般在 1Ω~100MΩ 之间，温度系数为 -2%~-6.5%，广泛应用于温度测量、温度补偿、抑制浪涌电流等场合。

NTC 热敏电阻的基本特性是电阻-温度特性，其典型产品的电阻-温度特性曲线如图 5-4 所示。

NTC 热敏电阻的主要参数如下。

(1) 零功率电阻值 $R_T(\Omega)$：指在规定温度下，采用引起电阻值变化相对于总的测量误差来说可以忽略不计的测量功率时测得的电阻值。

(2) 零功率电阻温度系数 $\alpha_T(\%/\text{℃})$：表示在规定温度下，NTC 热敏电阻的零功率电阻值随温度的变化率与零功率电阻值之比。

(3) 额定零功率电阻值 $R_{25}(\Omega)$：是指在基准温度 25℃ 时测得的零功率电阻值。通常所说的 NTC

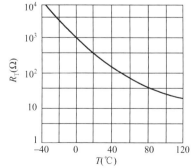

图 5-4　典型产品的电阻-温度特性曲线

热敏电阻的阻值即指该值，也是标称电阻值。

（4）耗散系数 δ(mW/℃)：是指在规定的环境温度下，NTC 热敏电阻耗散的功率变化率与其相应的温度变化的比值。在工作温度范围内，δ 随环境温度变化而有所变化。

（5）额定功率 P_n：在规定的技术条件下，NTC 热敏电阻长期连续工作所允许消耗的功率。在此功率下，电阻体自身温度不超过其最高工作温度。

（6）热时间常数 τ(s)：是指在零功率条件下，当温度发生突变时，热敏电阻体的温度变化始末温度差的 63.2% 时所需的时间。τ 与 NTC 热敏电阻的热容量 C 呈正比，与其耗散系数 δ 呈反比。

几种典型 NTC 产品的主要参数如表 5-5 所示。

表 5-5 典型 NTC 产品的主要参数

产品型号	标称阻值	额定功率（W）	测量功率（mW）	时间常数（s）	耗散系数（mW/℃）	主要用途
MF12-0.25	1kΩ~1MΩ	0.25	0.04	≤15	3~4	温度补偿
MF12-0.5	100Ω~1.2MΩ	0.5	0.47	≤35	5~6	温度补偿
MF12-1	56Ω~5.6kΩ	1	0.2	≤80	12~14	温度补偿
MF13-0.25	820Ω~300Ω	0.25	0.1	≤85	≥4	测温与控温
RRW2	6.8~500kΩ	0.03	—	≤0.5	≤0.2	稳幅

功率型 NTC 热敏电阻是 NTC 热敏电阻的一种，适用于各种电源的启动保护。在电源启动开关管导通的瞬间，输入端滤波电容上的初始电压为零，电容对交流呈现出很低的阻抗（一般情况下，只是电容的 ESR 值）。这时将产生一个极高的浪涌电流，这种浪涌电流作用的时间虽短，但其峰值却很大。特别是大功率开关电源，其输入端的滤波电容容量较大，其浪涌电流可达 100A 以上。因此，必须有效地抑制开机瞬间产生的浪涌电流。一般在电源电路输入端滤波电容之前串联一个功率型 NTC 热敏电阻，当开关电源接通时，由于功率型 NTC 热敏电阻有一个规定的零功率电阻值，阻值较大，用以增加交流线路的阻抗，这样就可以有效地抑制电源接通瞬间的浪涌电流了。

随后，电容开始充电，电流持续通过功率型 NTC 热敏电阻，其电阻值就会随着电阻体发热而迅速下降。如果功率型 NTC 热敏电阻选择得合适，在负载电流达到稳定状态时，其电阻值将下降到非常小的程度，消耗的功率可以忽略不计，这样既不会对正常的工作电流造成影响，也不会影响整个开关电源的效率。因此，在电源回路中使用功率型 NTC 热敏电阻，是抑制开机时的浪涌电流，以保护电子设备免遭破坏的最为简便而有效的措施。

抑制浪涌电流的功率型 NTC 热敏电阻具有体积小、功率大、抑制浪涌电流能力强、反应速度快、残余电阻小、寿命长、可靠性高、系列安全、工作范围宽等特点。MF72 系列是常用于浪涌抑制的功率型 NTC 热敏电阻，MF72 系列的主要技术参数如表 5-6 所示。MF73 系列是大功率型 NTC 热敏电阻，适用于大功率的转换电源、开关电源、UPS 电源的浪涌电流抑制。

表 5-6　MF72 系列的主要技术参数

型　号	$R_{25}(\Omega)$	最大稳态电流（A）	最大电流时近似电阻值（Ω）	耗散系数（mW/℃）	热时间常数（s）	工作温度（℃）
NTC 5D-5	5	1	0.353	6	20	
NTC 10D-5	10	0.7	0.771	6	20	
NTC 60D-5	60	0.5	1.878	6	18	
NTC 200D-5	200	0.1	6.259	6	18	
NTC 5D-7	5	2	0.283	10	30	
NTC 8D-7	8	1	0.539	9	28	
NTC 10D-7	10	1	0.616	9	27	
NTC 12D-7	12	1	0.816	9	27	
NTC 16D-7	16	0.7	1.003	9	27	
NTC 22D-7	22	0.6	1.108	9	27	
NTC 33D-7	33	0.5	1.485	10	28	
NTC 200D-7	200	0.2	6.233	11	28	
NTC 3D-9	3	4	0.120	11	35	
NTC 4D-9	4	3	0.190	11	35	
NTC 5D-9	5	3	0.210	11	34	
NTC 6D-9	6	2	0.315	11	34	
NTC 8D-9	8	2	0.400	11	32	
NTC 10D-9	10	2	0.458	11	32	-55~+200
NTC 12D-9	12	1	0.652	11	32	
NTC 16D-9	16	1	0.802	11	31	
NTC 20D-9	20	1	0.864	11	30	
NTC 22D-9	22	1	0.950	11	30	
NTC 30D-9	30	1	1.002	11	30	
NTC 33D-9	33	1	1.124	11	30	
NTC 50D-9	50	1	1.252	11	30	
NTC 60D-9	60	0.8	1.502	11	30	
NTC 80D-9	80	0.8	2.010	11	30	
NTC 120D-9	120	0.8	3.015	11	30	
NTC 200D-9	200	0.5	5.007	11	32	
NTC 400D-9	400	0.2	9.852	11	32	
NTC2.55D-11	2.5	5	0.095	13	43	
NTC 3D-11	3	5	0.100	13	43	
NTC 4D-11	4	4	0.150	13	44	
NTC 5D-11	5	4	0.156	13	45	
NTC 6D-11	6	3	0.240	13	45	
NTC 8D-11	8	3	0.255	14	47	

续表

型　　号	$R_{25}(\Omega)$	最大稳态电流（A）	最大电流时近似电阻值（Ω）	耗散系数（mW/℃）	热时间常数（s）	工作温度（℃）
NTC 10D-11	10	3	0.275	14	47	
NTC 12D-11	12	2	0.462	14	48	
NTC 16D-11	16	2	0.470	14	50	
NTC 20D-11	20	2	0.512	15	52	
NTC 22D-11	22	2	0.563	15	52	
NTC 30D-11	30	1.5	0.667	15	52	
NTC 33D-11	33	1.5	0.734	15	52	
NTC 50D-11	50	1.5	1.021	15	52	
NTC 60D-11	60	1.5	1.215	15	52	
NTC 80D-11	80	1.2	1.156	15	52	
NTC 1.3D-3	1.3	7	0.062	13	60	
NTC 1.5D-13	1.5	7	0.073	13	60	
NTC 2.5D-13	2.5	6	0.088	13	60	
NTC 3D-13	3	6	0.092	14	60	
NTC 4D-13	4	5	0.120	15	67	
NTC 5D-13	5	5	0.125	15	68	
NTC 6D-13	6	4	0.170	15	65	
NTC 7D-13	7	4	0.188	15	65	-55～+200
NTC 8D-13	8	4	0.194	15	60	
NTC 10D-13	10	4	0.206	15	65	
NTC 12D-13	12	3	0.316	16	65	
NTC 15D-13	15	3	0.335	16	60	
NTC 20D-13	20	3	0.372	16	65	
NTC 30D-13	30	2.5	0.517	16	65	
NTC 47D-13	47	2	0.810	17	65	
NTC 120D-13	120	1.5	2.124	16	65	
NTC 1.3D-15	1.3	8	0.048	18	68	
NTC 1.5D-15	1.5	8	0.052	19	69	
NTC 3D-15	3	7	0.075	18	76	
NTC 5D-15	5	6	0.112	20	76	
NTC 6D-15	6	5	0.155	20	80	
NTC 7D-15	7	5	0.173	20	80	
NTC 8D-15	9	5	0.178	20	80	
NTC 10D-15	10	5	0.180	20	75	
NTC 12D-9	12	4	0.250	20	75	
NTC 15D-15	15	4	0.268	21	85	

续表

型号	$R_{25}(\Omega)$	最大稳态电流 (A)	最大电流时近似电阻值(Ω)	耗散系数 (mW/℃)	热时间常数 (s)	工作温度 (℃)
NTC 16D-15	16	4	0.276	21	70	
NTC 20D-15	20	4	0.288	17	86	
NTC 30D-15	30	3.5	0.438	18	75	
NTC 47D-15	47	3	0.680	21	86	
NT 120D-15	120	2.5	0.652	22	87	
NTC0.7D-20	0.7	12	0.018	25	89	
NTC 1.3D-20	1.3	9	0.037	24	88	
NTC 3D-20	3	8	0.055	24	88	
NTC 5D-20	5	7	0.087	23	87	
NTC 6D-20	6	6	0.113	25	103	
NTC 8D-20	8	6	0.142	25	105	-55~+200
NTC 10D-20	10	6	0.162	24	102	
NTC 12D-20	12	5	0.195	24	100	
NTC 16D-20	16	5	0.212	25	100	
NTC 0.7D-25	0.7	13	0.014	30	120	
NTC 1.5D-25	1.5	10	0.027	30	121	
NTC 3D-25	3	9	0.044	32	124	
NTC 5D-25	5	8	0.070	32	125	
NTC 8D-25	8	7	0.114	33	125	
NTC 10D-25	10	7	0.130	32	127	
NTC 12D-25	12	6	0.156	32	126	
NTC 16D-25	16	6	0.160	35	126	

5.1.5 压敏电阻器

压敏电阻器（Varistor，VSR），又称为 Voltage Dependent Resistor（VDR），按其用途有时也称为"突波（浪涌）抑制器（吸收器）"。它由以氧化锌为主要成分的金属氧化物半导体材料制成，是一种对电压敏感的非线性半导体元件，用 R_V 或 R 表示。压敏电阻器由于具有良好的非线性特性、通流量大、残压水平低、动作快和无续流等特点，所以广泛地应用在电子产品中，起过电压保护、防雷、抑制瞬态电压、吸收尖峰脉冲、限幅、高压灭弧、消噪、保护半导体元器件等作用。

当压敏电阻器两端所加电压低于标称额定电压值时，压敏电阻器的电阻值接近无穷大，内部几乎无电流流过。当压敏电阻器两端的电压略高于标称额定电压时，压敏电阻器将迅速击穿导通，并由高阻状态变为低阻状态，工作电流也急剧增大。当其两端电压再次低于标称额定电压时，压敏电阻器又恢复为高阻状态，近乎开路，因而不会影响设备的正常工作。当压敏电阻器两端电压超过其最大限制电压时，压敏电阻器将完全击穿损坏，无法再自行恢复。

压敏电阻器按其伏安特性可分为对称型压敏电阻器（无极性）和非对称型压敏电阻器（有极性）。压敏电阻器作为交流电压浪涌吸收器时，具有正、反对称的伏安特性，一般并联在电路中使用。当电路中出现雷电过电压或瞬态操作过电压时，压敏电阻器和其他元器件同时承受过电压。由于压敏电阻器的响应速度很快（一般是纳秒级时间），压敏电阻器击穿导通，阻抗变低（只有几个欧姆），两端电压迅速降低，从而实现对后级电路的保护，避免瞬间突波电压（如雷击等）造成其他元器件的损坏。

压敏电阻器的主要参数有压敏电压、电压比、最大限制电压、残压比、通流容量、漏电流、电压温度系数、电流温度系数、电压非线性系数、绝缘电阻、静态电容等。

（1）压敏电压（或称标称电压）是指在规定的温度范围内，通过规定的直流电流（通常是1mA）时压敏电阻器两端的电压值（U_{1mA}）。

（2）电压比是指压敏电阻器的电流为1mA时产生的电压值与压敏电阻器的电流为0.1mA时产生的电压值之比。

（3）最大限制电压是指压敏电阻器两端所能承受的最高电压值。

（4）通过压敏电阻器的电流为某一值时，在它两端所产生的电压称为这一电流值的残压。残压比则为残压与压敏电压之比。

（5）通流容量又称最大冲击电流，是指在25℃环境温度下，对于规定的冲击电流波形和规定的冲击电流次数而言，压敏电压的变化率不超过±10%的规定范围时，允许通过压敏电阻器的最大脉冲电流值。

（6）漏电流又称等待电流，是指在规定的温度和最大直流电压下，流过压敏电阻器的电流。

压敏电阻器有多种型号和规格，选择压敏电阻器时，其参数如压敏电压、通流容量等必须符合设计电路的要求，尤其是压敏电压要准确。压敏电压过高，压敏电阻器起不到过电压保护作用；压敏电压过低，压敏电阻器容易误动作或被击穿。在直流回路中，一般有$\min(U_{1mA}) \geqslant (1.8 \sim 2)U_{DC}$，式中的$U_{DC}$为回路中的直流额定工作电压。在交流回路中，一般有$\min(U_{1mA}) \geqslant (2.2 \sim 2.5)U_{AC}$，式中的$U_{AC}$为回路中的交流额定工作电压的有效值。上述取值原则主要是为了保证压敏电阻器在电源电路中应用时，有适当的安全余量。例如，对于220~240V的交流电源，可以选用压敏电压为470~620V的压敏电阻器。选用的压敏电阻器的压敏电压略高，可以降低故障率，延长使用寿命，但残压略有增大。

通常压敏电阻器参数中给出的通流容量是按标准给定的波形、冲击次数和间隙时间进行脉冲试验时产品所能承受的最大电流值，而产品所能承受的冲击次数是波形、幅值和间隙时间的函数，当电流波形幅值降低50%时冲击次数可增加一倍。因此在实际应用中，压敏电阻器的通流容量应根据防雷电路的设计指标来定。一般而言，压敏电阻器的通流容量要大于等于防雷电路设计的通流容量。

压敏电阻器可以串联使用。将通流容量相同的压敏电阻器串联后，压敏电压、持续工作电压和限制电压相加，而通流容量指标不变。例如，在高压电力避雷器中，要求持续工作电压高达数千伏、数万伏，此时可将多个压敏电阻器串联起来。

压敏电阻器也可以并联使用，并联后压敏电压不变，但可以获得更大的通流容量，或者在冲击电流峰值一定的条件下减小电阻体中的电流密度，以降低限制电压。由于高非线性，所以要求并联的压敏电阻器的伏安特性尽量相同，只有这样才能保证电流在各电阻之间均匀分配，否则会因分流不均匀而损坏压敏电阻器。

5.2 电磁干扰滤波器

5.2.1 开关电源的噪声及其抑制方法

开关电源尤其是高频变压器的开关电源，在体积、质量和效率等方面都有显著的优点，已日益为人们所重视，也越来越广泛地运用到各个领域中。但是开关电源的最大缺点就是容易产生噪声和干扰，这是开关电源的一个重要技术问题，也是决定开关电源能不能得到更广泛运用的重要因素。

开关电源噪声的产生一般可分为以下两类。

1. 开关电源内部元件形成的干扰

开关电源是把工频交流整流为直流后，再通过开关电路变换为高频交流，接着整流为稳定直流的一种电源，这样就存在以下几种噪声：开关电源的整流波形畸变产生的高次谐波噪声；开关器件在大电流、高电压导通与截止时，其电流、电压急剧变化，形成的宽频带电磁干扰噪声；整流二极管的开通及关断过程中产生的浪涌电流尖峰和高频振荡噪声；此外，还有输出滤波器的输入端由于变压器漏感、分布电容及滤波电感电容的存在而产生振荡形成的电磁干扰噪声等。

2. 由于外界因素影响而产生的干扰

外界电磁场干扰通过辐射进入开关电源或通过电源线输入开关电源。这种干扰又可分为以下两种。

（1）人为干扰源。随着现代科学技术的飞速发展，电子、电力电子、电气设备开始广泛应用，它们在运行中产生的高密度、宽频谱的电磁信号充满整个空间，形成复杂的电磁环境。特别是瞬态电磁干扰，其电压幅度高（几百伏至上千伏）、上升速度快、持续时间短、随机性强。此外，雷达、导航、通信等设备产生的无线电噪声，频率范围宽，干扰强度较大。

（2）自然干扰源。例如，雷电放电现象和宇宙中的太阳黑子、宇宙射线等天电干扰噪声，前者的持续时间短但能量很大，后者的频率范围很宽。

对于开关电源来说，其驱动电路、控制电路、保护电路等容易受到电磁干扰而发生误动作。而开关电源本身就是较强的 EMI（Electro-Magnetic Interference，电磁干扰）噪声源，在正常工作时可能向外发射电磁干扰，其产生的 EMI 噪声既有很宽的频率范围，又有很高的强度。这些电磁干扰噪声也同样通过辐射和传导的方式污染电磁环境，从而影响其他电子设备的正常工作。

干扰通过空间电磁辐射传播的称为辐射噪声，它随着距离的增加而减小。干扰通过设备的各种连接线（如电源线、信号线、控制线、数据线、公共地线等）传播的称为传导噪声。必须采取有效的措施来抑制噪声干扰信号的传递，阻止这些噪声进出开关电源。在抑制 EMI

辐射噪声方面，电磁屏蔽是最好的方法。而在抑制 EMI 传导噪声方面，采用 EMI 滤波器是有效的手段。

采用屏蔽技术可以有效地抑制辐射干扰。例如，开关电源采用金属外壳屏蔽盒或屏蔽网板，选用导电良好的铜板或铝板制作（铜板或铝板的厚度一般为 0.5~1mm 即可）。为了散热，屏蔽盒壁板上应开设通风孔，且孔洞最好为圆形。为了使屏蔽盒接缝处接触良好，可在接缝处加入簧片。当频率较高时，在缝隙处电磁场的泄漏一般要比孔洞更为严重，而且在缝隙处，磁场泄漏又大于电场泄漏。因此，当屏蔽盒与盖板用螺钉连接时，螺钉间距不要太大，而且要拧紧，以减小缝隙。

开关电源直接接在市电电网上时，电网与电源设备之间有着双向的电磁干扰影响：开关电源从电源进线引入电网噪声，并经电源线将开关电源产生的谐波和寄生振荡的能量等噪声传导出去。为减少电源线的传导噪声，在电源输入端应加电磁干扰滤波器。

5.2.2 简易电磁干扰滤波器的设计

开关电源采用电磁干扰滤波器能有效地抑制电网中的噪声窜入电源，也可以抑制开关电源产生的噪声污染电网。传导噪声有两种，一种是共模噪声，另一种是差模噪声。共模噪声是电源线对地的噪声，差模噪声是电源线之间的噪声。

开关电源输入端采用的电磁干扰滤波器（EMI 滤波器）是一种双向滤波器，是由电容和电感构成的低通滤波器。其结构如图 5-5 所示。图中的 C_1 和 C_2 是高频旁路电容，通常选用薄膜电容，其取值范围一般为 $0.01~1\mu F$，用于抑制差模噪声。电感 L_1 和 L_2、电容 C_3 和 C_4 形成共模滤波。电容通常选用自谐振频率较高的陶瓷电容，其取值范围一般为 $2200~6800pF$，用于抑制高频率的共模噪声。由于接地，所以共模电容上会产生漏电流。因为漏电流会对人体安全造成伤害，所以漏电流应尽量小（通常小于 1.0mA）。共模电容的取值与漏电流大小有关，因此其值不宜过大。为减小漏电流，电容的容量不宜超过 $0.1\mu F$。

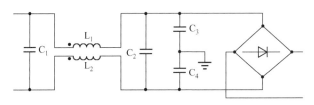

图 5-5 开关电源滤波器的结构

L_1 和 L_2 为共模扼流圈。共模扼流圈是指在一个磁环（闭磁路）的上下两个半环上，分别绕制相同匝数但绕向相反的线圈。这两个线圈的磁通方向一致。当有共模电流通过时，由于两个线圈的磁通方向相同，所以两个线圈上产生的磁场就会互相加强，耦合后总电感迅速增大，呈现出很大的感抗，使共模信号不易通过，从而有效地衰减共模噪声；而对于工频 50/60Hz 交流电源的输入电流，两个线圈所产生的磁场可互相抵消，线圈电感几乎为零。为了更好地抑制共模噪声，共模扼流圈应选用损耗低、磁导率高、高频性能好的磁芯。共模扼流圈的电感值 L_1 和 L_2 与额定电流 I 有关，其电感量范围与额定电流的关系如表 5-7 所示。当额定电流较大时，共模扼流圈的线径也要相应加大，以承受较大的电流。此外，适当增加电感量，可以改善低频衰减特性。

表 5-7 电感量范围与额定电流的关系

额定电流 I(A)	1	3	6	10	12	15
电感量范围 L(mH)	8~23	2~4	0.4~0.8	0.2~0.3	0.1~0.15	0.0~0.08

电磁干扰滤波器加在开关电源的工频 220V 或 110V 的输入端,允许 400Hz 以下的低频信号通过,而对于 1~20kHz 之间的高频信号具有 40~100dB 的衰减量。

为了减少高频电流信号旁路,电感 L_1 和 L_2 应具有小的分布电容,且应均匀地绕制在无气隙的圆环骨架上;磁芯应选用与频率相一致的材料。有关磁芯材料使用频率的极限如下。

(1) 叠片式铁芯:约 10kHz。
(2) 粉末状坡莫合金铁芯:1kHz~1MHz。
(3) 铁氧体铁芯:100~150kHz。

在实际应用中,为了使加工工艺简便,共模电感不采用圆环状,而常采用 C 型材料的铁芯来加工。电磁干扰滤波器中的电容也应采用高频特性较好的陶瓷电容或聚酯薄膜电容,且电容的连接引线应尽量短,以便减小引线高频分布电感。

5.2.3 复杂电磁干扰滤波器的设计

为了抑制差模干扰,也可以在两根进线端各自串联一个独立磁芯线圈 L_1 和 L_2。复杂电磁干扰滤波器的结构如图 5-6 所示。图中的差模电感线圈 L_1、L_2 与差模电容 C_1 构成交流进线独立端口间的一个低通滤波器,用来抑制交流进线上的差模干扰噪声,防止电源设备受其干扰。差模电感线圈由棒状铁氧体磁芯绕线构成,一般选用铁镍钼 MPP、铁镍 HF 或铁硅铝 SUPER MSS 磁粉芯,其电感量在 10~600μF 之间选取。电容 C_1 是差模噪声滤波电容,其取值范围在 0.047~1μF 之间。

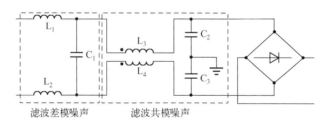

图 5-6 复杂电磁干扰滤波器的结构

在有些场合,为了得到十分理想的滤波效果,可以使用 2~3 级组合的 LC 滤波器,但这样会增加成本。两级复合式电源噪声滤波器如图 5-7 所示,它由两级噪声滤波器组成,因此其滤除噪声的效果很好。

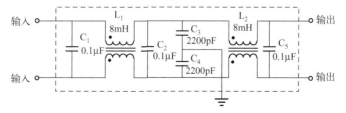

图 5-7 两级复合式电源噪声滤波器

5.3　开关电源输入整流电路

5.3.1　输入整流二极管

整流二极管（rectifier diode）的基本结构是 PN 结（P 型半导体和 N 型半导体结合后，在两者的结合面形成一个很薄的空间电荷区，这就是 PN 结）。在 PN 结的空间电荷区内，电子势能发生了变化，电子要从 N 区到 P 区必须越过一个能量高坡（一般称为势垒），因此又把空间电荷区称为势垒区。

当 PN 结加正向电压时，势垒降低，呈现低电阻，具有较大的正向扩散电流，称该状态为正向导通状态。当 PN 结加反向电压时，势垒增加，呈现高电阻，具有很小的反向漂移电流，称该状态为反向阻断状态，此时 PN 结处于反向偏置状态。

整流二极管是面接触型二极管，结面积较大，能承受较大的正向电流和较高的反向电压，性能比较稳定，主要用在把交流电变换成直流电的整流电路中。整流二极管的结电容较大，因此它不宜工作在高频电路中。整流二极管用半导体锗或硅等材料制成，具有明显的单向导电性。硅整流二极管的击穿电压高，反向漏电流小，高温性能良好。通常高压大功率整流二极管都用高纯单晶硅制造（掺杂较多时容易反向击穿）。整流二极管有金属和塑料两种封装。

整流二极管的主要技术参数包括最大整流电流、最大反向工作电压、反向饱和电流、最高工作频率及反向恢复时间等。

(1) 最大整流电流 I_F：指整流二极管长时间连续工作时允许通过整流二极管的最大正向平均电流。该电流由 PN 结的结面积和散热条件决定。工作时，通过整流二极管的平均电流不能超过 I_F，并且要满足散热条件，否则整流二极管会因过热而烧毁。

(2) 最大反向工作电压 U_{RM}：指整流二极管在正常工作时所能承受的最大反向电压值。U_{RM} 一般取反向击穿电压的 1/2~1/3。反向击穿电压是指给整流二极管加反向电压使整流二极管击穿时的电压值。超过此值，则反向电流 I_R 剧增，整流二极管的单向导电性被破坏，从而引起反向击穿。为了二极管的安全工作，实际的反向电压不能大于 U_{RM}，并且留有余量。例如，1N4001 的 U_{RM} 为 50V，1N4002~1N4007 的 U_{RM} 分别为 100V、200V、400V、600V、800V 和 1000V。

(3) 反向饱和电流 I_R：指整流二极管在常温下承受最高反向工作电压时的反向漏电流。反向电流一般很小，在反向击穿前大小基本不变，近似等于反向饱和电流。通常在室温下硅管的 I_R 为 1μA，甚至更小，锗管的 I_R 为几十至几百微安。该值越小，整流二极管的单向导电性越好，但该值受温度影响较大，当温度升高时，I_R 显著增大。

(4) 最高工作频率 f_M：指整流二极管保持良好工作特性的最高工作频率。整流二极管的工作频率与 PN 结的结电容有关，结电容容量越小，整流二极管允许的最高工作频率越高。例如，1N4000 系列整流二极管的 f_M 为 3kHz。

开关电源中输入部分的工频整流电路即为一次整流电路，如图 5-8 所示。将 4 个整流二极管接成全桥的形式，对 220V、50Hz 的工频电压或其他交流输入电压进行全波整流，得到的脉动的直流电经电容滤波后便会变成平滑的直流电输出。

输入整流二极管对截止频率和反向恢复时间要求不高，一般的整流二极管都能满足要求，因此选择整流二极管时，主要考虑最大整流电流和最大反向工作电压两个参数。常用的整流二极管有 1N 系列、2CZ 系列、RLR 系列等。1N 系列整流二极管具有体积小、价格低、性能优良等特点。其典型的产品有：1N4001~1N4007 塑封硅整流二极管，其额定工作电流为 1A；1N5391~1N5399 塑封硅整流二极管，其额定工作电流为 1.5A；1N5400~1N5408 塑封硅整流二极管，其额定工作电流为 3A。型号不同，它们的最高反向工作电压 U_{RM} 也不同，为 50~1000V。注意，使用大电流整流二极管时要加装散热片。

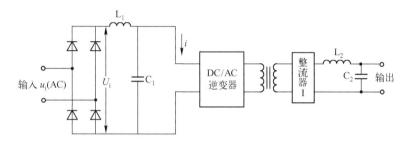

图 5-8 开关电源的一次整流电路

5.3.2 输入整流桥

输入整流电路的作用是把来自电网的交流电变换成直流电，通常采用全波桥式整流。可以由四个硅整流二级管连成整流电路，也可以直接选用塑封的成品硅整流桥。整流桥又称桥式整流器 (bridge rectifiers)，由多个整流二极管进行桥式连接而成，具有体积小、使用方便、性能优良、整流效率高、稳定性好等优点。全桥整流桥的最大整流电流有 0.5A、1A、1.5A、2A、3A、4A、6A、8A、10A、15A、25A、35A、40A 等规格，最高反向工作电压有 50V、100V、200V、400V、800V、1000V 等规格。小功率硅整流桥可直接焊在印制电路板上，大、中功率硅整流桥则要用铆钉固定，并且需要安装合适的散热器。

在选择整流二极管或整流桥时，需要注意以下问题。

(1) 最大整流电流由设计的开关电源的输出功率决定。根据所设计的开关电源的输出功率和转换效率，输入整流电路中的整流二极管的最大整流电流 I_F 的计算公式如下：

$$I_F = \frac{2P_o}{220\sqrt{2}\eta} \tag{5-1}$$

大功率输出时，整流电流增大，会造成整流二极管发热，因此应选择正向压降小的整流二极管，这样可以降低内部功耗，提高电源转换效率。

(2) 交流电经整流滤波后一般直接连接储能电感线圈或开关变压器的初级绕组线圈，它们都是感性负载。考虑到感性负载瞬间产生的反向电动势的影响，在确定整流二极管的最大反向工作电压时，一般选取计算值的 2 倍是比较安全的。

(3) 要有能承受高的浪涌电流的能力。浪涌电流是由开关管导通时的峰值电流所产生的。

5.3.3 倍压整流及交流输入电压转换电路的设计

1. 倍压整流电路

倍压整流电路的实质是电荷泵。最初由于核技术发展需要更高的电压来模拟人工核反应，于是在 1932 年由 COCCROFT 和 WALTON 提出了高压倍压电路，通常称为 C-W 倍压整流电路。倍压整流电路有多种结构,各有优缺点。采用倍压整流电路,可实现利用低电压的交流电源和低耐压的整流二极管获得高于输入电压许多倍的直流输出电压。

1) 二倍压整流电路

采用两个整流二极管和两个电容组成的二倍压整流电路如图 5-9 所示。假定电容的容量足够大,负载电阻的阻值也很大。在交流电的正半周,即上正下负时,VD_1 导通,电流流经 VD_1 对 C_1 充电,C_1 两端电压达到 U_{VD_1},并基本保持不变;在负半周,即下正上负时,VD_2 导通,电流流经 VD_2 对 C_2 充电,C_2 两端电压达到 U_{VD_2}。电容 C_1 和 C_2 的电压大小相同,两电压串联后 AB 间输出的直流电压为 $U_{AB} = U_{VD_1} + U_{VD_2}$。在空载的情况下,$U_{AB} = 2\sqrt{2}U_i$。

每个整流二极管所承受的最大反向电压为 $2\sqrt{2}U_i$,电容 C_1、C_2 上所承受的电压为 $\sqrt{2}U_i$。

另一种半波二倍压整流电路如图 5-10 所示,它由两个整流二极管 VD_1、VD_2 及两个电容 C_1、C_2 组成。这里假定电容的容量和负载阻值均足够大。

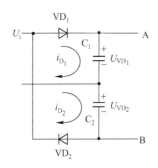
图 5-9 二倍压整流电路

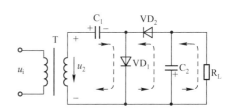
图 5-10 半波二倍压整流电路

在交流电压的正半周期间(上正下负),二极管 VD_1 导通,VD_2 截止,电流经过 VD_1 并向电容 C_1 充电,电容 C_1 上的电压接近 U_i 的峰值电压 $\sqrt{2}U_i$(极性为左正右负),并基本保持不变。同样,在交流电压的负半周(下正上负)期间,二极管 VD_2 导通,VD_1 截止,电流经过 VD_2 对电容 C_2 充电,充电电压是交流电源峰值电压和电容 C_1 两端电压之和,即 $2\sqrt{2}U_i$,C_2 两端的电压被充到接近 $2\sqrt{2}U_i$,极性为上负下正。

在该倍压整流电路中,每个整流二极管所承受的最大反向电压为 $2\sqrt{2}U_i$,电容 C_1 所承受的电压为 $\sqrt{2}U_i$,电容 C_2 所承受的电压为 $2\sqrt{2}U_i$。

2) 多倍压整流电路

根据二倍压整流电路的工作原理类推,用 n 个整流二极管和 n 个电容组合就可以实现 n 倍压整流。多倍压整流电路如图 5-11 所示。

在交流电压的正半周(极性为上正下负),电流通过 VD_1 对电容 C_1 充电,电容 C_1 上的电压接近 U_i 的峰值电压 $\sqrt{2}U_i$(极性为左负右正);在交流电压的负半周(极性为上负下正),交流电源峰值电压和电容 C_1 两端的电压迭加后,通过 VD_2 对电容 C_2 充电,C_2 两端的电压为

$$U_{C_2} = u_i + u_{C_1} = \sqrt{2}U_i + \sqrt{2}U_i$$

在交流电压的下一个正半周,极性再次为上正下负,这时交流电源 u_i 和电容 C_1、电容 C_2 两端的电压迭加后,通过 VD_3 对电容 C_3 充电。因为电容 C_1 和电容 C_2 上的电压极性相反,所以 C_3 两端充得的电压为

$$U_{C_3} = u_i + u_{C_1} + u_{C_2} = \sqrt{2}U_i + (-\sqrt{2}U_i) + 2\sqrt{2}U_i = 2\sqrt{2}U_i$$

这时电容 C_1 和电容 C_3 上的电压之和为

$$U_{be} = u_{C_1} + u_{C_3} = \sqrt{2}U_i + 2\sqrt{2}U_i = 3\sqrt{2}U_i$$

实际上电容 C_1 和电容 C_3 同时充电，在开始的几个周期内，电容上的电压并不能充到很高，经过几个周期后，电容上的电压才渐渐稳定在最高值，得到 $3\sqrt{2}U_i$ 的直流输出电压。

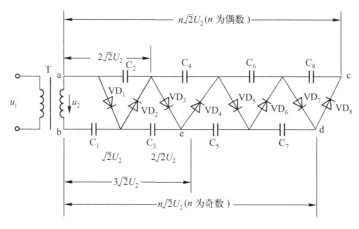

图 5-11 多倍压整流电路

以此类推，n 个整流二极管和 n 个电容可以实现 n 倍压整流。此时，从图 5-11 中的 a、c 两端输出电压 $n\sqrt{2}U_i$（其中 n 为偶数）；从 b、d 两端输出电压 $n\sqrt{2}U_i$（其中 n 为奇数）。

图中，除了电容 C_1 所承受的电压为 $\sqrt{2}U_i$ 外，其余电容上所承受的电压均为 $2\sqrt{2}U_i$，每个整流二极管承受的最大反向电压为 $2\sqrt{2}U_i$。

倍压整流电路虽然可以提高直流输出电压的幅度，但增加了总的损耗功率，因而输出电流将随 n 的增加而减小。因此，倍压整流只适用于高电压、小电流的场合。

倍压整流电路中的整流二极管可采用高压硅整流堆，常用的有 2DL 系列、2CL 系列，如型号为 2DL40/0.5，表示最高反向工作电压为 40kV，最大正向整流电流的平均值为 0.5A。倍压整流电路中的电容容量比较小，不需使用电解电容器，且其耐压值要大于 1.5 倍的 $2\sqrt{2}U_i$ 才安全可靠。

3）各种倍压整流电路的分析

常见各种倍压整流电路的原理如图 5-12 所示。

图 5-12 中的 3 个电路都是 6 倍压整流电路，各有特点。通常称每 2 倍为一阶，用 N 表示，则上述电路都是 3 阶，即 $N=3$。如果希望输出电压极性不同，只要将所有的整流二极管反向就可以了。

图 5-12（a）所示电路的优点是每个电容上的电压不会超过变压器次级峰值电压 U 的两倍，即 $2U$，因此可以选用耐压较低的整流二极管。其缺点是电容串联放电，纹波大。

图 5-12（b）所示电路的优点是纹波小，缺点是对电容的耐压要求高，随着 N 的增大，电容的电压应力也随之增加。图中最后一个电容的电压达到了 $6U$。

图 5-12（c）所示电路是图 5-12（a）所示电路的改进，其优点是纹波小很多，电容电

压应力也不超过 2U。其缺点是电路复杂。

下面以图 5-12（a）为例简单说明其工作原理。

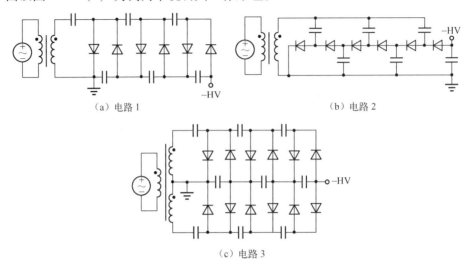

图 5-12　常见各种倍压整流电路的原理图

倍压电路工作原理图一如图 5-13 所示，当变压器次级输出为上正下负时，电流流向如图中所示。变压器向上臂的 3 个电容充电储能。

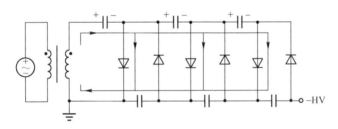

图 5-13　倍压电路工作原理图一

当变压器次级输出为上负下正时，电流流向如图 5-14 所示。上臂电容通过变压器次级向下臂充电。

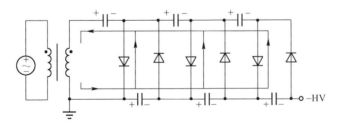

图 5-14　倍压电路工作原理图二

如果不带负载，稳态时，除了图 5-14 中最左边的那个电容外，其他电容上的电压均为 $2U$，因此总的输出电压为 $6U$。事实上，由于高阶倍压整流电路的带载能力很差，所以输出很小的功率就会导致输出电压的大幅度跌落。假设输出电流为 I，每个电容的容量相同（为

C),交流电源频率为 f,则电压跌落为

$$\Delta U = \frac{I}{6fC}(4N^3 + 3N^2 + 2N) \tag{5-2}$$

输出电压纹波为

$$\frac{(N+1)N}{4} \cdot \frac{I}{fC} \tag{5-3}$$

2. 110/220V 交流输入电压转换电路

隔离式开关电源可以直接对输入的交流电压进行整流,而不需要采用低频线性隔离变压器。现代的电子设备生产厂家一般都要满足国际市场的需求,因此他们所设计的开关电源必须要适应世界范围(通常是交流 90~130V 和 180~260V 的范围)的交流输入电压。为了实现两种输入电源的转换,便要利用倍压整流技术。110/220V 交流输入电压转换电路如图 5-15 所示。

图中,两种输入交流电压的转换由开关 S_1 来完成。此外,本电路中的压敏电阻 R_V 和晶闸管 VS 具有浪涌电流抑制、瞬间输入电压保护的功能。

该电路的工作过程如下:当开关 S_1 闭合时,电路在 115V 交流输入电压下工作,在交流电的正半周,通过二极管 VD_1,电容 C_1 被充电到交流电压的峰值,即 115V×1.4 = 160V,在交流电的负半周,电容 C_2 通过二极管 VD_4 也被充电到 160V,这样,该电路输出的直流电压应该是电容 C_1 和 C_2 上充电电压之和,即 160V + 160V = 320V;当开关 S_1 打开时,二极管 VD_1 ~ VD_4 组成了全桥式整流电路,对输入的交流 230V 进行整流,也同样产生 320V 的直流电压。

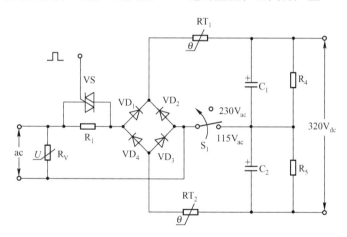

图 5-15 110/220V 交流输入电压转换电路

5.4 功率开关管

功率开关管的种类很多,如巨型晶体管 GTR、快速晶闸管 SCR、门极可关断晶闸管 GTO、功率场效应晶体管 P-MOSFET 和绝缘栅双极型晶体管 IGBT(参见 2.6 节)等。其中,开关电源中经常使用的是 P-MOSFET 和 IGBT。

选择功率开关管时,应根据变换器类型、功率和可靠性等性能,确定功率开关管的耐压值和导通电流等参数。

5.4.1 双极结型晶体管

双极结型晶体管（BJT）是一种双极型半导体器件，其中大容量的双极结型晶体管又称巨型晶体管（GTR），其内部有电子和空穴两种载流子。根据半导体类型的不同，BJT 可以分为 NPN 型和 PNP 型两种，其中硅功率晶体管多为 NPN 型。

在开关电源中，BJT 工作在开关状态，即工作在截止区或饱和区。BJT 的开关时间对它的应用有较大的影响，因此选用 BJT 时，应注意其开关频率。为了使 BJT 快速导通，缩短开通时间 t_{on}，驱动电流必须具有一定幅值，且前沿足够陡峭并有一定过冲的正向驱动电流为加速 BJT 关断，缩短关断时间 t_{off}，在关断前使 BJT 处于临界饱和状态，基极反偏电流幅值足够大，并且加反向截止电压。

此外，BJT 的工作点是随电压和电流的不同而变化的，而一般厂家给出的参数是在特定条件且环境温度为 +25℃ 时的数值。当环境温度高于 +25℃ 时，BJT 的功率应适当降低。增大电压和电流余量，同时改善散热条件，可以提高 BJT 的可靠性。BJT 应尽量避免靠近发热元件，以保证管壳散热良好。当 BJT 的耗散功率大于 5W 时，应加散热器。焊接 BJT 时，应采用熔点不超过 150℃ 的低熔点焊锡，且电烙铁以 60W 以下为宜，焊接时间不超过 5s。为防止 BJT 二次击穿，应尽量避免采用电抗成分过大的负载，并合理选择工作点及工作状态，使之不超过 BJT 的安全工作区。

5.4.2 功率场效应晶体管

功率场效应晶体管（P - MOSFET）简称功率 MOSFET，是利用多数载流子导电的半导体器件，且导通时只有一种极性的载流子参与导电，是单极型晶体管。与利用少数载流子导电的双极型功率晶体管相比，功率 MOSFET 只靠单一载流子导电，不存在存储效应，因而其关断过程非常迅速，其开关时间在 10 ~ 100ns 之间，工作频率可达 100kHz 以上，最高可以达到 500kHz。功率 MOSFET 开关速度快，工作频率高，可以使高频率开关电源在设计时体积更小、质量更轻，适应开关电源小型化、高效率化和高可靠性的发展要求。

功率 MOSFET 按导电沟道分为 N 沟道和 P 沟道两种，N 沟道的载流子为空穴，P 沟道的载流子为电子。其电气符号如图 5-16 所示，图中的三个极分别为栅极 G、漏极 D、源极 S。

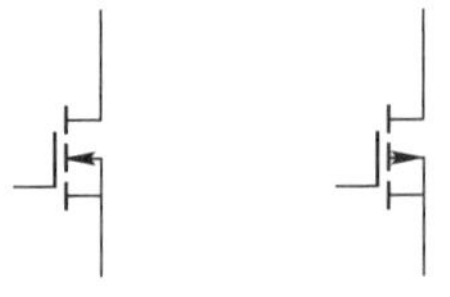

常用的功率 MOSFET 主要是 N 沟道增强型。与一般小功率 MOSFET 的横向导电结构不同，功率 MOSFET 大多采用垂直导电结构，从而提高了耐压和耐电流能力，因此它又叫 VMOSFET。

功率 MOSFET 是电压控制型器件，在它的栅极和源极间加一个受控的电压，在漏极可获得较大的电流。功率 MOSFET 的栅极与源极在电气上是靠硅氧化层相互隔离的，具有很高的输入阻抗，因此其驱动电流很小，为 100nA 数量级，而输出电流可达数安培至十几安培。功率 MOSFET 所需的驱动功率很小，因此其对驱动电路的要求较低。功率 MOSFET 静态时几乎不需输入电流，但在开关过程中需对输入电容充、放电，因此它仍需一定的驱动功率，且开关频率越高，所需要的驱动功率越大。

图 5-16 功率 MOSFET 的电气符号

由于功率 MOSFET 具有正的温度系数，所以当有限个管子直接并联时，可以自动均衡电流，不会产生过热点，热稳定性好。

功率 MOSFET 具有驱动功率小、工作频率高、安全工作区宽、无二次击穿等特点。功率 MOSFET 的导通压降稍大，电流容量小，耐压低（小于 1000V），一般只适用于中小功率开关电源，在中低压、小电流、高频率领域占用优势。目前，功率 MOSFET 的容量水平为 50A/500V，工作频率为 100kHz。

5.5 高频变压器

高频变压器是开关电源的核心元件，具有功率传递、电压变换和绝缘隔离的作用。作为开关电源最主要的组成部分，其性能的好坏不仅影响变压器本身的发热和效率，而且还会影响到高频开关电源的技术性能和可靠性。

5.5.1 高频变压器磁芯

开关电源的变压器通常工作在 20~50kHz，甚至更高的频率上。这就要求在工作频率上磁性材料的功率损耗尽可能小、饱和磁通密度高、温度稳定性好。这样，在提高开关电源效率的同时，可以满足减小尺寸和质量的要求。高频变压器实现磁耦合的磁路不是普通变压器中的硅钢片，而是在高频工作下磁导率较高的铁氧体磁芯或坡莫合金等磁性材料。常用于高频变压器的磁性材料有铁粉芯、软磁铁氧体、坡莫合金和非晶态合金等。

铁氧体又称氧化物磁性材料，是由铁和其他金属元素组成的复合氧化物。铁氧体采用陶瓷工艺，经高温烧结而制成，非常硬，易碎，化学性质不活泼。按照铁氧体的特性和用途，可把铁氧体分为永磁、软磁、矩磁、旋磁和压磁五类。大多数软磁铁氧体属尖晶石结构，一般由 $MeFe_2O_4$ 组成，其中 Me 表示二价金属元素，如 Mn、Ni、Mg、Cu、Zn 等。软磁铁氧体磁芯由于具有价格便宜，适应性能和高频性能好，形式多种多样等特点，广泛应用于开关电源的变压器中。

由于铁氧体磁芯材料的电阻率很大，高频损耗很小，并具有绕线、组装方便、价格便宜等特点，所以在目前高频变压器的设计中，几乎全部都采用软磁铁氧体磁芯。特别是在 100kHz~1MHz 的高频领域，新的、低损耗的、高频的功率铁氧体材料更有其独特的优势。

软磁铁氧体是各种铁氧体材料中产量最多，用途最广泛的一种。这类材料的主要特点是起始磁导率高和矫顽力低，既容易磁化也极易退磁，其磁滞回线呈细而长的形状。

常用软磁铁氧体分为锰锌铁氧体（MXO）和镍锌铁氧体（NXO）两大系列，这些化合物在居里温度下很容易被磁化，且具有很高的固有电阻率。锰锌铁氧体的组成部分是 Fe_2O_3、$MnCO_3$、ZnO，具有高的起始磁导率（$\mu=400\sim20000$），较高的饱和磁感应强度（$B_s=400\sim530mT$），在无线电中频或低频范围有低的损耗，是 1MHz 以下频段范围磁性能最优良的铁氧体材料，主要应用于各类滤波器、电感、变压器、抗电磁波干扰滤波电感及扼流圈等。而镍锌铁氧体的组成部分是 Fe_2O_3、NiO、ZnO 等，具有非常高的电阻率，主要用于 1MHz 以上的各种调感绕组、抗干扰磁珠、共用天线匹配器等。

常见几种软磁铁氧体磁芯的材料性能如表 5-8 所示。由于镍铅铁氧体 NQ、镍锌高频铁氧体 NGO，甚高频铁氧体 GTO 型软磁性材料的电阻率极高，接近于无穷大，故表中未列出它们的具体数值。

表5-8 常见几种软磁铁氧体磁芯的材料性能

型号	磁导率 μ (H/m)	居里温度 T_C (℃)	电阻率 ρ (Ω·cm)	饱和磁通密度 B_S (mT)	矫顽力 (A/m)	最高工作频率 f_{max} (MHz)
MXO-2000	2000	150	1×10^2	400	24	0.5
NXO-20	20	400	1×10^6	200	790	50
NQ-10	10	400	极高	180	2390	300
NGO-5	5	350	极高	60	3180	300
GTO-16	16	200	极高	200	500	700

在开关电源中应用最为广泛的是锰锌铁氧体磁芯，它具有较高的磁导率，低的矫顽力。若磁导率高，则在一定线圈匝数时，通过不大的激磁电流就能有较高的磁感应强度，线圈就能承受较高的外加电压，因此在输出功率一定的条件下，可减小磁芯的体积。矫顽力低，磁滞回环面积小，则铁耗也小。

开关电源的工作频率一般为几十千赫兹至几百千赫兹，因此磁芯可选 MXO-2000 型材料，其 $B-H$ 曲线如图 5-17 所示。由它制成的 EE 型磁芯的外形如图 5-18 所示。这种磁芯具有漏感小、耦合性能好、绕制方便等优点。国产 EE 型磁芯的规格如表 5-9 所示，表中的 S_J 为磁芯的有效截面积，有计算公式 $S_J = A \cdot D$ (cm²)，式中的 D 是厚度。

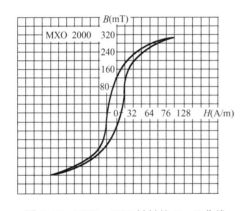

图 5-17 MXO-2000 材料的 $B-H$ 曲线

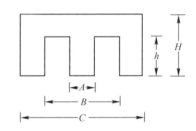

图 5-18 EE 型磁芯的外形

表5-9 国产EE型磁芯的规格

型号	外形尺寸 (mm)						磁芯截面积 S_J (cm²)
	A	B	C	h	H	D	
E-12	3	8	12	4	6	3	0.09
E-16	4	10	16	5	8	4	0.16
E-20	5	13	20	6.5	10	5	0.25
E-24	6	16	24	8	12	6	0.36
E-30	7	18	30	9	15	7	0.49
E-43	12	28	43	14	21.5	12	1.44
E-55	17	37	55	18.5	27.5	17	2.89
E-65	20	43	65	23.5	32.5	20	4.00

续表

型　号	外形尺寸（mm）						磁芯截面积 S_J（cm²）
	A	B	C	h	H	D	
E-85	28	55	85	29	29	28	7.84
E-110	36	72	110	37	37	32	11.52

但是铁氧体存在许多缺点，如饱和磁感应强度值较低，温度稳定性较差，易碎等。在体积、质量、环境条件及性能指标要求高的开关电源变压器中可以采用坡莫合金和非晶态合金等材料。坡莫合金和非晶态合金通常制成环形铁芯，有特殊要求时也可制成矩形或其他形状。铁氧体、坡莫合金和非晶体合金材料的主要磁性能如表5-10所示。

表5-10　铁氧体、坡莫合金和非晶体合金材料的主要磁性能

材　料	饱和磁感应强度（T）	剩余磁感应强度（T）	矫顽力（A/N）	居里温度（℃）	损耗20kHz 0.5T（W/kg）	工作频率（kHz）	工作温度（℃）
Co基非晶态合金	0.7	0.47	0.5	350	22	~100	~120
1J85-1	0.7	0.6	1.99	480	30	~50	~200
Mn-Zn铁氧体	0.4	0.14	24	150		~300	~100

为减少涡流损耗，应根据不同的工作频率选择作为磁芯的合金带厚度。在采用坡莫合金时，其合金带厚度的选择可参照表5-11。不同钢带材料的叠片系数的选择可参照表5-12。

表5-11　坡莫合金的合金带厚度的选择

频率（kHz）	4	10	20	40	70	100
带厚（mm）	0.1	0.05	0.025	0.013	0.006	0.003

表5-12　不同钢带材料的叠片系数的选择

材料厚度（mm）	0.1	0.05	0.025	0.013	0.003
叠片系数	0.9	0.85	0.70	0.5	0.3

几种不同的磁芯结构形式如图5-19所示。

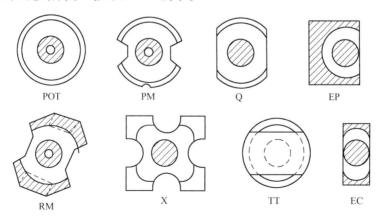

图5-19　几种不同的磁芯结构形式

5.5.2 高频变压器绕组导线

在变压器设计中,求变压器绕组导线直径的办法如下。

首先,将计算出的流过绕组的电流最大值除以导线的电流密度 d,得出所需的导线截面积。导线截面积决定于绕组的电流密度。当绕组损耗(铜损)占总损耗的比例比较大时,推荐电流密度取 $2\sim4\text{A}/\text{mm}^2$;当铜损占总损耗的比例比较小时,推荐电流密度取 $8\sim12\text{A}/\text{mm}^2$,但是要经过变压器温升校核后对变压器绕组导线直径进行必要的调整。还要注意的是导线截面积(直径)的大小还与漏感有关。在同样匝数下,导线截面积(直径)增加,内层排列的匝数减少,层数增加。而漏磁场分布靠近磁芯内层时大,靠近外层时小,与磁芯距离平方呈反比例地衰减。

然后,根据导线截面积查表 5-13 或表 5-14 选用铜导线的规格。如果计算出所需导线的截面积比较大,则可选多根截面积比计算值小的铜导线并联使用。这样做可以减小由于高频电流集肤效应所引起的损耗。

为便于设计高频变压器时选择导线规格,表 5-13 列出了国产高强度漆包圆铜线的铜芯标称直径、最大外径、铜芯截面积,以及不同电流密度时的载流量等参数;表 5-14 列出了美国线规(AWG)的数据,以供设计选择磁导线时参考。

表 5-13 国产高强度漆包圆铜线的参数表

铜芯标称直径	最大外径	铜芯截面积	电流密度 (A/mm^2)						
			1.5	1.8	2	2.5	3	3.5	4
mm	mm	mm^2	载流量(A)						
0.03	0.045	0.0007065	0.00106	0.00127	0.00141	0.00177	0.0021	0.0025	0.00283
0.04	0.055	0.001257	0.00189	0.00226	0.0025	0.00314	0.0038	0.0044	0.00503
0.05	0.065	0.001963	0.00294	0.00353	0.00393	0.00491	0.0059	0.0069	0.00785
0.06	0.075	0.002827	0.00424	0.00509	0.00565	0.00707	0.0085	0.0099	0.0113
0.07	0.085	0.003848	0.00577	0.00693	0.0077	0.00962	0.0115	0.0135	0.0154
0.08	0.095	0.005027	0.00754	0.00905	0.0101	0.0126	0.0151	0.0176	0.0201
0.09	0.105	0.006362	0.00954	0.0115	0.0127	0.0160	0.0191	0.0223	0.0254
0.10	0.120	0.007854	0.0118	0.0141	0.0157	0.01696	0.0236	0.0275	0.0314
0.11	0.130	0.009498	0.0142	0.0171	0.0190	0.0238	0.0285	0.0332	0.0380
0.12	0.140	0.01131	0.0170	0.0204	0.0226	0.0283	0.0339	0.0396	0.0452
0.13	0.150	0.01327	0.0199	0.024	0.0265	0.0332	0.040	0.0464	0.0531
0.14	0.160	0.01539	0.0231	0.0277	0.0308	0.0385	0.0462	0.0539	0.0616
0.15	0.170	0.01767	0.0265	0.0318	0.0353	0.0442	0.0530	0.0618	0.0707
0.16	0.180	0.02011	0.0302	0.0362	0.0402	0.0503	0.0603	0.0704	0.0804
0.17	0.190	0.0227	0.0341	0.0409	0.0454	0.0568	0.0681	0.0795	0.0908
0.18	0.20	0.02545	0.0385	0.0458	0.0509	0.0636	0.0764	0.0891	0.1018
0.19	0.21	0.02835	0.0425	0.0510	0.0567	0.0709	0.0851	0.0992	0.1134
0.20	0.225	0.03142	0.0471	0.0566	0.0628	0.0786	0.0943	0.1100	0.1257

第5章　开关电源一次侧电路的设计

续表

铜芯标称直径	最大外径	铜芯截面积	电流密度（A/mm²）						
			1.5	1.8	2	2.5	3	3.5	4
mm	mm	mm²	载流量（A）						
0.21	0.235	0.03464	0.0520	0.0624	0.0693	0.0866	0.1039	0.1212	0.1386
0.23	0.255	0.04155	0.0623	0.0748	0.0831	0.1039	0.1247	0.1454	0.1662
0.25	0.275	0.04909	0.0736	0.0884	0.0982	0.1227	0.1473	0.1718	0.1964
0.27	0.31	0.05726	0.0859	0.1031	0.1145	0.1432	0.1718	0.2004	0.229
0.28	0.33	0.06158	0.0924	0.1108	0.1231	0.1539	0.1847	0.2155	0.2463
0.29	0.35	0.06605	0.0991	0.1189	0.1321	0.1651	0.1982	0.2312	0.2642
0.31	0.37	0.07548	0.1132	0.1359	0.1510	0.1887	0.2264	0.2642	0.3019
0.33	0.39	0.08553	0.1283	0.1540	0.1711	0.2138	0.2566	0.2994	0.3421
0.35	0.41	0.09621	0.1443	0.1732	0.1924	0.2405	0.2886	0.3367	0.3848
0.38	0.44	0.1134	0.1701	0.2041	0.2268	0.2835	0.3402	0.3969	0.4536
0.41	0.46	0.1320	0.1980	0.2376	0.2640	0.330	0.3960	0.4620	0.5280
0.44	0.49	0.1521	0.228	0.2738	0.3042	0.3801	0.4563	0.5322	0.6082
0.49	0.54	0.1886	0.2829	0.3395	0.3772	0.4715	0.5658	0.6601	0.7544
0.51	0.56	0.2043	0.3065	0.3677	0.4086	0.5108	0.6129	0.7151	0.8172
0.53	0.58	0.2206	0.3309	0.3971	0.4412	0.5515	0.6618	0.7721	0.8824
0.55	0.60	0.2376	0.3564	0.4277	0.4752	0.5940	0.7128	0.8316	0.9504
0.57	0.62	0.2552	0.3828	0.4594	0.5104	0.638	0.7656	0.8932	1.021
0.59	0.64	0.2734	0.4101	0.4921	0.5468	0.6835	0.8202	0.9569	1.094
0.62	0.67	0.3019	0.4529	0.5434	0.6038	0.7548	0.9057	1.057	1.208
0.64	0.69	0.3217	0.4826	0.5791	0.6434	0.8043	0.9651	1.126	1.287
0.67	0.72	0.3526	0.5289	0.6347	0.7052	0.8815	1.058	1.234	1.4104
0.69	0.74	0.3739	0.5609	0.6730	0.7478	0.9348	1.122	1.309	1.496
0.72	0.78	0.4072	0.6108	0.733	0.8144	1.018	1.222	1.425	1.629
0.74	0.80	0.4301	0.6452	0.7742	0.8602	1.0753	1.2903	1.5054	1.7204
0.77	0.83	0.4657	0.6986	0.8383	0.9314	1.1642	1.397	1.630	1.863
0.80	0.86	0.5027	0.7541	0.9049	1.005	1.257	1.508	1.760	2.011
0.83	0.89	0.5411	0.8117	0.9740	1.082	1.353	1.623	1.894	2.164
0.86	0.92	0.5809	0.8714	1.0456	1.162	1.452	1.743	2.033	2.324
0.90	0.96	0.6362	0.9543	1.145	1.272	1.591	1.909	2.227	2.545
0.93	0.99	0.6793	1.0190	1.223	1.359	1.698	2.038	2.378	2.717
0.96	1.02	0.7238	1.0857	1.303	1.448	1.810	2.171	2.533	2.895
1.00	1.07	0.7854	1.178	1.414	1.571	1.964	2.356	2.749	3.142
1.04	1.12	0.8495	1.274	1.529	1.699	2.124	2.549	2.973	3.398
1.08	1.16	0.9161	1.374	1.649	1.832	2.290	2.748	3.206	3.664

续表

铜芯标称直径	最大外径	铜芯截面积	电流密度（A/mm²）						
			1.5	1.8	2	2.5	3	3.5	4
mm	mm	mm²	载流量（A）						
1.12	1.20	0.9852	1.478	1.773	1.970	2.463	2.956	3.448	3.941
1.16	1.24	1.057	1.586	1.903	2.114	2.643	3.171	3.70	4.228
1.20	1.28	1.131	1.697	2.036	2.262	2.828	3.393	3.959	4.524
1.25	1.33	1.227	1.841	2.209	2.454	3.068	3.681	4.295	4.908
1.30	1.38	1.327	1.991	2.389	2.654	3.318	3.981	4.645	5.308
1.35	1.43	1.431	2.147	2.576	2.862	3.578	4.293	5.010	5.724
1.40	1.48	1.539	2.309	2.770	3.078	3.848	4.617	5.387	6.156
1.45	1.53	1.651	2.477	2.972	3.302	4.128	4.954	5.779	6.604
1.50	1.58	1.767	2.651	3.181	3.534	4.418	5.301	6.185	7.068
1.56	1.64	1.911	2.867	3.440	3.822	4.778	5.733	6.689	7.644
1.62	1.71	2.061	3.092	3.710	4.122	5.153	6.183	7.214	8.244
1.68	1.77	2.217	3.326	3.991	4.434	5.543	6.651	7.760	8.868
1.74	1.83	2.378	3.657	4.280	4.756	5.945	7.134	8.323	9.512
1.81	1.90	2.573	3.860	4.631	5.146	6.433	7.719	9.006	10.292
1.88	1.97	2.776	4.164	4.997	5.552	6.94	8.328	9.716	11.104
1.95	2.04	2.987	4.481	5.377	5.974	7.468	8.961	10.453	11.946
2.02	2.12	3.205	4.808	5.769	6.41	8.013	9.615	11.217	12.82
2.10	2.20	3.464	5.196	6.235	6.928	8.66	10.392	12.124	13.854
2.26	2.36	4.012	6.018	7.222	8.024	10.03	12.036	14.040	16.046
2.44	2.54	4.676	7.014	8.417	9.352	11.69	14.028	16.366	18.704

表 5-14 美国线规（AWG）的数据表

AWG	绝缘外径尺寸（mm）		最大截面积（mm²）	电阻参考值（Ω/km）	电流密度（c.m./A）
	最小	最大			
4	5.232	5.359	22.544	0.8064	41740
5	4.674	4.750	17.712	1.0250	33090
6	4.166	4.242	14.126	1.2966	26240
7	3.708	3.785	11.246	1.6342	20820
8	3.302	3.378	8.9575	2.0607	16510
9	2.946	3.023	7.1737	2.6002	13090
10	2.642	2692	5.6888	3.2760	10380
11	2.357	2.408	4.5518	4.1372	8226
12	2.106	2.151	3.6388	5.2101	6529
13	1.882	1.923	2.9029	6.5651	5184

续表

AWG	绝缘外径尺寸（mm）		最大截面积（mm²）	电阻参考值（Ω/km）	电流密度（c.m./A）
	最小	最大			
14	1.694	1.732	2.4092	8.2810	4109
15	1.511	1.547	1.8787	10.437	3260
16	1.351	1.384	1.5036	13.189	2581
17	1.209	1.239	1.2051	16.582	2052
18	1.079	1.110	0.9672	20.952	1624
19	0.965	0.993	0.7740	26.398	1289
20	0.864	0.892	0.6246	33.236	1024
21	0.767	0.798	0.4999	41.897	812.3
22	0.688	0.714	0.4002	53.151	640.1
23	0.620	0.643	0.3245	66.602	510.8
24	0.554	0.577	0.2613	84.221	404.0
25	0.495	0.516	0.2090	106.20	320.4
26	0.442	0.462	0.1622	134.58	252.8
27	0.399	0.417	0.1365	168.77	201.6
28	0.358	0.373	0.1092	214.28	158.8
29	0.323	0.338	0.0897	266.44	127.7
30	0.287	0.302	0.0716	340.23	100.0
31	0.257	0.274	0.0589	429.47	79.21
32	0.231	0.249	0.0487	531.51	64.00
33	0.206	0.224	0.0467	674.88	50.41
34	0.183	0.198	0.0308	857.30	39.69
35	0.163	0.178	0.0249	1085.0	31.36
36	0.145	0.160	0.0201	1361.6	25.00
37	0.132	0.145	0.0165	1679.8	20.20
38	0.117	0.130	0.0133	2126.0	16.00
39	0.102	0.114	0.0102	2778.9	12.20
40	0.091	0.102	0.0081	3543.4	9.61
41	0.081	0.091	0.0065	4330.8	7.84
42	0.071	0.081	0.0052	5446.3	6.25

绕组导线的特性主要取决于导线绝缘层的特性，这些特性决定了其应用。导线绝缘层的特性包括绝缘层厚度、击穿电压、耐热性、附着力、耐溶剂性、机械强度等。高频变压器绕组导线主要有丝包、玻璃丝包圆铜线、丝包束线、三层绝缘线等。

第6章 开关电源二次侧电路的设计

本章主要介绍了开关电源二次侧常用的整流二极管和稳压二极管；输出滤波电容的计算和选择注意事项；磁珠及光电耦合器的工作原理和两种常用精密稳压器的性能及其典型应用。

6.1 输出整流二极管及稳压二极管

6.1.1 二极管的性能参数

输出整流一般都为高频整流，普通的 PN 结二极管恢复时间长、效率低，不适用，因此输出整流通常采用高频快速整流二极管，它具有开关速度快、导通电阻小、正向压降小，截止时反向漏电流小，反向恢复时间短等特点。

1. 二极管的高频等效电路

二极管工作在高频下时，必须考虑引线及器件寄生参数的影响，其等效电路如图 6-1 所示。图中的 VD 为理想二极管，L 代表封装引线电感，C_j 为结电容，R_P 为高阻值并联电阻，R_S 为引线电阻。

2. 二极管的性能参数

1）正向平均电流 I_F

正向平均电流 I_F 指二极管长时间连续工作时，在指定壳温和规定散热条件下允许通过的最大正向电流平均值。在此电流下，正向压降引起的损耗使结温升高，但不会超过允许温升。目前大功率整流二极管的 I_F 可达 1000A。

2）正向压降 U_{DF}

从关断到导通的过渡过程中，二极管有一个正向恢复过程，其持续时间称为正向恢复时间 t_{fr}。二极管的正向恢复过程如图 6-2 所示，当二极管承受的正向电压大于门槛电压时，正

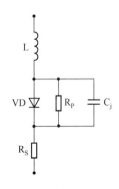

图 6-1 二极管的高频等效电路

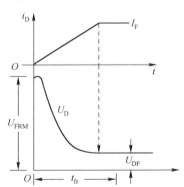

图 6-2 二极管的正向恢复过程

向电流 i_D 才开始明显增加,处于稳定的导通状态。与正向平均电流 I_F 对应的二极管上的两端电压即为正向压降 U_{DF}。

3) 反向漏电流

反向漏电流 I_R 指二极管未击穿时的反向电流,它决定了二极管处于关断状态时的损耗。反向漏电流一般很小,但在反向过渡过程中,反向漏电流的峰值 I_{RM} 较大,而且反向漏电流随结温上升而急剧增加。

4) 反向电压峰值

反向电压峰值(PIV)U_{BR} 也称反向击穿电压,指二极管在击穿之前可以承受的最大反向电压。

5) 反向重复峰值电压

反向重复峰值电压 U_{RRM} 指二极管所能重复施加的反向最高电压,一般取 $U_{RRM} = 80\% U_{BR}$。选用二极管时,一般以其在电路中可能承受的反向峰值电压的两倍来选择反向重复峰值电压。

6) 反向恢复时间

反向恢复时间 t_{rr} 是衡量高频整流及续流器件性能的重要技术指标。

二极管的反向恢复过程如图 6-3 所示,图中的 t_{rr} 为反向恢复时间,指从正向电流过零到电流反向并转换到其峰值的 10% 所用的时间。在二极管从导通到完全关断的过渡过程中,电流 i_D、电压 U_D 的变化曲线也如图中所示,其中 $t_1 \leq t \leq t_3$ 为二极管的反向恢复过程。

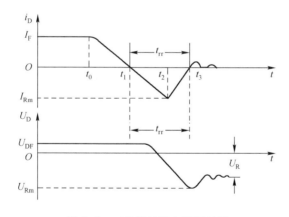

图 6-3 二极管的反向恢复过程

影响二极管反向恢复性能的主要参数是反向恢复电荷 Q_{rr},其大小等于电流 i_D 的曲线在反向恢复时间内与横轴时间轴包围的面积。其计算公式如下:

$$Q_{rr} = \int_0^{t_{rr}} i_D dt \approx t_{rr} \cdot I_{Rm}/2 \tag{6-1}$$

反向电流越大,二极管的反向恢复时间也越长。

一般地,二极管的最大反向电压(PIV)越高,则 t_{rr} 越长;而用减少存储电荷的方法降低 t_{rr},正向压降又要上升,因此普通(50Hz)整流二极管的正向压降 U_{DF} 总要小于高频(20~100kHz)整流二极管的正向压降。例如,200V 的普通 PN 结二极管的正向压降约为 1.2V,$t_{rr} = 50\mu s$;而 200V/30A 超快恢复二极管的正向压降约为 1.6V,$t_{rr} = 50ns$。

7) 导通损耗 P_F

整流二极管一周内导通损耗的平均值为

$$P_F = U_{DF} I_F t_{ON}/T \tag{6-2}$$

对于全桥、推挽、半桥式电路，$t_{ON}/T = \dfrac{\delta}{2}$，则有

$$P_F = U_{DF} I_F \delta/2 \tag{6-3}$$

正向压降 U_{DF} 影响二极管的导通损耗，从而影响到 PWM 变换器的效率，并且当输出电压较低时，如 5V 或 4V，甚至更低（小于 3V 时），U_{DF} 对变换器的效率有重要的影响。因为变换器的输出电压 U_O 越低，则 U_{DF}/U_O 越大，当 $I_F = I_O$ 时，P_F/P_O 也越大，电源的效率就低。例如，当输出电压 U_O 为 5V 时，如果整流二极管的正向压降 U_{DF} 为 1.2V，则开关电源的效率损失将超过 20%。

此外，输出电流越大，由正向压降引起的导通损耗也越大，如输出电流为 100A 时，导通损耗达到 120W，此时需要安装足够大的散热器，但这会增加开关电源的体积和质量。

因此，选择整流二极管时，应选用正向压降低的二极管，或者采用大电流器件降额使用、多只并联，从而减小正向压降，提高效率。

8) 关断损耗 P_{iD}

随着工作频率的提高，反向恢复时间在一个周期内所占的比例也随之增大，二极管的关断损耗也增大，因此，反向恢复时间在一定程度上限制了工作频率的提高。关断损耗可以由下面的公式近似计算：

$$P_{iD} = \frac{1}{2} I_{RM} U_R \frac{t_{rr}}{T} \tag{6-4}$$

式中，I_{RM} 为反向峰值电流；U_R 为稳态时施加的反向电压；t_{rr} 为反向恢复时间；T 为周期。

常用的开关电源的输出整流二极管应选择工作频率高、反向恢复时间短的二极管，如 RU 系列、EU 系列、V 系列、1SR 系列等，或者选择快恢复二极管，并且综合考虑以下几点：

（1）正向压降 U_{DF} 小，以减少导通损耗、提高效率，尤其是对于大电流、低电压输出的电源而言；

（2）反向恢复电流峰值 I_{RM} 小，反向恢复时间 t_{rr} 小；

（3）正向恢复电压 U_{RM} 小，尤其是对于 PIV 高的整流二极管及超快恢复二极管而言；

（4）反向漏电流 I_R 小，尤其是在电压和高结温的场合；

（5）整流二极管在工作中承受的最大反向峰值电压为 $U_{(BR)S}$，最大反向峰值电压为 U_{RM}，要求 $U_{RM} \geq 2U_{(BR)S}$；

（6）一般要求额定整流电流 $I_D \geq 3I_{OM}$（I_{OM} 为最大连续输出电流）。

6.1.2 快恢复及超快恢复二极管

在开关电源二次侧的输出整流电路中，一般选用反向恢复时间较短的整流二极管，常用的主要有快恢复二极管、超快恢复二极管、肖特基势垒二极管。

快恢复二极管和超快恢复二极管广泛用于 PWM 脉宽调制器、开关电源、不间断电源（UPS）等领域作为高频、大电流的整流二极管、续流二极管或阻塞二极管，是极有发展前

途的电力电子半导体器件,具有开关特性好、反向恢复时间短、耐压高、正向电流大、体积小、安装简便等优点。这两种整流二极管还减少了开关电压尖峰,而这种尖峰直接影响输出直流电压的波纹。

快恢复二极管(Fast Recovery Diode,FRD)是指反向恢复时间很短,一般小于5μs,迅速由导通状态过渡到关断状态的 PN 结整流管。它在制造工艺上采用掺金措施,在结构上有的采用 PN 结型结构,有的采用改进的 PIN 结构,可获得较高的开关速度和较低的正向压降。它从性能上可分为快恢复和超快恢复两个等级,前者的反向恢复时间为数百纳秒或更长,后者则在 100ns 以下,大大提高了电源的效率。

PIN 结构快恢复二极管与普通 PN 结二极管不同,它在 P 型硅材料与 N 型硅材料中间增加了基区 I,构成 P-I-N 硅片。由于基区很薄,反向恢复电荷很小,所以快恢复二极管的反向恢复时间较短。在同等容量下,PIN 结构快恢复二极管具有正向压降低,反向恢复时间短等优点。对于不同型号的快恢复二极管来说,耐压越高,电流越大,恢复时间就越长,导通压降就越大。快恢复二极管常用于开关频率不太高(20~50kHz)的输出整流电路中。

快恢复二极管的反向恢复时间一般为几百纳秒,正向电流是几安培至几千安培,反向峰值电压可达几百伏至几千伏。常用的小电流快恢复二极管的主要型号有 FR101~FR107(1A,50~1000V)、FR301~FR307(3A,50~1000V)等,可用于辅助开关电源的输出整流。在选择快恢复二极管时,其反向恢复时间应该约为开关晶体管上升时间的 1/3 或更小。

超快恢复二极管(Ultra-Fast Recovery Diode,UFRD)是在快恢复二极管基础上发展而成的,其反向恢复电荷进一步减小,反向恢复时间更短,t_{rr} 值可低至几十纳秒。UFRD 的优点是正向导通损耗小,结电容小,运行温度可较高,允许的结温在 175℃ 左右。UFRD 一般用于开关频率在 50kHz 以上的整流电路中。

型号为 1N6620~1N6631 的高电压超快恢复二极管(PIV≈1000V)的 t_{rr} 为 35 或 50ns,并且在高温下反向电流小、正向恢复电压低,适用于高电压输出(PIV 为 600V)的开关变换器;型号为 1N5802~1N5816、1N6304~1N6306 的 UFRD,其 PIV≤400V,可用于 24V 或 48V 输出(二极管的反向额定电压分别为 150V 和 400V)的开关变换器。

用在开关电源输出整流中的快恢复及超快恢复二极管,需要根据电路的最大输出功率来决定是否加装散热器。

20A 以下的快恢复二极管及超快恢复二极管大多采用 TO-220FP 封装;几十安以上的大功率快恢复、超快恢复二极管一般采用顶部带金属散热片的 TO-3P 金属壳封装;更大容量(几百安至几千安)的管子则采用螺栓型或平板型封装。从内部结构看,快恢复二极管及超快恢复二极管可分成单管、对管两种,对管内部包含两个快恢复或超快恢复二极管,根据两个二极管接法的不同,它们又有共阴对管、共阳对管之分,其内部结构如图 6-4 所示。常用的 8TQ080、MBR1045 等单管的恢复时间为 10ns,HFA15TB60、MUR30120、MUR8100

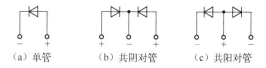

图 6-4 二极管的内部结构

等单管的恢复时间为35ns，MBR2060CT、025CTQ045、D83-004等双管的恢复时间为10ns，MUR1620P、HFA16TA600、B92M-02、DSE160-06等双管的恢复时间为35ns。

常用的小功率快恢复二极管有FR系列和PFR系列等，FR/PFR系列快恢复二极管的主要参数如表6-1所示。常用的中、大功率快恢复二极管有RC系列、MUR系列、CTL系列等，几种中、大功率快恢复二极管的主要参数如表6-2所示。

表6-1　FR/PFR系列快恢复二极管的主要参数

参数 型号	反向击穿电压（V）	最大正向压降（V）	正向工作电流（A）	反向漏电电流（μA）	反向恢复时间（μs）	峰值电流（A）
FR-100/PFR-100	25	≤1.8	1	≤10	≤0.85	30/25
FR-101/PFR-101	50	≤1.8	1	≤10	≤0.85	30/25
FR-102/PFR-102	100	≤1.8	1	≤10	≤0.85	30/25
FR-103/PFR-103	200	≤1.8	1	≤10	≤0.85	30/25
FR-104/PFR-104	400	≤1.8	1	≤10	≤0.85	30/25
FR-105/PFR-105	600	≤1.8	1	≤10	≤0.85	30/25
FR-106/PFR-106	800	≤1.8	1	≤10	≤0.85	30/25
FR-107/PFR-107	1000	≤1.8	1	≤10	≤0.85	30/25
FR-150/PFR-150	25	≤1.8	1.5	≤10	≤0.85	50
FR-151/PFR-151	50	≤1.8	1.5	≤10	≤0.85	50
FR-152/PFR-152	100	≤1.8	1.5	≤10	≤0.85	50
FR-153/PFR-153	200	≤1.8	1.5	≤10	≤0.85	50
FR-154/PFR-154	200	≤1.8	1.5	≤10	≤0.85	50
FR-155/PFR-155	400	≤1.8	1.5	≤10	≤0.85	50
FR-156/PFR-156	600	≤1.8	1.5	≤10	≤0.85	50
FR-157/PFR-157	800	≤1.8	1.5	≤10	≤0.85	50
FR-200	25	≤1.8	2	≤10	≤0.85	50
FR-201	50	≤1.8	2	≤10	≤0.85	50
FR-202	100	≤1.8	2	≤10	≤0.85	50
FR-203	200	≤1.8	2	≤10	≤0.85	50
FR-204	400	≤1.8	2	≤10	≤0.85	50
FR-205	600	≤1.8	2	≤10	≤0.85	50
FR-206	800	≤1.8	2	≤10	≤0.85	50
FR-207	1000	≤1.8	2	≤10	≤0.85	50
FR-300	25	≤1.8	3	≤10	≤0.85	50
FR-301	50	≤1.8	3	≤10	≤0.85	50
FR-302	100	≤1.8	3	≤10	≤0.85	50
FR-303	200	≤1.8	3	≤10	≤0.85	50
FR-304	400	≤1.8	3	≤10	≤0.85	50

续表

参数 型号	反向击穿电压（V）	最大正向压降（V）	正向工作电流（A）	反向漏电电流（μA）	反向恢复时间（μs）	峰值电流（A）
FR-305	600	≤1.8	3	≤10	≤0.85	50
SF31	50	0.95	3	5	35	DO-27 封装
SF32	100	0.95	3	5	35	DO-27 封装
SF33	150	0.95	3	5	35	DO-27 封装
SF34	200	0.95	3	5	35	DO-27 封装
SF35	300	1.25	3	5	35	DO-27 封装
SF36	400	1.25	3	5	35	DO-27 封装

表6-2 几种中、大功率快恢复二极管的主要参数

参数 型号	反向击穿电压（V）	平均整流电流（A）	峰值电流（A）	反向恢复时间（μs）	最大正向压降（V）	内部结构与封装形式
FC-503C-02	200	5	50	35	0.98	TO-220FP
FC-503D-02	200	5	50	35	0.98	TO-220FP
C20-04	400	5	70	0.4	—	单管 TO-220
C92-02	200	10	50	0.035	—	双管共阴 TO-220
MUR1680A	800	16	100	0.035	—	双管共阳 TO-220
MUR3040PT	400	30	300	0.035	—	双管共阴 TO-220
MUR30100	1000	30	400	0.035	—	双管共阳 TO-3P
CTL12S	200	5	—	0.05	0.98	TO-220
CTL22S	200	10	—	0.05	0.98	TO-220
CTL32S	200	20	—	0.05	0.98	TO-3P
5DL2C41	200	5	—	0.045	0.98	TO-220
10DL2C41	200	10	—	0.055	0.98	TO-220
20DL2C41	200	20	—	0.06	0.98	TO-3P

6.1.3 肖特基势垒二极管的选择

肖特基势垒二极管（Schottky Barrier Diode，SBD）简称肖特基二极管或肖特基管，是一种低压、低功耗、大电流、超高速半导体功率器件，具有开关频率高和正向压降低等优点，广泛应用于开关电源、变频器、驱动器等电路，作为高频、低压、大电流整流二极管、续流二极管、保护二极管使用。

肖特基二极管在结构原理上与 PN 结二极管有很大区别。普通 PN 结二极管是利用 P 型半导体与 N 型半导体接触形成的 PN 结具有单向导电性原理制作而成的，而肖特基二极管则是以贵金属金、银、铂、钼、镍、钛等为阳极，以 N 型半导体为阴极，利用两者的接触面上形成的势垒具有整流特性而制成的金属-半导体器件。因为 N 型半导体中存在着大量的电子，而金属中仅有极少量的自由电子，所以电子便从浓度高的 N 型半导体中向浓度低的金属中扩散。显然，金属中没有空穴，也就不存在空穴的扩散运动。随着电子的不断扩散，

N 型半导体表面的电子浓度逐渐降低，表面电中性被破坏，于是就形成势垒。在该电场作用之下，金属中的电子也会向 N 型半导体做漂移运动，从而消弱了由于扩散运动而形成的电场。当建立起一定宽度的空间电荷区后，电场引起的电子漂移运动和浓度不同引起的电子扩散运动达到相对的平衡，便形成了肖特基势垒。

典型肖特基二极管的内部结构如图 6-5 所示，它以 N 型半导体为基片，在上面形成用砷作为掺杂剂的 N^- 外延层。其阳极使用钼或铝等材料制成阻挡层，用二氧化硅来消除边缘区域的电场，提高管子的耐压值。N 型基片具有很小的通态电阻，其掺杂浓度较 N^- 外延层要高 100 倍。在 N 型基片下边与阴极金属之间形成 N^+ 阴极层，其作用是减小阴极的接触电阻。

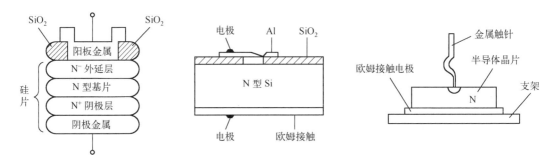

图 6-5 典型肖特基二极管的内部结构

通过调整结构参数，N 型基片和阳极金属之间便形成肖特基势垒。当在肖特基势垒两端加上正向偏压（阳极金属接电源正极，N 型基片接电源负极）时，肖特基势垒层变窄，其内阻变小；反之，若在肖特基势垒两端加上反向偏压时，肖特基势垒层则变宽，其内阻变大。

现有的大多数肖特基二极管都是采用硅半导体材料制成的，但 20 世纪 90 年代以来，也出现了采用砷化镓（GaAs）半导体材料制成的肖特基二极管。近年来，采用硅平面工艺制造的铝硅肖特基二极管也已问世，这不仅可节省贵金属，大幅度降低成本，还改善了参数的一致性。

肖特基二极管以多数载流子（电子）输送电荷，在势垒外侧无过剩少数载流子的积累，在开关时没有少数载流子的电荷存储效应和移动效应，因此其反向恢复时间 t_{rr} 甚短，开关特性得到了明显改善。

与普通硅二极管相比，肖特基二极管具有下列特点。

（1）反向恢复时间可缩短至 10ns 以内，而且与反向 di/dt 无关，使其在更高频率下工作。

（2）具有较低的正向导通压降，介于 PN 结二极管中的锗管与硅管之间，约为 0.3~0.8V，其典型值为 0.55V。而且随着结温的增加，其正向压降更低，导通损耗小，能提高开关电源的效率。

（3）整流电流为几千毫安到数百安，并且很容易通过并联扩大容量，即不需加均流电阻而可直接并联，也可两个配对并联后封装成组件。

（4）反向漏电流比较大，可达数十毫安；有一定的热损耗，更容易受热击穿，因此使用时需要提供瞬时过压保护及适当控制结温。

（5）反向击穿电压比较低，约为 40~50V，最高反向工作电压一般不超过 100V，因此它广泛应用于低电压、大电流电源中。当输出电压高于 30V 时，必须用耐压 100V 以上的超快恢复二极管来代替肖特基二极管。

中、小功率肖特基二极管大多采用 TO - 220 封装。其典型产品有 Motorola 公司生产的 MBR 系列肖特基二极管。常用的肖特基二极管的主要参数如表 6-3 所示。

表 6-3 常用的肖特基二极管的主要参数

产品型号	反向峰值电压 U_{RM}（V）	平均整流电流 I_d（A）	反向恢复时间 t_{rr}（ns）	生产厂家
UF5819	40	1	<10	GI
UF5822	40	3	<10	
MBR360	60	3	<10	Motorola
MBR650	50	6	<10	
MBR745	45	7.5	<10	
MBR1045	45	10	<10	
MBR1050	50	10	<10	
MBR1060	60	10	<10	
MBR1645	45	16	<10	
MBR3045	45	30	<10	
MBR3050	50	30	<10	
MBR20100	100	20	<10	
MBR30100	100	30	<10	
50SQ100	100	5	<10	

6.1.4 几种整流二极管的性能比较

上面几节所介绍的几种整流二极管（肖特基二极管、超快恢复二极管、快恢复二极管）的典型伏安特性如图 6-6 所示，从图中可以看出肖特基二极管的正向电压降 U_F 最小，即使在大的正向电流作用下，其正向电压降也很低，因此它能提供较高的效率。超快恢复和快恢复二极管具有适中的和较高的正向压降。几种典型功率二极管的主要参数如表 6-4 所示。

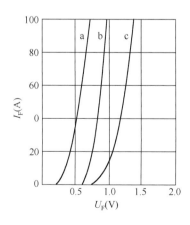

a—肖特基二极管；b—超快恢复二极管；c—快恢复二极管
图 6-6 典型伏安特性

表6-4 几种典型功率二极管的主要参数

参　　数	普通二极管	FRD	UFRD	Si – SBD	GaAs – SBD
U_{DF} (V)	1.2~1.4	1.2~1.4	0.9~1	0.4~0.6	1~1.5
t_{rr} (ns)	1000	200~750	25~100	10	5~10
PIV (V)	50~1000	50~1000	50~1000	15~100	150~350
可用频率	50Hz	20~100kHz	200kHz	1MHz	>1MHz
应用	输入整流	输出整流	输出整流 48V 或更高	输出整流 4~5V	输出整流 12~24V

以肖特基二极管16CMQ050、超快恢复二极管 MUR30100A、快恢复二极管 D25 – 02、高频硅整流管 PR3006 的参数为例，这四种二极管的性能比较如表6-5所示。

表6-5 四种二极管的性能比较

半导体整流二极管	典型产品型号	平均整流电流 I_d	正向导通电压 典型值 U_F (V)	正向导通电压 最大值 U_{FM} (V)	反向恢复时间	反向峰值电压
SBD	16CMQ050	160	0.4	0.8	<10	50
UFBD	MUR30100A	30	0.6	1.0	35	1000
FRD	D25 – 02	15	0.6	1.0	400	200
高频整流管	PR3006	3	0.6	1.2	400	800

6.1.5 稳压二极管的选择

稳压二极管也称齐纳二极管（Zener Diode）或反向击穿二极管，它是利用 PN 结反向击穿后，在一定反向电流范围内反向电压不随反向电流变化这一特点，由硅半导体材料采用合金法或扩散法制成的。它既具有普通二极管的单向导电特性，又可工作于反向击穿状态。当所加反向电压小于击穿电压时，和普通二极管一样，反向电流很小，稳压二极管截止；当所加反向电压达到击穿电压时，反向电流会突然急剧上升，稳压二极管反向击穿。其击穿后的特性曲线很陡。当流过稳压二极管的反向电流在很大范围内（从几毫安到几十毫安甚至上百毫安）变化时，稳压二极管两端的反向电压也能保持基本不变，起到稳压作用。稳压二极管的反向击穿是可逆的，只要去掉反向电压，稳压二极管就会恢复正常。但若反向击穿后电流太大，超过允许范围，稳压二极管就会发生热击穿而损坏。

稳压二极管根据其封装形式、电流容量、内部结构的不同可以分为多种类型。稳压二极管的封装形式有金属外壳封装、玻璃封装和塑料封装。塑封稳压二极管又分为引线型和表面封装两种类型。

稳压二极管的主要参数有以下几个。

（1）稳定电压 U_Z：指当流过稳压二极管的电流为某一规定值时，稳压二极管两端的压降。

（2）温度系数：当 U_Z 小于4V 时，U_Z 具有负温度系数，反向击穿是齐纳击穿；当 U_Z 大于7V 时，U_Z 具有正温度系数，反向击穿是雪崩击穿；而当 U_Z 的值在6V 左右时，其温度系数近似为零。目前，温度系数近似为零的稳压二极管是由两个稳压二极管反向串联制成的，利用两个稳压二极管处于正、反向工作状态时具有正、负不同的温度系数,可得到很好的温度补偿。

(3) 动态电阻 r_Z:稳压二极管两端电压的变化量与电流的变化量的比值,反映了稳压二极管的稳压特性。其值越小,稳压二极管的性能越好。

(4) 耗散功率 P_Z:反向电流通过稳压二极管的 PN 结时,要产生一定的功率损耗(即 P_Z),PN 结的温度也将升高。PN 结允许达到的工作温度决定耗散功率。小功率稳压二极管的 P_Z 为 100~1000mW,大功率稳压二极管的 P_Z 可达 50W。

(5) 稳定电流 I_Z:稳压二极管正常工作时的参考电流。稳压二极管工作于稳定电压时所需的最小反向电流为最小稳定电流 I_{Zmin},稳压二极管允许通过的最大反向电流为最大稳定电流 I_{Zmax}。由于在反向击穿时,反向电流不能小于 I_{Zmin},否则电压不稳;其值也不能大于 I_{Zmax},否则会烧坏管子,所以稳压二极管一般都要加限流电阻。

稳压二极管的用途很多,主要有:与电阻配合,具有稳定电压的作用;在稳压、稳流电源系统中一般用做基准电源,可以对漏极和源极进行钳位保护,加速开关管的导通;在开关电源中常用高压稳压二极管代替瞬态电压抑制器 TVS 对初级回路产生的尖峰电压进行钳位。

6.2 输出滤波电容的计算与选择

开关电源输出端的纹波电压是电源的一个重要电气性能指标,直接影响着电源后续负载工作的稳定性。因此,在开关电源的输出高频整流电路后需要并联滤波电容,以滤除高频开关电流纹波,降低输出纹波电压。

6.2.1 输出滤波电容的容量计算

输出滤波电容的选取,不仅与最大输出工作电流和开关频率有关,还取决于变换器的类型。输出滤波电容大多采用大容量电解电容,并且最好是其等效串联电阻低的电解电容。

实际的电解电容不是理想的纯电容,可以等效成电导 G(表示电容直流漏电流)和纯电容 C 并联,然后与等效串联电阻 R_c 及等效串联电感 L_c 相串联,如图 6-7 所示。一般,电导 G 是个很小的量,可忽略不计,则电解电容的等效电路可进一步简化成 L、R、C 串联的形式,如图 6-8 所示。

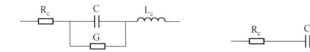

图 6-7 电解电容的等效电路　　图 6-8 电解电容的简化等效电路

实际电解电容的等效阻抗 Z_c 表示为

$$Z_c = R_c + j\left(\omega L - \frac{1}{\omega C}\right) \tag{6-5}$$

由式(6-5)可以看出,实际电解电容的阻抗随工作频率变化而变化。在低频段,电感的作用较小,容抗的作用大于等效串联电阻 R_c,阻抗呈容性;在高频段,电感的作用显著,阻抗呈感性;在中间区域,在一定频率范围内,容抗和感抗接近而呈现所谓"谐振区段",

其阻抗主要由 R_c 决定，呈电阻性。

滤波电解电容的等效串联电阻值（ESR）对电源输出电压纹波有直接的影响，这是因为等效串联电阻耗能，功率消耗在电容内部会产生热量。ESR 值过大，产生的热量也就大，对电容的使用寿命有直接的影响，因此输出滤波电容大多数选用低 ESR 值的电解电容。有关输出滤波电容容量的计算有许多种方法，一种是按允许的纹波电流 I_L 来确定电容的容量；另一种是按纹波电压的要求，以输出电容在开关管导通或截止期间，电容上充、放电电荷的变化量为依据来计算滤波电容的容量。输出滤波电容不仅容量要大，而且高频性能要好。这样，不但可减小输出端的纹波，而且负载变化时输出电压产生的瞬变值 ΔU_o 也会减小。根据 ΔU_o 变化的大小计算输出滤波电容的电容量可分为两种情况：一种是输出端的负载由空载变成满载；另一种是输出端的负载由满载变成空载。

下面对正激变换器开关电源进行瞬态分析。正激变换器输出电路如图 6-9 所示。

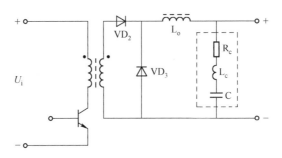

图 6-9　正激变换器输出电路

1）由空载变成满载

当负载突然变化引起输出电流由零变化到额定值时，即 $\Delta I_o = \Delta I_L$，输出电压 U_o 变化 ΔU_o，这时计算输出滤波电容容量，需要考虑电容的等效串联电阻 R_c。由于串联在输出端的滤波电感 L_o 的作用，电流不能突变，所以为了维持输出电压不变，必须由输出电容 C_o 上的放电电流的改变来补偿负载电流的变化。电容存在着等效串联电阻 R_c 和电容 C_o，因此在放电过程中会产生压降。当输出电流变化 ΔI_o 时，在电容等效电阻 R_c 上的电压变化为 $R_c \Delta I_o$，并且电容 C 的电压变化 $\frac{1}{C}\Delta I_o t$，引起输出电压变化 ΔU_o。当负载电流改变时，电容的等效电感 L_c 将力图使负载电流保持原来的值，由 L_c 引起的延迟取决于时间常数 $\tau = L_c/(R + \Delta R)$。对高频电容来说，由于等效串联电感 ESL 很小，所以 τ 一般很小，与负载变化所需的时间相比可忽略不计。因此，电容的 L_c 上引起的电压脉动可以忽略，则输出电压变为

$$\Delta U_o = \Delta I_o \left(R_c + \frac{t}{C} \right) \tag{6-6}$$

设 t_R 为恢复时间，则计算输出滤波电容容量的公式是

$$C \geqslant t_R / \left(\frac{\Delta U_o}{\Delta I_o} - R_c \right) \tag{6-7}$$

式中，$\Delta U_o / \Delta I_o$ 为电源的输出阻抗；R_c 为滤波电容的等效电阻；t_R 是滤波电感中电流变化恢复到额定电流所需的时间，若电感量越大，则 t_R 就越大，因此，一般情况下电感量不宜过大。

2) 由满载变成空载

当负载从满载突变到空载,即输出电流变化 $\Delta I_\text{o} = -\Delta I_\text{o}$ 时,由于滤波电感的作用,在滤波电感中储存的能量 $\frac{1}{2}L\Delta I_\text{L}$ 向电容充电,稳压电源输出产生过冲电压 U_P,满载时储存在电感中的能量将转变为电容储存的能量,计算公式如下:

$$\frac{1}{2}C(U_\text{omax}^2 - U_\text{o}^2) = \frac{1}{2}L\Delta I_\text{L}^2 \tag{6-8}$$

式中,U_omax 为输出电压上冲的最大幅度;I_L 为流过电感 L 的电流。

当负载电流为最大值 I_omax 时突然去掉负载,则滤波电容为

$$C = \frac{L\Delta I_\text{omax}^2}{U_\text{omax}^2 - U_\text{o}^2} \tag{6-9}$$

该式中的 C 是忽略了等效串联电阻 ESR 的理想电容,如果考虑到 ESR 时,电感中储存的能量向电容充电过程中会产生压降,则 U_omax 的值还要大些,因此计算出的 C 容量偏小,实际应选用大一些的电容。

C 应取上述两种近似解法中较大的电容值。

输出纹波电压的幅值和电感 L、电容 C 的乘积呈反比,增大 L 和增大 C 同样可以减小输出纹波。但是突然去掉负载时,输出电压的上冲幅度随电感 L 的增大而增大,随电容 C 的增大而减小,因此,应尽可能选用小的电感 L、增大电容 C。这样会使输出滤波器有一个较低的浪涌阻抗,当负载变化时开关电源的瞬态反应会十分灵敏,有理想的瞬态特性。

6.2.2 选用输出滤波电容的注意事项

输出滤波电容,由于开关电源瞬态特性的要求,目前多采用大容量铝电解电容。铝电解电容的主要优点是容量大,体积小。铝电解电容的电容量和体积之比大于其他电容。但由于铝电解电容的等效串联电阻较大,介质损耗随频率升高而增加,随温度降低而增加,并具有较大的串联电感,电容的充、放电过程会产生纹波电压,所以一般的铝电解电容属于低频电容,适合在工作频率为 25kHz 以下的场合使用。

工作于较高频率的开关电源,特别是反激式电源,由于电流中有尖峰存在,所以实际加在电容端的频率远高于其工作频率。随着频率的升高,在额定阻抗 $X_\text{c} = 1/(2\pi f c)$ 的情况下,相当于电容的容量逐步下降,因此在高频运用时需要选用其他类型的电容,如性能较好的高频铝电解电容或聚丙烯电容。

一般稳压电源专用的输出铝电解电容的耐温可达 105℃,谐振频率的上限约有数百 kHz,因此,对于工作在 20kHz 以内的滤波电解电容,图 6-8 中的 L_c 的作用可以忽略,可看成 R_c 和纯电容 C 相串联。当开关频率增加时,大多数电解电容都能确保工作频率达到 100kHz 时,仍然具有很低的等效串联电阻值。

为了减小等效串联电感 L_c 和电阻 R_c,最常用的还是采取两个或多于两个的小容量电解电容并联来等效一个大电容,其滤波性能可得到较大的改善。当多个电解电容并联使用时,电解电容的引线要尽可能地短,且计算总电容值时还得考虑电容中等效的 L、R、C 值。性能良好的聚丙烯电容有较低的等效电阻和低的损耗,将得到广泛应用,不过其体积较大。

在实际使用时，根据需要还可采用二级 LC 滤波，但是这样将会增加开关电源的体积和质量。

另外，在实际应用中，为了消除输出电压中频率较高的开关转换纹波分量，在滤波电容 C 的两端再并接一个容量范围在 $0.01 \sim 0.47 \mu F$ 的小电容，可减小输出噪声。

6.3 磁珠的选择

磁珠是目前应用发展很快的一种抗干扰器件，它具有价廉、方便、滤除高频噪声效果显著等优点。磁珠专用于抑制信号线、电源线上的高频噪声和尖峰干扰，还具有吸收静电脉冲的能力。通常噪声滤波器只能吸收已发生的噪声，属于被动抑制型，磁珠则不同，它能抑制开关噪声的产生，利用其电感量还可降低尖峰电流的上升率，因此它属于主动抑制型。磁珠可广泛用于高频开关电源、录像机、电子测量仪器，以及各种对噪声要求非常严格的电路中。

6.3.1 磁珠的性能特点

磁珠是近年来问世的一种超小型磁性元件，其主要原料为铁氧体或非晶合金磁性材料。磁珠有很高的电阻率和磁导率，等效于电感 L 和电阻 R 串联，该电阻值和电感值都随频率变化。当导线穿过这种铁氧体磁芯时，所构成的阻抗随着频率的升高而增加，但是在不同频率时其机理是完全不同的。

在低频段，R 很小，磁珠磁芯的磁导率较高，因此电感量较大，L 起主要作用（即此时磁珠的阻抗由电感的感抗构成），电磁干扰被反射而受到抑制，并且这时磁珠磁芯的损耗较小，整个器件是一个低损耗、高 Q 值的电感。这种电感容易造成谐振，因此在低频段，有时可能出现使用铁氧体磁珠后干扰增强的现象。

在高频段，随着频率升高，磁珠磁芯的磁导率降低，导致电感的电感量减小，感抗减小，但是这时磁芯的损耗增加，电阻成分增加，导致总的阻抗增加（即此时磁珠的阻抗由电阻构成）。当高频信号通过铁氧体时，电磁干扰被吸收并转换成热能的形式耗散掉。

磁珠比普通的电感有更好的高频滤波特性和阻抗特性，能在相当宽的频率范围内保持较高的阻抗，从而提高滤波效果，其有效频率范围为几兆赫兹到几百兆赫兹。

磁珠具有小型化和轻量化的特点，其闭合的磁路结构，极好的磁屏蔽效果，可以更好地消除信号的串扰。

普通滤波器是由无损耗的电抗元件构成的，在线路中的作用是将阻带频率反射回信号源，因此这类滤波器又叫反射滤波器。当反射滤波器与信号源阻抗不匹配时，就会有一部分能量被反射回信号源，造成干扰电平的增强。为解决这一弊病，可在滤波器的进线上使用铁氧体磁珠，利用磁珠对高频信号的涡流损耗，把高频成分转化为热损耗，对高频成分起吸收作用，因此磁珠滤波器有时也称为吸收滤波器。

不同的铁氧体磁珠，有不同的最佳抑制频率范围。通常磁导率越高，抑制的频率就越低。此外，铁氧体的体积越大，抑制效果越好。在体积一定时，长而细的形状比短而粗的形状的抑制效果好；内径越小，抑制效果也越好。但在有直流或交流偏流的情况下，还存在铁氧体饱和的问题。

磁珠应当安装在靠近干扰源的地方。对于输入/输出电路，它应尽量靠近屏蔽壳的进、出口处。

由磁珠构成的吸收滤波器，除了应选用高磁导率的材料外，还要注意应用场合。磁珠在线路中对高频成分所呈现的电阻大约是十欧至几百欧，因此在高阻抗电路中的作用并不明显，相反，在低阻抗电路（如功率分配、电源或射频电路）中使用它将非常有效。用同一种磁性材料制成的不同型号的磁珠具有类似的特性，在条件允许的情况下，其体积越大，阻抗越大。

铁氧体是磁性材料，会因通过电流过大而产生磁饱和，导磁率急剧下降。因此，大电流滤波应采用结构上专门设计的磁珠，还要注意采取散热措施。

磁珠的单位是欧姆，而不是亨利。磁珠的主要参数有交流阻抗［Z］@100MHz（Ω），这是按照它在某一频率产生的阻抗来标称的，一般以100MHz为标准，如60R@100MHz表示在100MHz频率时阻抗为60Ω；直流电阻，即直流电流流过磁珠时所呈现的电阻值；额定电流，即磁珠正常工作时的最大允许电流。

6.3.2 磁珠的选择方法

供单片开关电源使用的磁珠，其电感量一般为几微亨至几十微亨。磁珠的直流电阻非常小，一般为0.005~0.01Ω。磁珠分管状、贴片、排状等多种类型。管状磁珠的外形与塑封二极管相似，即其外形呈管状，但改用磁性材料封装，内穿一根导线而制成。常见的管状磁珠的外形尺寸有$\phi2.5\times3$（mm）、$\phi2.5\times8$（mm）、$\phi3\times5$（mm）、$\phi3.5\times7.6$（mm）等多种规格。管状磁珠具有3种常用形式：单孔珠、双孔珠和多孔珠，可满足不同需要。管状磁珠的几种典型产品的技术指标如表6-6所示，从干扰抑制效果上看，长单孔珠B62优于短单孔珠A62，多孔珠S62的效果最好，尤其在低频段，双孔珠R62次之。

表6-6 管状磁珠的几种典型产品的技术指标

型号	A	B	C	D	电阻值（Ω）		
					25MHz	50MHz	100MHz
HT-A62	3.50±0.2	63.00	6.00±0.3	0.65	50	60	90
HT-B62	3.50±0.2	63.00	9.00±0.3	0.65	70	80	120
HT--R62	3.50±0.2	76.00	7.50±0.3	0.57	100	110	130
HT-S62	6.00±0.2	3.50	10.00±0.4	0.57	540	710	510

注：线径为$\phi0.57$；S62为多孔珠；R62为双孔珠。

贴片磁珠分为通用型、尖峰型和大电流型（1~6A）。几种常用的通用型贴片磁珠的技术指标如表6-7所示。

表6-7 几种常用的通用型贴片磁珠的技术指标

型号	阻抗±25%（Ω）/100MHz	最大阻抗（Ω）	额定电流（mA）	L（mm）	W（mm）	T（mm）	D（mm）
CB G100505U260	26	0.15	300	1.0±0.15	0.5±0.15	0.5±0.15	0.25±0.10
CB G100505U310	31	0.20	300	1.0±0.15	0.5±0.15	0.5±0.15	0.25±0.10

续表

型　号	阻抗±25%（Ω）/100MHz	最大阻抗（Ω）	额定电流（mA）	L（mm）	W（mm）	T（mm）	D（mm）
CBG100505U360	36	0.20	300	1.0±0.15	0.5±0.15	0.5±0.15	0.25±0.10
CBG100505U600	60	0.35	200	1.0±0.15	0.5±0.15	0.5±0.15	0.25±0.10
CBG100505U101	100	0.40	200	1.0±0.15	0.5±0.15	0.5±0.15	0.25±0.10
CBG100505U121	120	0.50	150	1.0±0.15	0.5±0.15	0.5±0.15	0.25±0.10
CBG100505U151	150	0.55	150	1.0±0.15	0.5±0.15	0.5±0.15	0.25±0.10
CBG100505U201	200	0.60	150	1.0±0.15	0.5±0.15	0.5±0.15	0.25±0.10
CBG100505U301	300	0.80	100	1.0±0.15	0.5±0.15	0.5±0.15	0.25±0.10
CBG160808U150	15	0.05	1000	1.6±0.2	0.8±0.2	0.8±0.2	0.3±0.2
CBG160808U310	31	0.06	500	1.6±0.2	0.8±0.2	0.8±0.2	0.3±0.2
CBG160808U700	70	0.12	300	1.6±0.2	0.8±0.2	0.8±0.2	0.3±0.2
CBG160808U101	100	0.30	200	1.6±0.2	0.8±0.2	0.8±0.2	0.3±0.2
CBG160808U301	300	0.50	150	1.6±0.2	0.8±0.2	0.8±0.2	0.3±0.2
CBG160808U601	600	0.70	100	1.6±0.2	0.8±0.2	0.8±0.2	0.3±0.2
CBG201209U260	26	0.10	400	2.0±0.2	1.2±0.2	0.9±0.2	0.5±0.2
CBG201209U121	120	0.25	300	2.0±0.2	1.2±0.2	0.9±0.2	0.5±0.2
CBG201209U501	500	0.40	200	2.0±0.2	1.2±0.2	0.9±0.2	0.5±0.2
CBG201209U801	800	0.45	150	2.0±0.2	1.2±0.2	0.9±0.2	0.5±0.2
CBG201209U102	1000	0.45	100	2.0±0.2	1.2±0.2	0.9±0.2	0.5±0.2

另外，选择磁珠时需要注意磁珠的通流容量，一般需要降额80%处理；当其用在电源电路中时，需要考虑直流阻抗对压降的影响。

6.4　光电耦合器

对于开关电源，隔离技术和抗干扰技术是至关重要的。随着电子元器件的迅速发展，光电耦合器的线性度越来越高，是目前在开关电源中用得最多的隔离、抗干扰器件。

6.4.1　光电耦合器的工作原理

光电耦合器（optical coupler，OC）也称光电隔离器，简称光耦。光耦以光为媒介传输电信号，对输入、输出电信号有良好的隔离作用，是种类最多、用途最广的光电器件之一。由于光耦以光为媒介，电信号传输具有单向性，输出信号不会影响输入端，输入端与输出端完全实现了电气隔离，所以它具有良好的电绝缘能力和抗干扰能力。光耦工作稳定、无触点、使用寿命长、体积小、耐冲击、传输效率高，因此在各种电路中得到了广泛的应用。

光耦的种类非常多，其型号超过上千种，有多种分类方法。按输出形式不同，它可分为光敏二极管输出型、光敏三极管输出型、光电池输出型、光可控硅输出型、NPN三极管输出型、达林顿三极管输出型、逻辑门电路输出型、低导通输出型、光开关输出型和功率输出型等多种。

光耦的技术参数主要有发光二极管正向压降 U_F、正向电流 I_F、电流传输比 CTR、输入级与输出级之间的绝缘电阻、集电极 – 发射极反向击穿电压 $U_{(BR)CEO}$、集电极 – 发射极饱和压降 $U_{CE(sat)}$。它在用于传输数字信号时，还需考虑上升时间、下降时间、延迟时间和存储时间等。

电流传输比（Curremt-Trrasfer Ratio）是光耦的重要参数，通常用直流电流传输比来表示。电流传输比示意图如图 6-10 所示。它是当输出电压保持恒定时，直流输出电流 I_c 与直流输入电流 I_F 的百分比，即

$$\text{CTR} = \frac{I_c}{I_F} \times 100\% \tag{6-10}$$

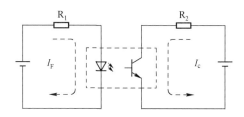

图 6-10　电流传输比示意图

6.4.2　线性光电耦合器

线性光电耦合器（以下简称线性光耦）是近年来问世的光电耦合器，能够传输连续变化的模拟电压或模拟电流信号，使其应用领域大为拓宽。

线性光耦的隔离原理与普通光耦没有差别，只是将普通光耦的单发单收模式稍加改变，增加一个光接收电路用于反馈而已。虽然两个光接收电路都是非线性的，但两个光接收电路的非线性特性相同，从而可以通过反馈通路的非线性来抵消直通通路的非线性，达到实现线性隔离的目的。

线性光耦与普通光耦的重要区别反映在电流传输比 CTR 上。普通光耦的电流传输特性曲线 CTR – I_F 呈非线性，当 I_F 较小时，非线性失真尤为严重，因此这类光耦适合于开关信号的传输，不适合传输模拟信号。由英国埃索柯姆（Isocom）公司、美国摩托罗拉公司生产的 4N×× 系列（如 4N25、4N26、4N35）光耦便属于非线性光耦。线性光耦的电流传输特性曲线 CTR – I_F 具有良好的线性度，特别是在传输小信号时，其交流电流传输比 $\Delta\text{CTR} = \Delta I_C / \Delta I_F$ 很接近于直流电流传输比的值。线性光耦的重要特性是输出与输入之间呈线性关系，因此它适合传输模拟电压或电流信号。在开关电源中，利用线性光耦的该特性可构成光耦反馈电路，实现输出电压的隔离，并通过调节控制端电流改变占空比，达到精密稳压的目的。常用的 4 脚线性光耦有 PC817A – C、PC111、TLP521 等，常用的 6 脚线性光耦有 LP632、TLP532、PC614、PC714、PS2031 等。

采用一个光敏三极管输出的光耦，其 CTR 的范围大多为 20% ~ 300%，如 4N35，而 PC817 则为 80% ~ 160%；达林顿型光耦，如 4N30，其 CTR 可达 100% ~ 5000%。这表明欲获得同样的输出电流，后者只需较小的输入电流。线性光耦的典型产品及其主要参数如表 6-8 所示。

表6-8 线性光耦的典型产品及其主要参数

产品型号	电流传输比 CTR（%）	反向击穿电压 $U_{(BR)CEO}$（V）	制造商	封装形式
PC816A	80~160	70	Sharp	DIP-4
PC817A	80~160	35	Sharp	DIP-4
SFH610A-2	63~125	70	Simens	DIP-4
SFH610A-3	100~200	70	Simens	DIP-4
NEC2501-H	80~160	40	NEC	DIP-4
CNY17-2	63~125	70	Motorola	DIP-6
CNY17-3	100~200	70	Simens、Toshiba	DIP-6
SFH600-1	63~125	70	Simens、Iscoom	DIP-6
SFH600-2	100~200	70	Simens、Iscoom	DIP-6
CNY75GA	63~125	90	Temic	DIP-6
CNY75GB	100~200	90	Temic	DIP-6
MOC8101	50~80	30	Motorola、Iscoom	DIP-6
MOC8102	73~117	30	Motorola、Iscoom	DIP-6
PC702V2	63~125	70	Sharp	DIP-6
PC702V3	100~200	70	Sharp	DIP-6
PC714V1	80~160	35	Sharp	DIP-6
PC110L1	50~125	35	Sharp	DIP-6
PC110L2	80~200	70	Sharp	DIP-6
PC112L2	80~200	60	Sharp	DIP-6
CN17-G2	63~125	35	Temic	DIP-6
CN17-G3	100~200	32	Temic	DIP-6

在开关电源中选用线性光耦时，除了遵循普通光耦的选取原则外，还必须合理选择CTR的值，一般其允许范围是50%~200%。当CTR<50%时，线性光耦中的LED就需要较大的工作电流（$I_F > 5.0 \mathrm{mA}$），这会增大线性光耦的功耗。若CTR>200%，则在启动电路或负载发生突变时，有可能将开关电源误触发，影响正常输出。除了CTR的值应合理选择外，还要求线性光耦的CTR值能够在一定范围内做线性调整，这样电源控制方便，输出稳定可靠。

6.5 可调式精密并联稳压器的选择

可调式精密并联稳压器是一种具有电流输出能力的可调基准电压源，其性能优良，价格低廉，可广泛应用于精密开关电源中，用来构成外部误差放大器。

6.5.1 TL431型可调式精密并联稳压器

1. 性能特点

TL431是由美国德州仪器（TI）和摩托罗拉（Mororola）公司生产的2.5~36V可调式

精密并联稳压器。其性能优良，价格低廉，具有较宽的工作电流范围；在动态阻抗为 0.22Ω 时，其电流为 1.0~100mA。TL431 可广泛用于单片精密开关电源或精密线性稳压电源中；在很多应用中可以用它来代替齐纳二极管。

TL431 属于三端可调式器件，其系列产品包括 TL431C、TL431AC、TL431I、TL431AI、TL431M、TL431Y，共 6 种型号，它们的内部结构相同，但技术指标略有差异。利用两个外接电阻可设定 TL431 的基准输出电压 U_{REF} 为 2.50~36V 范围内的任何值。其电压参考源精度为 ±0.4%，温度系数为 50ppm/℃，动态输出阻抗低（典型值为 0.22Ω），阴极工作电流 I_{AK} = 1.0~100mA，在整个额定工作范围内可进行温度补偿，具有低输出电压噪声。

TL431 大多采用 DIP-8 或 TO-92 封装形式，其电路符号和引脚排列分别如图 6-11 和图 6-12 所示。TL431 的 3 个引脚分别为阴极（CATHODE）、阳极（ANODE）和参考端（REF）。在图 6-11 中，A 为阳极，使用时需接地；K 为阴极，需经限流电阻接正电源；R 是输出电压 U_o 的设定端，外接电阻分压器。

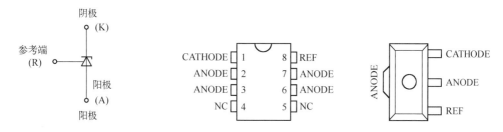

图 6-11　TL431 的电路符号　　　　图 6-12　TL431 的引脚排列

TL431 的等效电路如图 6-13 所示。U_{ref} 是一个内部的 2.5V 基准电压源，其准确值为 2.495V，接在运放的反相输入端，其同相输入端连接外部通过电阻分压器得到的取样电压。由运放的特性可知，只有当 REF 引脚（同相端）的电压 U_{REF} 非常接近 U_{ref}（2.5V）时，晶体管中才会有一个稳定的非饱和电流通过，而且随着 REF 引脚电压的微小变化，通过 NPN 型晶体管 VT 的电流将从 1mA 到 100mA 变化，起到调节负载电流的作用。图中的 VD 是保护二极管，可防止因 K、A 间电源极性反接而损坏芯片。

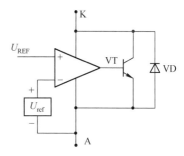

图 6-13　TL431 的等效电路

2. 典型应用

由 TL431 构成的分路稳压器如图 6-14 所示，通过电阻 R_1 和 R_2 对输出 U_{out} 分压后，反馈到 TL431 的 REF 引脚。由于 TL431 的内部有一个 2.5V 的基准电压，所以当 TL431 的电流在很宽的范围内变化时，控制输出电源，使它稳定。若 U_{out} 增大，则反馈电压 U_{REF} 增大，TL431 的分流也就增加，从而又导致 U_{out} 下降。由此可见，这个深度的负反馈电路必然在 U_{REF} 等于基准电压处稳定，此时有

$$U_{out} = \left(1 + \frac{R_1}{R_2}\right) U_{ref} \tag{6-11}$$

选择不同的 R_1 和 R_2 的值可以得到 2.5~36V 范围内的任意电压输出。特别地，当 $R_1 = R_2$ 时，$U_{out} = 5V$。R_3 是限流电阻，在选择时必须保证通过 TL431 阴极的电流大于 1mA 且小于 100mA，这样 TL431 才能正常工作。但要注意，当 U_{out} 和 U_+ 的压差很大时，R_3 的功耗将随之增加。

如果电流较大，则可以采用如图 6-15 所示的大电流稳压电路。

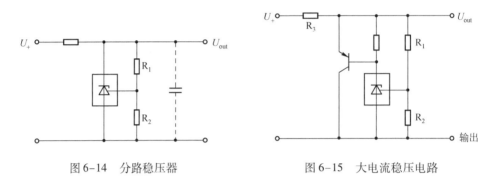

图 6-14　分路稳压器　　　　　图 6-15　大电流稳压电路

如图 6-16 所示为实用的 4W、5V 直流开关稳压电源电路。

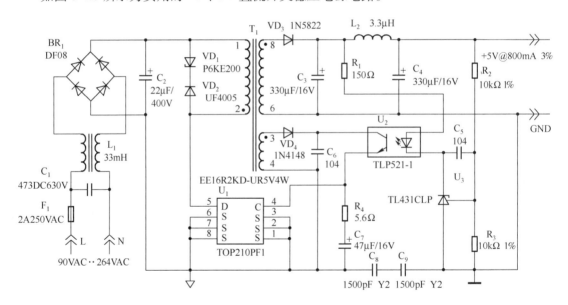

图 6-16　实用的 4W、5V 直流开关稳压电源电路图

图中的 C_1 和 L_1、C_8 和 C_9 构成 EMI 滤波器；BR_1 和 C_2 对输入交流电压进行整流滤波；VD_1 和 VD_2 用于消除因变压器漏感引起的尖峰电压；U_1 是一个内置 MOSFET 的电流模式 PWM 控制器芯片，接收电源输出端的电压信号（作为反馈信号），用于调整 PWM 的占空比，控制整个电路的工作；VD_3、C_3 构成次级整流滤波电路；L_2 和 C_4 构成低通滤波电路以降低输出纹波电压；R_2 和 R_3 是输出取样电阻，输出经过 R_2 和 R_3 两个 10kΩ 的电阻分压后，通过 TL431 的 REF 端来控制该器件从阴极到阳极的电流。这个电流又直接驱动光耦 U_2 发光，光耦感光得到的反馈电压用来调整电流模式的 PWM 控制器的开关时间，从而得到一个稳定的直流输出电压。当输出电压增加时，U_{ref} 随之增大，流过 TL431 的电流增大，于是光耦发

光加强,感光端得到的反馈电压也就越大。U_1 在反馈电压增加后将改变 MOSFET 的开关时间,使输出电压减小。达到平衡时 $U_{ref}=2.5V$,又因为 $R_2=R_3$,所以输出为稳定的 5V 直流电压。在开关电源中,每个元件的参数对整个电路工作状态的影响都会很大。按图中所示取值时,电路在 90VAC~264VAC(50/60Hz)输入范围内,输出为 +5V,精度为 ±3%,输出功率为 4W,最大输出电流可达 0.8A,典型变换效率为 70%。

6.5.2 NCP100 型可调式精密并联稳压器

1. 性能特点

NCP100 是美国安森美半导体(ON Semiconductor)公司生产的低压输出可调式并联精密稳压器,其输出电压范围为 0.9~6.0V,参考输出精度在 25℃ 时为 ±1.7%,在 -40~85℃ 范围内为 ±2.6%。NCP100 的电流工作范围较宽,为 80μA~20mA。当其工作电流在 100μA~20mA 范围内时,具有陡峭的低电流开启特性和 0.20Ω 的低动态输出阻抗。NCP100 在精确低电压源电路中可以替代齐纳二极管。它与光耦配合使用时,可以作为误差放大器,用在低电压(2.3V)输出的开关电源的控制反馈回路中。

NCP100 采用 TO-92 或者 TSOP-5 封装形式,其电路符号和引脚排列分别如图 6-17 和图 6-18 所示。图 6-18 中,A(Anode)为阳极,使用时接地;K(Cathode)为阴极,经限流电阻接正电源;R(Reference)为输出电压 U_o 的设定端,接外部电阻分压器;NC 为空脚。NCP100 内部的等效电路如图 6-19 所示。

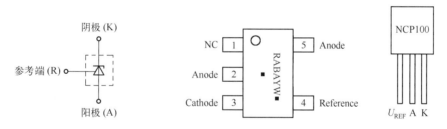

图 6-17 NCP100 的电路符号   图 6-18 NCP100 的引脚排列

NCP100 在 -40~85℃ 的工作温度范围内有一致的参考精度,其参考电压为 0.698V,适合应用于低电压领域,而不适用于传统的 1.25V 和 2.5V 的参考电压。

2. 典型应用

NCP100 的典型应用稳压电路如图 6-20 所示,通过外部精密电阻 R_1 和 R_2 可设定阴极电压。通常电阻 R_1 和 R_2 的精度为 ±1.0%,阴极电压可在 0.9~6.0V 调节。阴极电压(U_{KA})的计算公式如下:

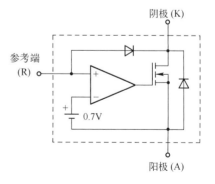

图 6-19 NCP100 内部的等效电路

$$U_{KA} = U_{ref}\left(1 + \frac{R_1}{R_2}\right) + I_{ref}R_1 \quad (6-12)$$

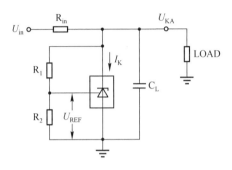

图 6-20　NCP100 的典型应用稳压电路

通常情况下，电压与电阻 R_1 和 R_2 的阻值的关系如表 6-9 所示，电阻精度为 ±1.0%。

表 6-9　电压与电阻 R_1 和 R_2 的阻值的关系

U_{KA} (V)	R_1 (kΩ)	R_2 (kΩ)
0.9	30	100
1.0	43.2	100
1.8	158	100
3.3	374	100
5.0	619	100
6.0	750	100

由于误差放大器采用 CMOS 技术，I_{ref} 很小，在大多数情况下可以忽略，故允许使用更大阻值的 R_1 和 R_2，这样仍然可以保持电流消耗处于非常低的水平。

在图 6-20 中，通常情况下，输入电阻 R_{in} 取 1.0kΩ。如果 U_{in}、R_1 和 R_2 的值可以确定，则 R_{in} 的阻值可用下面的公式计算：

$$R_{in} = \frac{U_{in} - U_{KA}}{I_K + I_L + \left(\dfrac{U_{KA}}{R_1 + R_2}\right)} \quad (6-13)$$

流过 R_{in} 的最大电流是阴极电流、电阻分压网络电流和负载电流的最大值之和。U_{in} 已知，U_{in} 与 U_{KA} 之差为常数，此电压差除以流过 R_{in} 的最大电流即可得到 R_{in} 的阻值。R_{in} 的最小功率通过下式计算：

$$P_{in} = I_{in}^2 R_{in} \quad (6-14)$$

这些值确定以后，必须验证 I_K 的最小值和最大值是否在 0.1～20mA 的工作范围内。

为了保持稳定，可以在 NCP100 的阴极和阳极之间并联一个输出电容。例如，如果 U_{KA} 为 1.0V，就要选择一个 3.0μF 或更大的负载电容，而负载电容的等效串联电阻 ESR 应该小于 4.0Ω。

NCP100 的另一个独特应用是可以配置成负动态阻抗。负动态阻抗电路如图 6-21 所示，该电路相当于在图 6-20 的阴极电路里附加一个小电阻 R_{comp}，其稳压输出与图 6-20 相同，

为 U_{KA}。

除了 R_{comp} 的影响外，该电路和图 6-20 所示的电路的工作方式是一样的。随着 I_K 的增加，R_{comp} 两端的电压也增加，即

$$U_{comp} = I_K R_{comp} \tag{6-15}$$

实际上，U_{comp} 只会使 NCP100 的输出电压 U_{KA} 轻微下降，这是因为 R_1 和 R_2 会极力使输出电压保持稳定。这一效果可以补偿 NCP100 固有的与阴极电流 I_K 相对应的正阻抗，使得可以出现 0Ω 甚至负的动态阻抗。

低压输出开关电源如图 6-22 所示。图中，NCP100 作为隔离输出电源变换器控制反馈回路的补偿放大器，调整的输出电压明显低于通常使用的 TL431 系列。输出电压由电阻 R_1 和 R_2 调节，直流最小稳压输出为 NCP100 允许的最小阴极 - 阳极电压 0.9V 和光耦的发光二极管的正向导通压降 1.4V 之和，即 $U_{omin} = U_{KA} + U_F = 1.4\text{ V} + 0.9\text{V} = 2.3\text{V}$。

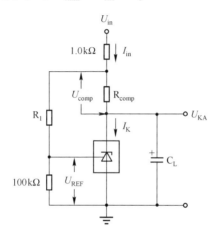

图 6-21 负动态阻抗电路

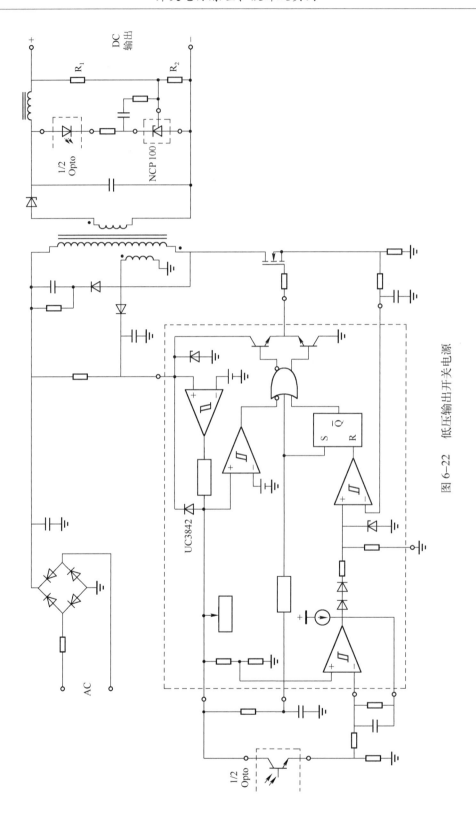

图 6-22 低压输出开关电源

第7章 开关电源的控制电路设计

脉冲宽度调制(PWM)开关稳压电源在控制电路输出频率不变的情况下,通过电压反馈调整其占空比来达到稳定输出电压的目的。PWM是目前应用在开关电源中最为广泛的一种控制方式,其特点是噪声小、满负载时效率高且能工作在连续导电模式。本章以自激振荡式控制电路、几种常用的PWM集成控制芯片TL494、SG3525、UC3842和单片开关电源集成芯片TOPSwitch-Ⅱ和TinySwitch-Ⅱ系列为例,重点介绍了PWM控制器的性能特点、引脚分布、工作原理等,并举例说明了其典型应用电路。

开关电源常用的控制方式有脉冲宽度调制(PWM)、脉冲频率调制(PFM)和混合调制三种。目前大多数开关电源都采用了PWM控制。在此类开关电源中,开关管总是周期性地通/断,PWM控制电路只是改变每个周期的脉冲宽度而已。随着半导体技术的高速发展,开关电源控制电路的集成化水平不断提高,外接电路越来越简单,生产日益简化,成本日益降低。生产控制芯片的厂家也日益增多,其种类也日益多样化。本章将介绍几种常用的PWM集成控制芯片的内部结构及其典型应用电路。

7.1 自激式PWM控制电路

7.1.1 工作原理

自激式PWM控制电路具有电路结构简单、使用元器件少、成本低等特点,广泛应用于50W以下的开关电源中。自激式PWM控制电路的工作原理如图7-1所示。

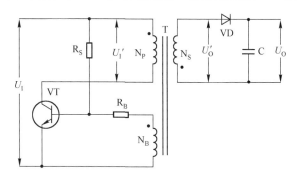

图7-1 自激式PWM控制电路的工作原理

输入电源U_1一路通过开关变压器T的初级绕组连接到开关晶体管VT的集电极,另一路通过启动电阻R_S加到VT的基极。

接通输入电源U_1后,通过启动电阻R_S的电流i_g(启动电流)流经VT的基极,VT导通,其集电极电流 I_P 必然由零开始逐渐增加。

在 VT 导通期间（t_{ON}），加在变压器初级绕组 N_P 两端的电压为 U_1'，同时，变压器 T 的反馈绕组 N_B 上感应出电压 U_B，该电压为正反馈电压，加到 VT 基极上并使其进一步加速导通，这时开关变压器 T 的初级绕组 N_P 两端的电压 $U_1' = U_I - U_{CE}$。T 的次级绕组 N_S 上感应的电压 $(N_S/N_P)U_1'$ 对于整流二极管 VD 来说为反向电压，因此，次级绕组中无电流。初级绕组的电流为变压器的励磁电流，设初级绕组的电感为 L_P、导通时间为 t，则该励磁电流为 $U_I t/L_P$，并随时间成比例增大。VT 的电流增大，若其基极电流不能使其保持饱和状态，则 VT 脱离饱和而 U_{CE} 随之增大。由于 U_{CE} 增加，所以变压器初级绕组的电压下降，基极电压 U_B 随之下降，U_{CE} 进一步增加。由于正反馈作用，导致开关晶体管迅速截止。

VT 从导通到截止瞬间，磁场的大小和方向都不变，保持安匝数相同，因此变压器次级绕组的感应电压为上正下负，二极管 VD 导通。这时，若输出电压为 U_O，整流二极管的压降为 U_D，则变压器次级绕组电压 $U_O' = U_O - U_D$。若次级绕组的电感为 L_S，则流经二极管 VD 的电流 I_D 的波形如图 7-2 所示。电流 I_D 的下降速率为 U_O'/L_S，变压器初级绕组存储的能量耦合到次级绕组，供给输出端负载。经过某一时间 t_{OFF} 后，若变压器初级绕组中储存的能量都转移到输出侧，则二极管 VD 截止，变压器各绕组的电压瞬间为零。但启动绕组 R_s 中的部分电流为 VT 的基极电流，VT 重新导通，有集电极电流流过，并构成正反馈，VT 再次迅速导通，进入下一个工作周期，电路就持续工作在自激振荡状态。

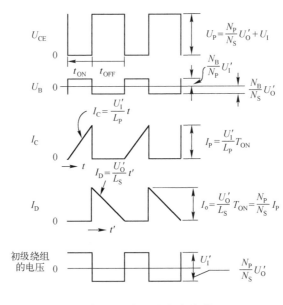

图 7-2 电压和电流波形

在 VT 导通期间（t_{ON}），变压器 T 的初级绕组从输入侧蓄积能量；在 VT 截止期间（t_{OFF}），变压器 T 蓄积的能量通过次级绕组释放供给输出负载，此时初级绕组处于无电流流通的间歇工作方式。

在 t_{ON} 期间，VT 导通，其集电极电流为 I_P，变压器初级绕组电感为 L_P，输出二极管 VD 中无电流，在变压器次级侧电容 C 放电，供给负载输出电流。在此期间，变压器 T 中蓄积

的能量为 $E = \frac{1}{2}L_P I_P^2$。

在 t_{OFF} 期间,初级绕组侧无电流,t_{ON} 期间变压器 T 中蓄积的能量通过次级绕组 L_S 释放。

从 t_{ON} 转换到 t_{OFF} 瞬间,初次级绕组安匝数相等,因此,若变压器初级侧的能量全部传递给次级侧,则有

$$N_P \times I_P = N_S \times I_S \tag{7-1}$$

$$I_S = \frac{N_P}{N_S} I_P \tag{7-2}$$

式中,N_S 为次级绕组匝数;I_S 为绕组电流。

匝数比 n 为

$$n = \frac{N_S}{N_P} \tag{7-3}$$

电感 L_S 与 L_P 之比与绕组匝数的平方呈正比,即

$$\frac{L_S}{L_P} = \left(\frac{N_S}{N_P}\right)^2 = n^2 \tag{7-4}$$

若振荡频率为 f,则每秒提供的功率 $P = Ef$。设变压器效率为 η,输出电压和电流分别为 U_O 和 I_O,则输出功率 P_O 为

$$P_O = U_O \times I_O = \frac{1}{2} \times L_P \times I_P^2 \times \eta \times f \tag{7-5}$$

7.1.2 典型应用

20W 15V 和 5V 两路输出的自激式开关电源电路如图 7-3 所示。该电路的输入为 220V 交流电源,通过 R_1 经 C_1、L_1 低通滤波后加到整流桥 $VD_1 \sim VD_4$ 上。图中,FU 为熔丝管,具有过流保护的作用;R_V 为压敏电阻。整流后的脉动直流由 C_2 滤波,得到 310V 左右的直流电压加到变压器 TR 的初级绕组 N_P 上。

当 VT_1 截止时,正电压经 R_{15} 和 VT_1 的基极向 C_4 充电。当充电电压达到 0.8V 后,VT_1 导通,于是 C_4 通过 VT_1 的发射极和电阻 R_5 放电,使 VT_1 的发射极电位升高,基极电压 U_b 下降。当 U_b 低于 0.3V 后,VT_1 截止,正电压又通过 R_{15} 向 C_4 充电。在 VT_1 导通期间,直流电压通过变压器初级绕组向 VT_1 供电,N_P 在开关晶体管的作用下不停地向变压器 TR 的次级绕组传递能量。同样,次级绕组在初级绕组的作用下发生振荡,产生一个高频电压并经次级二极管整流、电容电感滤波后,产生不同电压等级的直流电。该直流电的电压高低和电流大小与次级绕组的匝数和整流二极管的平均整流电流 I_d 有关。当然,次级绕组的线径对此也有很大影响。在图 7-3 中,R_{12}、C_5、VD_5 是第一级网络吸收回路,吸收来自电网的尖峰电压和浪涌电压,以保护功率开关晶体管 VT_1。VD_{Z1}、VD_6 是第二级网络吸收回路,吸收高频变压器 TR 的次级反峰-峰值电压及初级漏感电压。这两种电压的峰值高,波形陡峭,能量大。因为自激振荡变换属于反向激励变换电路,在 VT_1 截止期间,磁通恢复慢,剩磁比其他形式的变换器严重,所以磁芯容易产生磁饱和。利用 R_{12}、C_5、VD_5 吸收电路可以减少 VT_1 的截止时间,实现快速翻转。R_6、VD_7 也可以用同样的目的加到 VT_1 的基极,加速其导通。C_3、R_3

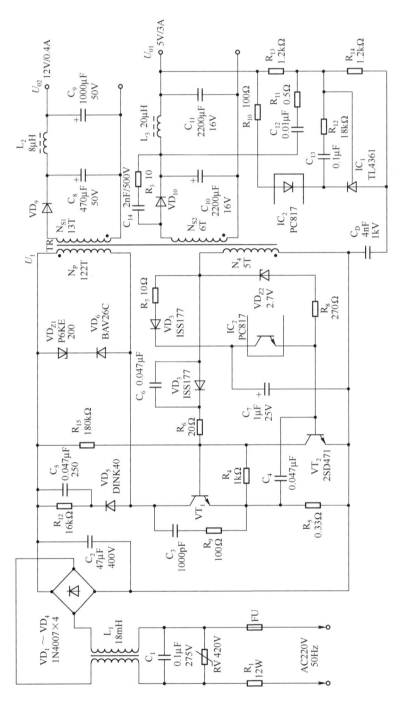

图 7-3 20W 15V 和 5V 两路输出的自激式开关电源

是 RC 阻尼电路，在 VT₁ 关断时吸收网络余能，抑制 VT₁ 集电极与发射极之间的浪涌电压，以保护 VT₁。光电耦合器 PC817 与 VT₂ 组成主 VT₁ 的控制电路。若输出电压有变化，则通过光电耦合器隔离、VT₂ 放大后加到 VT₁ 的基极，以推动高频变压器的能量传输。R_5 是 VT₁ 的电压负反馈电阻，起着过流、过压检测保护的作用。当变压器次级绕组的 12V 输出电压增大时，变压器初级绕组 N_P 的电流也增大，流经 VT₁ 集电极的电流增大，也使 VT₁ 的发射极在 R_5 上的压降 U_e 上升。当 U_e 上升到 0.6V 后（1.81A），VT₁ 截止，驱动脉冲闭锁，实施了过流保护。另外，由于负载减轻，输出电流减小，12V 电压升高，所以使得变压器 TR 的检测绕组 N_4 的电压 U_{N4} 也上升。当 U_{N4} 超过 5V 后，稳压二极管 VD_{Z2} 处于反向截止状态，失去稳压作用，立即使 VT₂ 的基极电压升至 3.5V 以上，VT₁ 也马上截止，这是过压保护的作用。

7.2 TL494 型 PWM 控制电路

7.2.1 工作原理

TL494 最早是由美国德州仪器公司（Texas Instruments Incorporated）生产的，现在已经取得了广泛应用。现在，市场上销售的 TL494 既有国外产品，也有国内产品。生产厂家不同，TL494 器件的型号也有所差异，但基本功能相同。

TL494 是典型的脉宽调制型开关电源控制器，广泛应用于单端正激双管式、半桥式、全桥式开关电源。其主要特性如下：

（1）具有功能完善的脉宽调制控制电路；
（2）内置线性锯齿波振荡器，通过外接电阻和电容可调频率，最高工作频率为 300kHz；
（3）内置误差放大器；
（4）内置 5V 精密基准电压；
（5）可调整死区时间；
（6）内置输出级晶体管，可提供最大 500mA 的驱动能力；
（7）具有推挽/单端两种输出方式。

TL494 采用 DIP-16 和 SOP-16 两种不同的封装形式。TL494 的引脚排列如图 7-4 所示。

TL494 内部集成了误差放大器、可调频率振荡器、死区时间控制比较器、脉冲同步触发器、基准电压源及输出控制电路等。TL494 内部的逻辑电路如图 7-5 所示。

TL494 是固定频率的脉冲宽度调制电路，内置了控制开关电源所需的主要模块。其中内置的线性锯齿波振荡器的振荡频率可以通过引脚 6 外接的定时电阻 R_T 和引脚 5 外接的定时电容 C_T 进行调节。R_T 通常取 5~100kΩ，C_T 通常取 0.001~0.1μF，其振荡频率的近似计算公式如下：

$$f_{osc} = \frac{1.1}{R_T \cdot C_T} \tag{7-6}$$

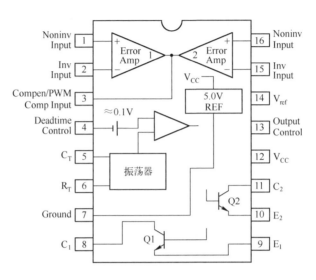

图 7-4　TL494 的引脚排列

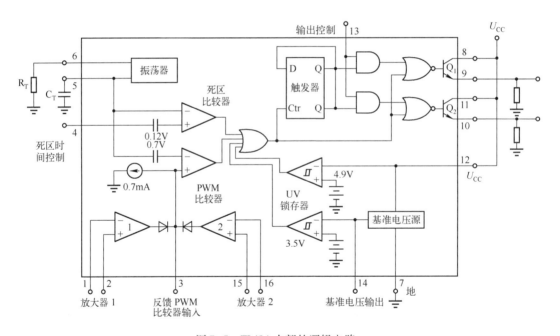

图 7-5　TL494 内部的逻辑电路

电容 C_T 上的正向锯齿波信号分别加到死区比较器和 PWM 比较器的反相输入端,与另外两个控制信号进行比较,可实现脉冲宽度调制。脉冲宽度调制信号加到门电路的输入端,经触发器分频,由门电路驱动两个输出晶体管 Q_1 和 Q_2 交替导通和截止,通过引脚 8 和引脚 11 向外输出相位相差 180° 的脉宽调制控制脉冲。Q_1 和 Q_2 受控于或非门,即只有在锯齿波电压大于引脚 3 和引脚 4 上的输入控制信号时才会被选通。当控制信号幅值增加时,输出脉冲的宽度将减小。TL494 的脉冲控制波形如图 7-6 所示。

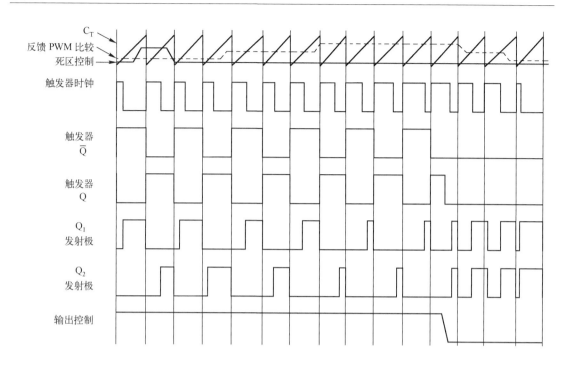

图 7-6　TL494 的脉冲控制波形

死区时间控制引脚 4 的输入信号叠加 120mV 的输入偏置电压后，送入死区比较器的同相输入端，与锯齿波相比较。120mV 的输入偏置电压限制了最小输出死区时间约占锯齿波周期的 4%，这就意味着当输出控制端引脚 13 接地时，输出的占空比最大只能达到 96%；而当它接基准电压时，即工作在推挽模式下，占空比为 48%。当在死区时间控制引脚 4 输入 0～3.3V 之间的固定电压时，就能调节输出脉冲上附加的死区时间了。

当反馈 PWM 比较器输入引脚 3 上的电压从 0.5V 上升到 3.5V 时，输出的脉冲宽度由死区时间输入端确定的最大百分比下降到零。两个误差放大器 1 和 2 的开环增益为 95dB，具有的共模输入范围为 -0.3V～(U_{CC} -2.0V)，可用来检测电源的输出电压和电流。两个误差放大器的输出经二极管隔离，因此输出端均是高电平有效，加到 PWM 比较器的同相输入端。

当定时电容 C_T 放电时，死区比较器输出正脉冲，其上升沿使触发器动作并锁存，同时正脉冲加到或非门的输入端，使 Q_1 和 Q_2 截止。

TL494 有两种输出方式，若输出控制端连接到基准电压源，则触发器输出的调制脉冲使两个输出晶体管轮流导通和截止，TL494 工作在推挽模式下，晶体管输出的方波频率等于锯齿波振荡器频率的一半；如果要求驱动电流不大且最大占空比小于 50%，TL494 可工作于单端模式。在单端工作模式下，当需要较大的驱动电流输出时，可以将两个输出晶体管并联使用，这时，需将输出控制端引脚 13 接地，此时触发器信号被封锁，驱动电流增加 1 倍，集电极最大输出电流可达 500mA，输出信号的频率等于锯齿波振荡器的频率。TL494 单端输出和推挽式输出的连接电路如图 7-7 所示。

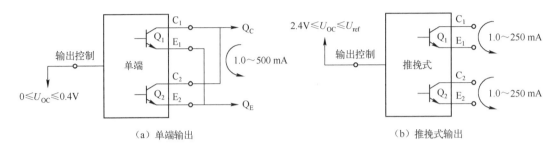

图 7-7 TL494 单端输出和推挽式输出的连接电路

TL494 内置 5.0V 的基准电压源，能够为外部偏置电路提供最大 10mA 的拉电流。在 0 ~ 70℃温度范围内，该基准电压源的精度为 ±5%，温漂小于 50mV。TL494 的设计特点灵活多样，死区时间控制严密可靠，因此它既适合应用于 200 ~ 500W 中小功率的单端正激双管式变换器开关电源中，也能用于 800 ~ 1500W 中大功率的半桥式和全桥式变换器开关电源中。TL494 的典型电气参数如表 7-1 所示。

表 7-1 TL494 的典型电气参数

TL494 的电气参数			
参　数	符　号	最　大　值	单　位
工作电压	U_{cc}	42	V
集电极输出电压	U_{c1}，U_{c2}	42	V
集电极输出电流	I_{c1}，I_{c2}	500	mA
放大器输入电压范围	U_{IR}	-0.3 ~ +42	V
功耗	P_D	1000	mW
热阻	$R_{\theta JA}$	80	℃/W
工作结温	T_J	125	℃

7.2.2 典型应用

TL494 控制的推挽式输出小功率开关稳压电源如图 7-8 所示，其效率大约为 72%。该变换器工作在推挽模式下，其输出控制端引脚 13 接高电平，与基准电压源输出引脚 14 相连。电源的输出电压通过并联在输出端的 22kΩ 和 4.7kΩ 的两个电阻分压后反馈到 TL494 内部误差放大器 1 的同相输入端引脚 1 上，其反相输入端引脚 2 通过 4.7kΩ 电阻与 TL494 内部基准电源的输出端引脚 14 相连接。在反馈引脚 3 与引脚 2 之间接入 RC 反馈网络，构成调节器。引脚 15 和引脚 3 之间的 0.01μF 电容用于加大误差放大器 2 的高频负反馈，降低其高频增益及抑制高频寄生振荡。死区时间控制端引脚 4 通过 10kΩ 电阻接地，并且与引脚 14 之间通过 10μF 电容相连，电阻和电容构成软启动电路。当系统上电时，由于电容的两端电压不能突变，所以引脚 14 输出的 5V 基准电压全部加在软启动电阻上，使死区控制引脚 4 处于高电平，死区时间比较器的输出也为高电平，输出级截止，变换器不工作，两个 Tip32 管截止，开关电源无输出。随着软启动电容逐渐充电，电容两端的电压逐渐升高，软启动电阻两端的电压逐渐降低，输出晶体管逐渐开通，两个 Tip32 管开始工作。在变换器正常工作过程中，软启动电阻两端的电压近似为零。

第7章 开关电源的控制电路设计

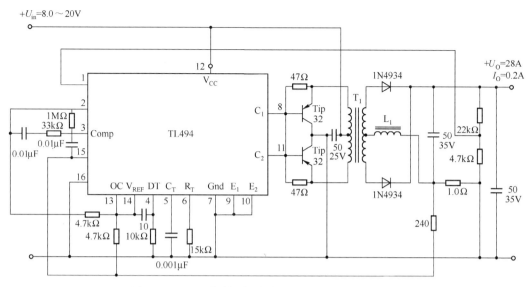

图 7-8 TL494 控制的推挽式输出小功率开关稳压电源

采用 TL494 构成的单端输出式降压稳压电源电路如图 7-9 所示，采用单端输出模式，其效率大约为 71%。在单端输出模式下，其输出控制端引脚 13 接地。引脚 5 上外接 0.001μF 电容，引脚 6 上外接 47Ω 电阻，该电容与电阻共同决定了电源的工作频率。误差放大器 1 的同相输入端引脚 1 通过 5.1kΩ 电阻与输出端相连接，反相输入端引脚 2 通过 5.1kΩ 电阻与片内基准电源的输出端引脚 14 相连接，因此输出电压 $U_O = U_{REF} = 5V$。由于采用了外接 PNP 功率晶体管 Tip32A，所以输出电流可达 1A。当输出电压 U_O 高于基准电压 $U_{REF} = 5V$ 时，误差放大器 1 的输出增加，产生的 PWM 脉冲的占空比下降，TL494 内部的输出晶体管 VT_1 和 VT_2 的导通时间变短，使输出电压 U_O 下降，保持输出电压稳定，反之亦然。

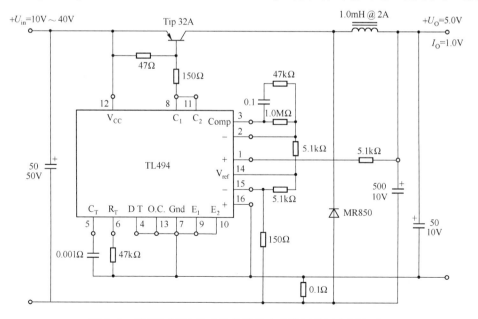

图 7-9 采用 TL494 构成的单端输出式降压稳压电源电路

TL494 的典型应用实例如图 7-10 所示。在这个电路中，充分利用了 TL494 内部的两个放大器与基准电压，其中误差放大器 A_1 用做恒流过流保护放大器，误差放大器 A_2 用做恒压电路反馈放大器。然而，TL494 本身需要辅助电源，因此需要将市电或逆变器的输出电压经辅助电源变压器 TR_2 变压后，再经整流管整流、电容滤波为平滑直流，然后作为辅助电源连接到 TL494 的引脚 12 上。若变压器 TR_2 的输出电压经整流后的直流最大电压低于电源输出电压，电源启动工作后，电流经二极管 VD 给 TL494 供电，因此，将变压器 TR_2 设计为短时间承受额定功率即可。如果输出电压较低，可将二极管 VD 接到变压器 TR_1 的适当位置，如图中虚线所示，保持 TL494 有适当电压。变压器 TR_2 是高频变压器，由自激式直流-交流逆变器驱动。

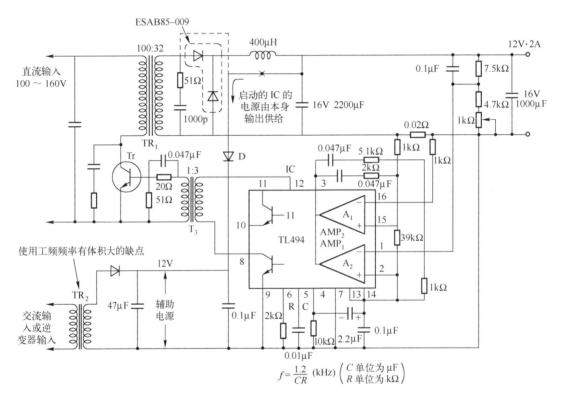

图 7-10 TL494 的典型应用实例

7.3 SG3525 型 PWM 控制电路

随着电力电子技术的发展，各种大功率全控型器件相继推出，其中功率 MOSFET 发展非常迅速。功率 MOSFET 有驱动功率低，频响特性好，快速动作，无二次击穿等优点，使得开关电源的工作频率轻而易举地从几十千赫兹上升到几百千赫兹。为此，美国硅通用半导体（Silicon General）公司推出了第二代适用于驱动功率 MOSFET 的脉宽调制控制器 SG3525，用来驱动 N 沟道功率 MOSFET。

7.3.1 工作原理

SG3525 是一种性能优良、功能齐全和通用性强的集成 PWM 控制芯片,它简单可靠,所需外围器件较少,使用方便灵活,采用推挽式输出形式,增加了驱动能力。SG3525 是在 SG3524 的基础上改进而来的。作为 SG3524 的增强版本,它克服了 SG3524 的不足,并具有以下特点:

(1) 工作电压范围宽,为 8~35V;
(2) 内置 5.1V (±1.0%) 微调基准电压源;
(3) 振荡器工作频率范围宽,为 100Hz~400kHz;
(4) 具有振荡器外部同步功能;
(5) 死区时间可调;
(6) 内置软启动电路;
(7) 具有输入欠电压锁定功能;
(8) 具有 PWM 锁存功能,禁止多脉冲;
(9) 逐个脉冲关断;
(10) 双路输出 (灌电流/拉电流),为 ±400mA (峰值)。

SG3525 大多采用 DIP-16 和 SOP-16 封装。SG3525 的引脚排列如图 7-11 所示。

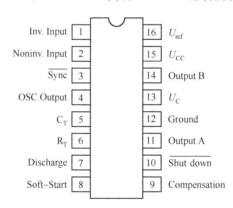

图 7-11 SG3525 的引脚排列

SG3525 由基准电压源、振荡器、误差放大器、PWM 比较器与锁存器、欠压锁定电路、软启动电路、输出驱动级等电路组成。SG3525 的内部结构如图 7-12 所示。

SG3525 的引脚 15 连接供电电源 U_{CC},作为内部逻辑和模拟电路的工作电源。U_{CC} 送到欠电压锁定电路,具有输入欠电压锁定功能,同时提供给内部基准电压稳压器,产生稳定的基准电源。SG3525 内置 5.1V 精密基准电源,该基准电压源采用三端稳压电路,工作电压范围宽。其输入电压 U_{CC} 可在 8~35V 范围内变化,通常采用 +15V;其输出电压 U_{ST} = 5.1V,精度为 ±1.0%,具有温度补偿功能。由于基准电压在误差放大器的共模输入范围内,所以无须外接分压电阻。基准电压源提供芯片内部工作电路的电源,也可从基准电压端引脚 16 向外输出 50mA 的电流。

SG3525 中设置了欠压锁定电路。在欠压状态下,即 U_{CC} < 8V 时,它可有效地使输出保持关断状态。当 U_{CC} > 2.5V 时,欠压锁定电路即开始工作,直至 U_{CC} = 8V。在 U_{CC} 达到 8V

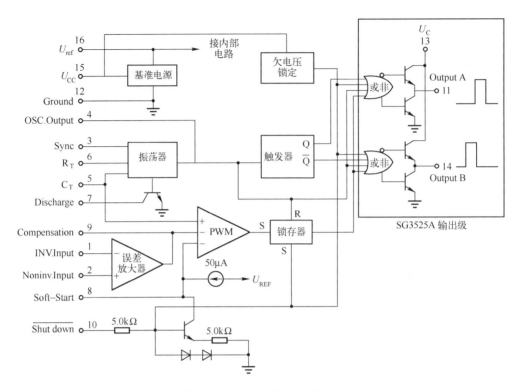

图 7-12 SG3525 的内部结构

之前,芯片内部各部分都已建立了正常的工作状态,而当 U_{CC} 从 8V 降至 7.5V 时,欠压锁定电路则又开始恢复工作,控制器内部电路锁定,除基准电源和一些必要电路之外,其他部分停止工作,此时控制器消耗的电流极小,降至约 2mA。

振荡器的工作频率范围宽(为 100Hz~400kHz),死区时间可调,并且具有外部同步功能。振荡电路从基准电压源取得双门限电压,其高门限电压 $U_H = 9.3V$,低门限电压 $U_L = 0.9V$。在 SG3525 中,除了定时电容 C_T 引脚 5 和定时电阻 R_T 引脚 6 外,又增加了一个同步端引脚 3 和一个放电端引脚 7。C_T 的取值范围为 0.001~0.1μF,R_T 的取值范围为 2~150kΩ。引脚 5 和引脚 7 之间外接电阻 R_D,其取值范围为 0~500Ω。内部恒流源通过引脚 5 向外接电容 C_T 充电,电容两端的电压 U_C 线性上升,构成锯齿波的上升沿,R_T 的阻值决定了内部恒流源对 C_T 充电电流的大小。当 $U_C = U_H$ 时,比较器动作,充电过程结束。上升时间 t_1 为

$$t_1 = 0.67 R_T C_T \tag{7-7}$$

比较器动作时使放电电路接通,C_T 放电,放电电流的大小由 R_D 决定。放电时,电容两端的电压 U_C 下降并形成锯齿波的下降沿,当 $U_C = U_L$ 时,比较器动作,放电过程结束,完成一个工作循环,输出锯齿波的电压范围为 0.6~3.5V。下降时间 t_2 为

$$t_2 = 1.3 R_D C_T \tag{7-8}$$

t_2 即为死区时间。将充电回路和放电回路分开,有利于通过 C_T 引脚 5 和 Discharge 引脚 7 之间的外接电阻 R_D 来改变 C_T 的放电时间,调节死区时间。因为 $R_D \ll R_T$,所以 $t_2 \ll t_1$,即锯齿波的上升沿远长于下降沿,因此一般上升沿作为工作沿,下降沿作为回扫沿。

振荡器频率由下面的公式计算：

$$f = \frac{1}{T} = \frac{1}{t_1 + t_2} = \frac{1}{(0.67R_T + 1.3R_D)C_T} \quad (7-9)$$

SG3525 还增加了同步功能，使它既可以工作在主从模式，也可以与外部系统时钟信号同步。

当需要多个芯片同步工作时，每个芯片有各自的振荡频率，但几个芯片的工作频率不能相差太大，此时可以将振荡器的同步信号输入端引脚 3 接外部同步脉冲信号，实现与外电路的同步。同步脉冲的频率应比振荡频率 F_{OSC} 略低一些。分别将多只 SG3525 的 4 脚和 3 脚相连，这时所有芯片与最快的芯片工作频率同步，也可以使单个芯片以外部时钟频率工作。如果不需要多个芯片同步工作，则可将 SG3525 的 3 脚和 4 脚悬空。

C_T 周期性充电和放电形成的锯齿波送至 PWM 比较器的同相输入端。PWM 比较器反向输入端增加至两个，一个反相输入端连接误差放大器的输出信号，另一个连接外部控制信号。误差放大器由两级差分放大器构成，其直流开环放大倍数为 80dB 左右。误差放大器的反相输入端引脚 1 通常连接到电源输出电压的电阻分压器上，对输出电压取样反馈；其同相输入端引脚 2 通常接到基准电压引脚 16 的电阻分压器上，取得 2.5V 的基准电压作为参考电压。误差放大器的比较输出信号与锯齿波电压信号经 PWM 比较器后，输出随误差放大器输出电压高低而改变宽度的方波脉冲，即 PWM 信号，该信号由 PWM 锁存器锁存。当输出电压因输入电压的升高或负载的变化而升高时，误差放大器的输出将减小，这将导致 PWM 比较器输出为高电平的时间变长，PWM 锁存器输出高电平的时间也变长，因此输出晶体管的导通时间将最终变短，从而使输出电压回落到稳定值，反之亦然。误差放大器的共模输入电压范围是 1.5~5.2V。根据系统的动态、静态特性要求，在误差放大器的输出端（即补偿引脚 9）和反向输入端引脚 1 之间一般需要添加适当的反馈补偿网络，如果直接相连，则构成跟随器；如果接入不同类型的反馈网络，则可以构成比例、比例积分和积分等类型的调节器，补偿系统的幅频、相频响应特性。

SG3525 内置软启动电路，在软启动输入端引脚 8 外接有软启动电容 C_{ss}。接通电源的瞬间，由于电容两端的电压不能突变，所以与软启动电容相连的 PWM 比较器反相输入端处于低电平，PWM 比较器输出高电平，PWM 锁存器的输出也为高电平，该高电平通过或非门输出逻辑控制电路，使输出晶体管截止。上电过程中，SG3525 内部的 50μA 恒流源对电容 C_{ss} 充电，电容两端的电压线性缓慢升高，PWM 比较器输出 PWM 脉冲的占空比从零逐渐增加到最大（50%），完成软启动过程，SG3525 开始工作。软启动电容 C_{ss} 充电达到 2.5V 时所用时间 t 的计算公式如下：

$$t = \frac{2.5}{50 \times 10^{-6}} \cdot C_{ss} \quad (7-10)$$

SG3525 采用关断控制电路进行限流控制，包括逐个脉冲电流限制和直流输出电流的限流控制。当过流脉冲信号送至关闭控制端引脚 10（即 $\overline{\text{Shut down}}$），电压超过 0.7V 时，芯片将进行限流操作；当引脚 10 的电压超过 1.4V 时，PWM 锁存器将立即动作，禁止 SG3525 的输出，直至下一个时钟周期才能恢复，同时，通过外接软启动电容放电，放电电流为 150μA。如果引脚 10 的高电平信号持续时间较长，软启动电容将充分放电，直到关断信号结束，才重新进入软启动过程。如果关断信号为短暂的高电平，PWM 信号将被中止，但此时软启动电容没有明显的放电过程。因此，通过引脚10可实现逐个脉冲的过流限制。注意，$\overline{\text{Shut down}}$引脚不能悬空，应通过接地电阻可靠接地，以防止外部干扰信号耦合进来的噪声信号影响 SG3525 的正常工作。

锁存器由 PWM 高电平和关断电路置位，封锁输出；由振荡器输出脉冲复位。当关断电路工作时，即使过电流信号立即消失，锁存器也可以维持一个周期的关断，直到下一周期时钟信号使锁存器复位。同时，由于 PWM 锁存器对 PWM 比较器的置位信号进行锁存，消除了比较器送来的噪声、跳动及振荡信号，所以可靠性大大提高。

为了适应驱动快速场效应管的需要，SG3525 的输出级采用推挽式结构，双通道输出，关断速度更快。锁存器输出的 PWM 信号、振荡器的时钟信号和触发器的方波信号经过或非逻辑控制电路驱动输出。当所有信号为低电平时，输出晶体管导通。由于触发器的两个输出 Q 和 $\overline{Q}$ 互补，所以输出 A 的引脚 11 和输出 B 的引脚 14 交替输出高电平，其宽度和 PWM 信号的负脉冲相等。脉冲很窄的时钟信号输入逻辑或非门电路，可使两个门的输出同时有一段低电平，以产生死区时间。输出 A 和输出 B 分别输出相位相差 180°的 PWM 信号，占空比在 0%~50% 范围内可调，其拉电流和灌电流峰值达 200mA。

引脚 13 作为推挽输出级的电压源，可以和 15 脚共用一个电源，也可用更高电压的电源，以提高输出级的输出功率。其输入电压范围是 4.5~35V。由于存在开闭滞后，使得输出和吸收之间出现重叠导通，在重叠处有一个电流尖脉冲，持续时间约为 100ns，所以通常在引脚 13 连接一个约 0.1μF 的电容来滤去电流尖峰。

7.3.2 典型应用

当 SG3525 采用单端输出时，如果只用输出 A 或输出 B 其中的一个，则变换器的最大占空比只有 50%。此时可以采用两路输出并联的方式。SG3525 的单端输出如图 7-13 所示。SG3525 的两个输出端 A 和 B 并联接地，引脚 13 通过限流电阻 R_2 接 PNP 型晶体管 VT_1 的基极。当 SG3525 的两个输出级晶体管交替导通时，引脚 13 拉低为低电平，VT_1 导通，PWM 周期与振荡器周期相同，最大占空比可达 100%。

当 SG3525 采用推挽式输出时的电路如图 7-14 所示。SG3525 的两个输出端 A 和 B 分别驱动 PNP 型晶体管 Q_1 和 Q_2；R_2 和 R_3 是限流电阻，限制 VT_1 和 VT_2 的基极电流；C_1 和 C_2 是加

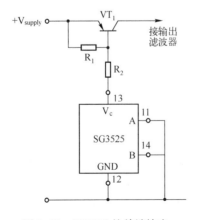

图 7-13 SG3525 的单端输出

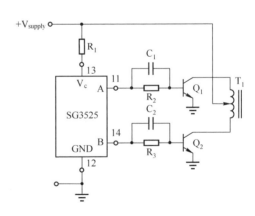

图 7-14 推挽式输出电路

速电容,可以缩短功率开关晶体管的关断时间,降低开关损耗。推挽式输出时,PWM 周期是振荡周期的 2 倍,最大占空比接近 50%,但注意要留有足够的死区时间。

由于 SG3525 的输出驱动电路是低阻抗的,而功率 MOSFET 的输入阻抗很高,所以驱动功率 MOSFET 时,在输出端与功率 MOSFET 的栅极之间不需要串联限流电阻和加速电容。驱动功率 MOSFET 的电路如图 7-15 所示。低输出阻抗可使功率 MOSFET 的栅极电容快速充电、放电,以降低开关损耗。

SG3525 双端输出驱动半桥式变换器中的小功率变压器的电路如图 7-16 所示。变压器初级绕组的两端分别直接接到 SG3525 的两个输出端上,这样在死区时间内可以实现变压器的自动复位。SG3525 直接驱动小功率变压器,既能实现次级电平的移动,又能与主变换器电气隔离。

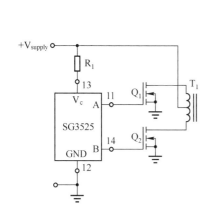 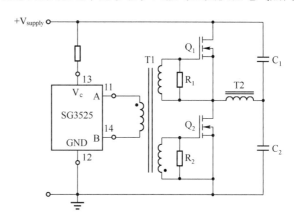

图 7-15 驱动功率 MOSFET 的电路　　　　图 7-16 驱动小功率变压器的电路

如图 7-17 所示是采用 SG3525 设计的 DC-DC 推挽式变换器,其性能指标是:输入电压为 DC24~35V 可调,输入额定电压为 30V,输出为 5V/1A。在变压器 T_1 的中心抽头加入 +30V 电源作为输入电压,采用推挽式功率变换电路,其中功率 MOSFET 选用 IRF630,由 SG3525 集成 PWM 控制器产生两路互补 PWM 信号来控制功率 MOSFET 的导通与关闭。由 $R_3 = 3.3\mathrm{k}\Omega$,$C_7 = 470\mathrm{pF}$ 和 $R_4 = 100\Omega$ 构成振荡电路。软启动电容为 $C_6 = 1\mathrm{\mu F}$,在启动过程中,电容 C_6 充电,电压升高,当引脚 8 处于高电平时,SG3525 开始工作。输出采用全波整流,经滤波后产生 5V 的输出电压。输出电压经分压电阻分压后,供给 TL431 作为参考电压。当输出电压变化时,流过 TL431 的电流随之变化,通过线性光耦 PC817 隔离后反馈到 SG3525,以调节 PWM 信号的占空比来稳定输出电压。由于采用推挽式功率变换电路,在输入回路中仅有一个开关的通态压降,而半桥和全桥电路有 2 个,所以在同样的条件下,这种拓扑产生的通态损耗较小,特别适合输入电压较低的场合。图中的变压器 T_1 可同时实现直流隔离和电压变换的功能,且磁性元件数目较少,成本较低。

7.4　UC3842 型电流模式 PWM 控制电路

UC3842 是美国尤尼创(Unitrode)公司生产的一种高性能电流控制型脉宽调制芯片,具有引脚数量少、外围电路简单、安装调试简便、性能优良等诸多优点,广泛应用于计算机、显示器等开关电源控制电路中,以及输出功率在 100W 以下的小功率开关电源。

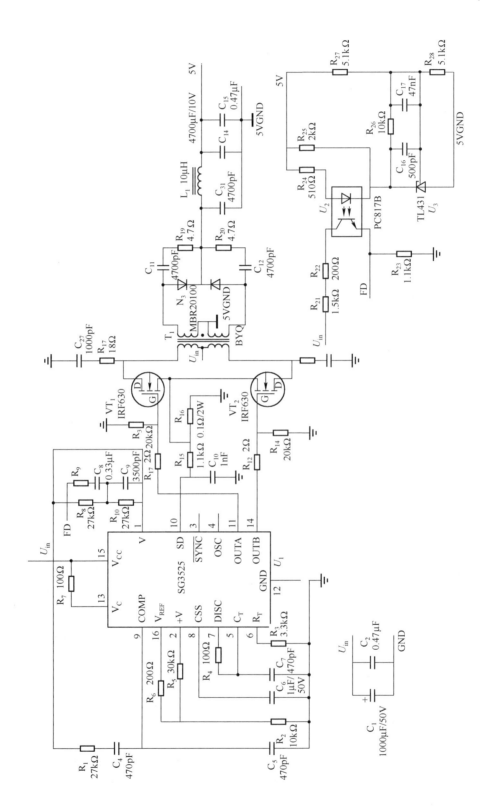

图 7-17 DC-DC 推挽式变换器

7.4.1 工作原理

UC3842 采用单端输出,可直接驱动双极型晶体管、MOSFEFT 和 IGBT 等功率型半导体器件。其主要特性如下:

(1) 内置可微调的振荡器,可精确控制占空比;
(2) 电流模式工作,工作频率高达 500kHz;
(3) 自动电压前馈补偿,具有低输入电阻的误差放大器;
(4) PWM 锁存,可实现逐个脉冲限制电流,具有双脉冲抑制;
(5) 内置微调的参考电压,具有欠电压锁定功能;
(6) 大电流推挽式输出,灌电流/拉电流最大为 1A;
(7) 有滞环欠压锁定保护;
(8) 低启动和工作电流,启动电流小于 1mA。

UC3842A 提供 8 脚双列直插塑料封装和 14 脚塑料表面贴装 SO – 14。UC3842 的引脚排列如图 7-18 所示。其中,SO – 14 封装的图腾柱式输出级有单独的电源和接地引脚。

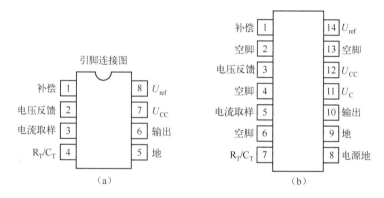

图 7-18 UC3842 的引脚排列

UC3842 内部集成了振荡器、具有温度补偿的高增益误差放大器、电流检测比较器、推挽式输出电路、输入和基准欠电压锁定电路及 PWM 锁存器电路。UC3842 的内部结构及基本外围电路如图 7-19 所示。

该芯片由引脚 7 (12) 外接的 U_{CC} 电源电压供电,工作电压可以在 +10~36V 范围内变化。当电源电压超过 36V 时,其内部稳压二极管击穿,钳位在 +36V。UC3842 具有欠压封锁功能,电源电压 U_{CC} 接入滞环比较器的同相输入端,反相输入端为基准电压,开通阈值为 16V,关断阈值为 10V。当 U_{CC} 大于 16V 时,比较器输出高电平,参考稳压器工作,输出基准电压。当电源电压下降时,U_{CC} 低于关断阈值 10V,比较器输出低电平,驱动级输出低电平,驱动级的灌电流约为 1mA,功率 MOSFET 维持关断状态。开通和关断阈值有 6V 的回差,可有效地防止比较器在阈值电压附近反复导通和关断,发生振荡。同样,参考稳压器的输出也接入滞环比较器,其开通阈值和关断阈值分别为 3.6V 和 3.4V,起到欠压保护的作用。

引脚 4 (R_T/C_T) 与地之间外接定时电容 C_T,与基准电压引脚 8 之间外接定时电阻 R_T。内部振荡器的工作频率由外接 C_T 和 R_T 的取值决定。当接通电源时,+5.0V 的基准电压通过电阻 R_T 对电容 C_T 充电,电容电压近似线性上升,当电压达到 2.8V 时,再由内部电路放电

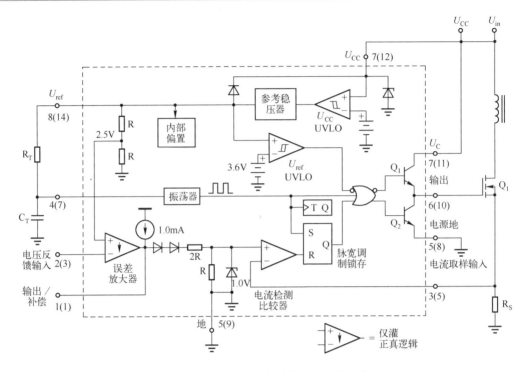

图 7-19 UC3842 的内部结构及基本外围电路

至 1.2V,然后电压又开始上升,产生锯齿波电压。充、放电时间分别为 t_c 和 t_d,频率 $f = \dfrac{1}{t_c + t_d}$。当 $R_T > 5k\Omega$ 时,$t_d \ll t_c$,因此可忽略放电时间 t_d,则振荡频率 f 为

$$f(\text{kHz}) = \frac{1}{T} = \frac{1}{t_c} = \frac{1.8}{R_T(k\Omega) C_T(\mu F)} \tag{7-11}$$

在 C_T 放电期间,振荡器产生一个内部消隐脉冲保持"或非"门的中间输入为高电平,输出为低状态,从而产生了一个可控的输出死区时间。如图 7-20 所示为 R_T 与振荡器频率的关系曲线,如图 7-21 所示为输出死区时间与频率的关系曲线,两组曲线都对应给定的 C_T 值。尽管不同的 R_T 和 C_T 组合可以产生相同的振荡频率,但在给定的频率下只有一组满足特定的输出死区时间,因此应当首先根据死区时间的要求确定定时电容的取值,再根据给定的

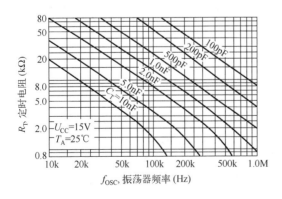

图 7-20 R_T 与振荡器频率的关系曲线

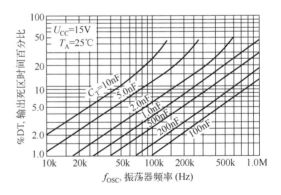

图 7-21 输出死区时间与频率的关系曲线

频率得到定时电阻的阻值。

误差放大器具有 90dB 的典型直流电压增益。UC3842 内部的基准电压源经电阻分压提供 2.5V 的偏置电压连接误差放大器的同相输入端，最大输入偏置电流为 2.0μA。误差放大器的反相输入端（引脚 2）通常连接反馈电压，与误差放大器同相端的 2.5V 基准电压进行比较，产生偏差电压，从而控制脉冲宽度。误差放大器的输出电压经过两个二极管压降（约为 1.4V）后通过 2:1 电阻分压至原来的 1/3，再连接至电流检测比较器的反相输入端，同时采用稳压二极管钳位在 1.0V，即电流检测比较器的反相输入端的最高电压不超过 1.0V。误差放大器的输出端通过引脚 1 引出。可以在引脚 1 和引脚 2 之间接入负反馈电阻和负反馈电容，用于外部回路补偿，控制脉冲宽度，增加频带宽度，消除高频寄生振荡。

电流检测比较器的同相输入端引脚 3 通常作为外部的电流取样输入，其连接电路如图 7-19 所示。取样电阻 R_S 直接与功率电路相连，将场效应开关管 Q_1 的源极电流，也就是 Q_1 的漏极和开关变压器 T 的初级绕组中电流的变化转换成电压的变化，输入电流检测比较器。其波形的宽窄和幅值的大小取决于 Q_1 导通时间的长短。Q_1 的导通时间越长，其宽度就越宽，幅值越高。在正常工作状态下，峰值电流由引脚 1 的电压控制，计算公式为

$$I_{pk} = \frac{U_{(pin1)} - 1.4V}{3R_S} \tag{7-12}$$

当电源输出过载时，电流迅速增加，R_S 的电压也随之增加，当电流增加到使电流检测比较器的同相输入端电压上升到 1.0V 时，电流检测比较器内部钳位在 1.0V，比较器输出高电位，开关管截止，起到过流保护的作用。此时，开关电流峰值为

$$I_{pk(max)} = \frac{1.0V}{R_S} \tag{7-13}$$

也可以通过电流互感器与功率电路相连来减小功耗。由于受输出整流二极管的反向恢复时间或电源变压器内部寄生电容的影响，在电流波形的上升沿将产生很大的电流尖峰脉冲，导致控制器的输出脉冲意外中断，所以为了抑制尖峰脉冲，可以在电流检测输入端增加一个 RC 滤波网络，其时间常数与尖峰电流持续的时间大致相等，约为几百纳秒。

电流检测比较器的输出送入脉冲宽度调制锁存器，控制输出脉冲宽度的变化。PWM 锁存电路确保每一个控制脉冲的作用时间不超过一个脉冲周期，即所谓逐周期脉冲控制，从而实现逐个脉冲限流。

UC3842 系列控制器采用单端推挽式输出，可以直接驱动功率 MOSFET 和双极型晶体管。为了限制流过控制器的峰值电流的大小，应当在控制器输出端和功率 MOSFET 的栅极之间加入限流电阻。此外，在控制器输出端与信号地之间增加一个肖特基二极管有助于系统的稳定工作，提高系统的性能。UC3842 的最大瞬时输出电流可达 ±1.0A；驱动双极型功率晶体管时，其平均电流为 200mA。

当引脚 1 上的电压降至 1V 以下，或者引脚 3 上的电压升至 1V 以上时，都会导致电流检测比较器输出高电平，PWM 锁存器复位，$\bar{Q}$ 输出高电平，输出三极管 Q_1 截止，Q_2 导通，控制器输出端引脚无脉冲输出，直到下一个时钟脉冲将 PWM 锁存器重新置位。利用上述特性，可以接入各种必要的保护电路。

7.4.2 典型应用

35W 开关电源电路如图 7-22 所示。这是采用 UC3842 构成的开关电源电路，其输入为 220V 交流电压，该交流电压经整流滤波后变成直流电压，再经开关管斩波和高频变压器变压后得到高频矩形波电压，然后经二次侧整流滤波，稳压输出 +5V/7A。该开关电源的功率为 35W。

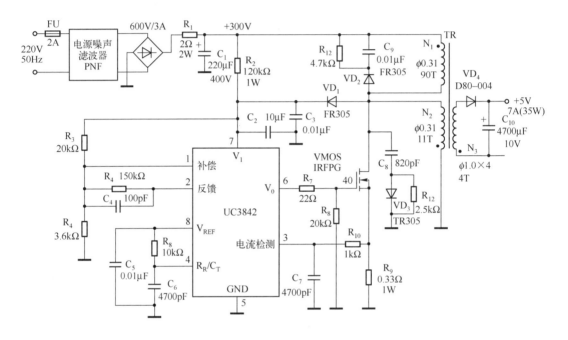

图 7-22 35W 开关电源电路

220V 50Hz 市电由电源噪声滤波器 PNF 滤除电磁干扰，3A/600V 整流桥整流，负温度系数的热敏电阻 R_1 限流，电解电容 C_1 滤波后，产生约 300V 的直流电压。300V 直流电压通过启动电阻 R_2 对电容 C_2 充电，当 C_2 上的电压达到 UC3842 的启动电压门限值 16V 时，UC3842 开始工作，经引脚 6 输出 PWM 脉冲信号，驱动外接的 MOSFET 工作。在 UC3842 的输出端与 MOSFET 栅极之间串联 22Ω 的电阻 R_7 起限流作用，可以衰减由 MOSFET 输入电容和栅-源极间任何串联引线电感所产生的高频寄生振荡。MOSFET 可选用 IRF-PG407 型 VMOS 管。

高电压脉冲期间，MOSFET 导通，电流通过变压器的级绕组 N_1，此时，由于 VD_4 截止，变压器的次级绕组 N_3 无电流，所以能量储存在变压器中。当引脚 6 输出低电平时，MOSFET 截止，根据楞次定律，变压器初级绕组维持电流不变，产生下正上负的感生电动势，次级绕组 N_3 回路的二极管导通，向负载提供能量。同时，反馈绕组 N_2 上的高频电压经 VD_1 整流、C_3 滤波后为 UC3842 提供正常工作电压。同时，此电压经 R_3、R_4 分压加到误差放大器的反相输入端（引脚2），为 UC3842 提供负反馈电压。由于电源电压变化或负载变化引起输出电压变低时，引脚 2 的反馈电压减小，脉宽调制器输出的 PWM 波形的占空比增加，所以

MOSFET 导通的时间 t_{on} 加长,输出电压升高;反之,当电源电压变化或负载变化而引起输出电压升高时,占空比减小,MOSFET 的导通时间变短,输出电压降低,从而维持输出电压保持恒定,达到稳压的目的。

引脚 4 和引脚 8 外接的定时电阻 R_6、定时电容 C_6 决定了振荡频率,$R_6 = 10\text{k}\Omega$,$C_6 = 4700\text{pF}$,开关频率为 40kHz,死区时间约为振荡周期的 4%。C_5 是基准输出电源 U_{REF} 的消噪电容。在引脚 1 和引脚 2 之间外接 R_5 和 C_4 补偿电路,用于改善增益和频率特性。

电阻 R_{10} 用于电流检测,其阻值为 0.33Ω。电流经 R_9、C_7 滤波后送入 UC3842 的引脚 3 形成电流反馈,因此由 UC3842 构成的电源是双闭环控制系统,电压稳定度非常高。当负载电流超过额定值或短路时,MOSFET 的源极电流大大增加,R_{10} 反馈回 UC3842 引脚 3 的电压高于 1V,引脚 6 无触发脉冲输出,MOSFET 截止,它不至于因为过流而损坏。当电流脉冲的峰值上升到 3A 时,过流保护动作,MOSFET 截止。电阻 R_9 和 C_7 构成 RC 滤波电路,削弱由电源变压器绕组间的电容,以及输出整流器的恢复时间引起的尖峰脉冲干扰,保证开关电源的正常工作。

由 VD_2、C_9、R_{12} 及 VD_3、C_8、R_{11} 构成两组吸收电路,消除由变压器漏感产生的反峰电压,保护 MOSFET 不至于因为工作电压太高而毁坏。$VD_1 \sim VD_3$ 选用快恢复二极管 FR305,输出级整流管 VD_4 采用 D80-004 型肖特基二极管,适用于高频、大电流整流。

7.5 TOPSwitch-Ⅱ系列 PWM 控制电路

TOPSwitch 器件是美国功率集成公司(Power Integrations Inc.)于 20 世纪 90 年代中期推出的三端新型高频开关电源专用集成控制芯片,其特点是将高频开关电源中的 PWM 控制器和 MOSFET 集成在同一芯片上,具备完善的保护功能。该芯片集成度高,从而大大简化了电源外围电路,提高了可靠性,降低了成本,使得开关电源的设计更加简单快捷。此外,由于 PWM 控制器和 MOSFET 功率开关管是在芯片内连接的,连线极短,所以消除了高频辐射现象,改善了电源的电磁兼容性能。

7.5.1 工作原理

1997 年,美国功率集成公司又推出了第二代产品 TOPSwitch-Ⅱ系列器件。TOPSwitch-Ⅱ系列器件同 TOPSwitch 系列器件相比,内部电路做了许多改进,且对电路板布局及输入总线瞬变的敏感性大大减弱,电磁兼容性得到了增强,因此使得 EMI 滤波器的设计更为简便,性能价格比更高。作为 TOPSwitch 的升级产品,TOPSwitch-Ⅱ系列器件不仅在性能上进一步改进,而且输出功率得到了显著提高。例如,TOPSwitch-Ⅱ系列器件在输入电压为 100VAC、115VAC 或 230VAC 时,系统功率从 0~100W 提高到 0~150W;在三种电压下均可工作时,系统的功率从 0~50W 提高到 0~90W,从而使得 TOPSwitch-Ⅱ系列器件可在如电视、监视器及音频放大器等许多新的应用范围内使用。

TOPSwitch-Ⅱ系列器件包括 TOP221~TOP227 等几个型号,其主要差别就在于输出功率的不同。TOPSwitch-Ⅱ系列器件的产品分类及最大输出功率 P_{OM} 如表 7-2 所示。P_{OM} 表示加合适的散热器后所能获得的最大连续输出功率。

表 7-2 TOPSwitch-II 系列器件的产品分类及最大输出功率 P_{OM}（单位：W）

TOP-220 封装（Y）			DIP-8 封装（P）/SMD-8 封装（G）		
产品型号	固定输入 (110/115/230VAC，±15%)	宽范围输入 (85~265 VAC)	产品型号	固定输入 (110/115/230VAC，±15%)	宽范围输入 (85~265 VAC)
TOP221Y	12	7	TOP221P/G	9	6
TOP222Y	25	15	TOP222P/G	15	10
TOP223Y	50	30	TOP223P/G	25	15
TOP224Y	75	45	TOP224P/G	30	20
TOP225Y	100	60	——		
TOP226Y	125	75	——		
TOP227Y	150	90	——		

TOPSwitch-II系列器件有3种封装方式，其中TO-220为典型的三端式封装，小散热片在内部与源极S脚相连；DIP-8是双列直插式8脚封装；SMD-8是表面贴片式8脚封装。TOPswitch-II系列器件的引脚排列如图7-23所示。当它采用TO-220封装时，可在小散热片上安装外部散热器；当它采用DIP-8和SMD-8封装时，可以将源极连接到印制电路板公共地线的敷铜箔上，将芯片产生的热量直接传到印制电路板上，不必另设散热器，从而节省了成本。

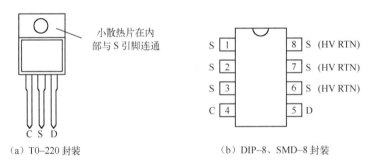

图 7-23 TOPSwitch-II 系列器件的引脚排列

TOPSwitch-II系列器件的三个引脚分别为控制端C（Control）、源极S（Source）和漏极D（Drain）。

漏极D是片内输出功率管MOSFET的漏极，工作时由内部高压开关电流源为其提供内部偏置电流。同时，漏极D也是内部电流检测点。漏-源击穿电压 $U_{(BR)DS} \geqslant 700V$。

源极S是片内输出功率MOSFET的源极。对于TO-220封装，它与芯片外壳相连；对于DIP-8和SMD-8封装，它有6个互相连通的引脚，其中1、2、3引脚作为信号地，6、7、8引脚则为高压返回端（HV RTN），即功率地。这两组引脚连接到印制电路板地线区域的不同位置，可以避免大电流通过功率地线形成压降，对控制端产生干扰。

控制极C是误差放大电路和反馈电流的输入端。在正常工作时，由内部并联调整器为其提供内部偏流。系统关闭时，它可激发输入电流，同时它也是提供旁路、自动重启和补偿功能的电容连接点。

TOPSwitch-II系列器件具有以下性能特点。

（1）输入交流电压和频率的范围极宽。固定电压输入时，可选110V/115V/230V交流电,精度为±15%;宽电压范围输入时,适配85~265V交流电,但P_{OM}值要比固定电压输入时降低40%。

(2) 开关频率的典型值为100kHz,允许范围是90~110kHz,占空比调节范围是1.7%~67%。

(3) 温度范围为0~70℃,最高结温为135℃。

(4) 电源效率可达80%左右,比线性集成稳压电源提高了近一倍。

TOPSwitch-II系列器件将脉宽调制(PWM)控制系统的全部功能集成到三端芯片中,内置脉宽调制器、功率开关场效应管(MOSFET)、高频振荡器、自动偏置电路、保护电路、高压启动电路和环路补偿电路等,其内部结构如图7-24所示。

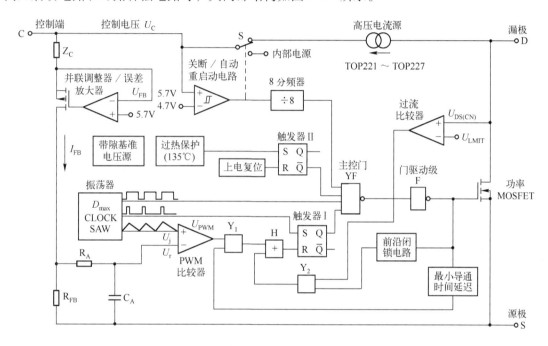

图7-24 内部结构图

控制电压U_C给并联调整器/误差放大器和门驱动极提供偏置电压,而控制端电流I_C的大小用来调节占空比D,当I_C从6mA减到2mA时,D就由1.7%增至67%。在C-S极间接47μF的外部旁路电容C_T,即可为门驱动极提供电流,并且由它决定自动重启动频率,同时,可对控制环路进行补偿。控制电压U_C的典型值为5.7V,极限电压$U_{CM}=9V$,控制端最大允许电流$I_{CM}=100mA$。U_C有两种工作模式,一种是滞后调节,用于启动和过载两种情况,具有延迟控制作用;另一种是并联调节。

启动时,接在漏极和控制极之间的高压开关电流源提供控制电流I_C,对C_T充电,给控制电路供电。当U_C首次达到5.7V时,高压电流源被关断,脉宽调制器和MOSFET就开始工作。此后,I_C改由反馈电路提供,芯片工作在正常模式下,输出电压稳定,反馈控制电流给U_C供电,芯片持续工作,并联稳压器使U_C保持在典型值,Z_C与外部阻容元件共同决定控制环路的补偿特性。如果反馈电流I_C不足,控制极电容C_T放电至阈值电压以下时,MOSFET截止,控制电路处于低电流待机模式,高压电流源重新启动,对C_T充电。自动重启动电路中的比较器具有滞后特性，通过自动重启动电路控制高压电流源的通断使 U_C 保持在 4.7~5.7V 范围内。为了减少功耗，当经过调整状态后，该电路将以 5% 的占空比接通和关断电源。

TOPSwitch-II 系列器件的内部电压取自具有温度补偿的带隙基准电压源，此基准电压源产生可微调的温度补偿电流源，来精确调节振荡器频率和 MOSFET 栅极驱动电流。

TOPSwitch-II 内部的振荡电容在所设定的上、下阈值电压 U_H、U_L 之间周期性地线性充、放电，从而产生了脉宽调制所需要的锯齿波（SAW）；与此同时，还产生了最大占空比信号 D_{max} 和时钟信号 CLOCK。为减小电磁干扰，提高电源效率，振荡频率（即开关频率）设计为 100kHz。

当加到控制端的反馈电流超过所需电流值时，就通过误差放大器进行分流，确保 U_C = 5.7V。误差放大器的电压基准取自温度补偿带隙基准电压，控制端电流 I_C 可直接取自反馈电路，也可接光耦反馈电路，由光耦合器输出控制电流并实现电气隔离，从而能提高控制灵敏度。

通过改变控制端电流 I_C 的大小，能连续调节脉冲占空比，实现脉宽调制（PWM）。电流与占空比的关系特性曲线如图 7-25 所示。当 I_C = 2~6mA 范围内时，D 与 I_C 呈线性关系。

当控制端电流 I_C 流过电阻 R_{FB} 时，产生误差电压 U_r，它经由 R_A、C_A 组成的截止频率为 7kHz 的低通滤波器，降低开关噪声的影响后，加至 PWM 比较器的同相输入端，再与锯齿波电压 U_J 进行比较，产生脉宽调制信号 U_{PWM}。

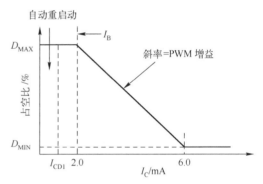

图 7-25 电流与占空比的关系特性曲线

栅极驱动器以一定的受控速率使输出级 MOSFET 导通，从而使共模电磁干扰减到最小。栅极驱动电流可微调节，以改进精度。

过电流比较器的反相输入端接极限电压（又称阈值电压）U_{LIMIT}，同相输入端接功率 MOSFET 的漏极。可利用功率 MOSFET 的漏-源通态电阻 $R_{DS(ON)}$ 作为电流采样电阻 R_s。过流比较器将 MOSFET 导通时的漏源电压与阈值电压 U_{LIMIT} 进行比较。当漏极电流 I_D 过大时，$U_{DS(ON)} > U_{LIMIT}$，过电流比较器就翻转，输出高电平，经过 Y_2、H 后，将触发器 I 复位，进而使功率 MOSFET 关断，直至下一个时钟周期触发器重新置位，起到过流保护作用。过流比较器的门限电压 U_{LIMIT} 采取了温度补偿措施，以消除因 $R_{DS(ON)}$ 随温度变化而引起的 I_D 的波动。TOPSwitch-II 系列器件的极限电流典型值如表 7-3 所示。I_{LIMIT} 实际为功率 MOSFET 的漏极最大电流 I_{DM}。需要指出，尽管对 TOPSwitch-II 系列器件的芯片而言，首要限制的是最大工作电流值（应满足 $I_D < I_{LIMIT}$），但对开关电源来讲，则要限制最大输出功率 P_{OM}，并且有公式 $P_{OM} = I_{OM} U_O$。显然，I_{LIMIT} 与最大输出电流 I_{OM} 并无直接联系。只要 P_{OM} 未超过允许值，就允许 $I_{OM} > I_{LIMIT}$。例如，TOP224P 的 I_{LIMIT} = 1.50A，在 85~265V 宽电压范围输入时，P_{OM} = 20W，此时输出选 15V、1.33A 或 10V、2A，最大输出功率均为 20W，而后者的 $I_{OM} > I_{LIMIT}$。

表 7-3 TOPSwitch-Ⅱ系列器件的极限电流典型值

型号	TOP221Y/P	TOP222Y/P	TOP223Y/P	TOP224Y/P	TOP225Y	TOP226Y	TOP227Y
I_{LIMIT}/A	0.25	0.50	1.00	1.50	2.00	2.50	3.00
$I_{LIMIT(min)}$/A	0.23	0.45	0.90	1.35	1.80	2.25	2.70
$I_{LIMIT(max)}$/A	0.28	0.55	1.10	1.65	2.20	2.75	3.30

此外，TOPSwitch-Ⅱ系列器件还具有初始输入电流限制功能。刚通电时，可将整流后的直流电流限制在 $0.6I_{LIMIT}$（对应于交流 265V 输入电压）或 $0.75I_{LIMIT}$（对应于交流 85V 输入电压）。

当功率 MOSFET 刚导通时，前沿闭锁电路将过流比较器输出的上升沿封锁 180ns 的时间，这样可避免因一次侧电容和二次侧整流管在反向恢复时间内产生的尖峰电流而导致开关脉冲过早结束。

如果调节失控，为了维持输出可调节，同时使 TOPSwitch-Ⅱ系列器件的功耗降到最低，关闭/自动重启动电路维持系统在占空比为 5% 的典型值下工作，中断从外部流入控制端的电流 I_C，U_C 进入滞后的自动重启动状态。当故障消失后，U_C 又回到并联调节模式，电源恢复正常工作。当 C_T 为 47μF 时，自动重启动的频率为 1.2Hz。

过热保护是由一个精密的模拟电路提供的。当结温 $T_j > 135℃$ 时，过热保护电路就输出高电平，触发器 Ⅱ 置位，$\overline{Q}$ 输出低电平，功率 MOSFET 截止。此时，U_C 进入滞后调节模式，输出锯齿波幅值为 4.7~5.7V。断电后重新接通电源，或者将 U_C 降至 3.3V 以下，达到 U_C(reset) 值，再利用上电复位电路使触发器 Ⅱ 复位，$\overline{Q}$ 输出高电平，功率 MOSFET 恢复正常工作。

在启动或滞后调节模式下，关断/自动重启动电路接通高压电流源，对控制脚外部电容 C_T 进行充电，并为内部电路提供偏置电压。该电流源是按近似 35% 的有效占空比被开通和切断的。这一占空比是由控制脚充电电流 I_C 与放电电流 $(I_{CD1}+I_{CD2})$ 的比值来确定的。当 U_C 达到关断/自动重启动电路的上限电压 5.7V 时，高压电流源被切断，脉宽调制器和功率 MOSFET 开始工作。

7.5.2 典型应用

采用 TOP224P 构成的 20W（+12V 输出）反激式开关稳压电源电路图如图 7-26 所示，该电路的交流输入电压范围为 85~265V，效率可达 80%。

如图 7-26 所示，C_6 与 L_2 构成交流输入端的电磁干扰（EMI）滤波器。C_6 能滤除由初级脉动电流产生的串模干扰，L_2 可抑制初级绕组中产生的共模干扰。

宽范围电压输入时，85~265V 交流电压电压经 BR_1 和 C_1 整流滤波后，输出直流电压 U_i 加到主变压器 T_1 的初级绕组，并且初级绕组与 TOPSwitch-Ⅱ 内的高压 MOSFET 串联。由 VR_1 和 VD_1 构成的漏极钳位保护电路可将由高频变压器漏感产生的尖峰电压钳位到安全值以下。VR_1 选用 P6KE200 型瞬态电压抑制器（TVS），其钳位电压为 200V。VD_1 选用 BYV26C 型 1A/600V 的超快恢复二极管（FRD），其反向恢复时间 $t_{rr}=30ns$。

次级电压经 VD_2、C_2、L_1、C_3 整流滤波后产生 +12V 的输出电压。VD_2 选择 MUR420 型超快恢复二极管，为降低功耗，还可选肖特基二极管。输出电压经光耦合器 U_2 和齐纳稳压二极管 VR_2 直接取样，构成 TOP224P 的外部误差放大器，能提高稳压性能。当输出电压 U_O

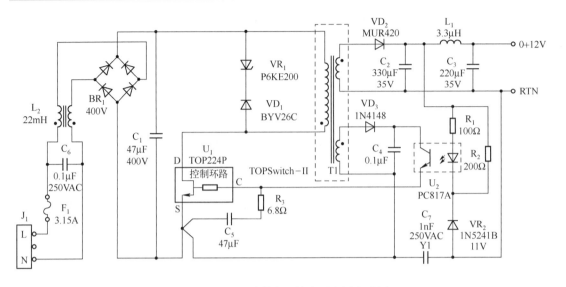

图 7-26　20W 反激式开关稳压电源电路图

发生变化时，由于 VR_2 具有稳压作用，所以可使光耦中 LED 的工作电流 I_F 发生变化，进而改变 TOP224P 的控制端电流 I_C，再通过调节输出占空比，使 U_0 保持稳定。输出电压可以通过调节变压器的匝数比，或者改变齐纳二极管的稳压值来进行调整。R_1 是光耦发光二极管的限流电阻，并能决定控制环路的增益。R_2 和 VR_2 与输出端并联，对输出电压 +12V 提供了一个少量的前置负载，可提高空载或轻载时的输出负载电压调整率。偏置绕组电压经 VD_3 整流、C_4 滤波后，再经光敏三极管输出，为 TOP224P 提供一个偏置电压。安全电容 C_7 可衰减由高压开关波形引起的共模干扰电流，这是由与初级绕组串联的 MOSFET 输出电容、初级绕组和次级绕组之间的分布电容及漏感共同产生的。C_5 是控制端旁路电容，C_5、R_3 用于滤除经控制脚加在 MOSFET 栅极上的驱动充电电流尖峰，并且决定自动重启动频率。C_5 与 R_1 和 R_3 共同补偿控制环路。

7.6　TinySwitch-Ⅱ系列 PWM 控制电路

TinySwitch-Ⅱ系列是美国 Power Integrations（PI）公司继 TinySwitch 之后，最新推出的第二代增强型高效、小功率、低成本的四端隔离式开关电源专用集成芯片。采用 TinySwitch-Ⅱ系列芯片设计的开关电源具有体积小、工作可靠、外围电路简单、性价比高等特点，因此该系列产品广泛应用于 23W 以下小功率、低成本的高效开关电源，如 IC 卡付费电度表中的小型化开关电源模块、手机电池恒压/恒流充电器、电源适配器（Power Supply Adapter）、微机、彩电、激光打印机、录像机、摄录像机等高档家用电器中的待机电源等。

7.6.1　工作原理

TinySwitch-Ⅱ系列与 TinySwitch 系列一样具有简单的拓扑电路，但其最大输出功率由 10W 提高到了 23W。

TinySwitch-Ⅱ系列保持了以前的 TinySwitch 系列拓朴的简易性，并提供了几个新的增强特性，以及进一步减少了元件数量，降低了系统成本，消除了可听见的音频噪声。与TinySwitch系列相同，TinySwitch-Ⅱ系列也把700V的功率MOSFET、振荡器、高压开关电源、电流限制和过热关闭电路集成在单个芯片上。其启动和工作电源直接来自漏极引脚，不需要偏置绕组及相关电路。另外，TinySwitch-Ⅱ系列还合并了自动再启动、主线欠压传感和频率抖动功能。

TinySwitch-Ⅱ系列包括TNY263~TNY268几种不同型号的产品，其主要区别在于输出功率不同。TinySwitch-Ⅱ系列的输出功率如表7-4所示。

表7-4 TinySwitch-Ⅱ系列的输出功率

产品型号	230VAC±15%		85VAC~265VAC	
	密封	开放	密闭	开放
TNY263P/G	5W	7.5W	3.7W	4.7W
TNY264P/G	5.5W	9W	4W	6W
TNY265P/G	8.5W	11W	5.5W	7.5W
TNY266P/G	10W	15W	6W	9.5W
TNY267P/G	13W	19W	8W	12W
TNY268P/G	16W	23W	10W	15W

TinySwitch-Ⅱ系列单片开关电源采用8脚双列直插式DIP-8封装或表面贴片式SMD-8封装。TinySwitch-Ⅱ的引脚排列如图7-27所示。

其中，漏极（D）引脚是功率MOSFET的漏极输出引脚，为启动和稳态工作提供内部工作电流，漏-源击穿电压$U_{(BR)DS} \geqslant 700V$。

源极（S）引脚是控制电路的公共端，连接到内部MOSFET的源极。4个源极在内部是相连通的，其中2个S端必须接控制电路的公共端，另外2个S（HVRTN）端则接高压返回端。

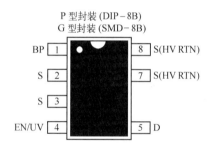

图7-27 TinySwitch-Ⅱ的引脚排列

旁路（BP）引脚与地（S极）之间需接一个0.1μF的旁路陶瓷电容，用于内部的5.8V电源去耦。

使能/欠压（EN/UV）引脚具有输入使能和欠压检测两个功能。正常工作时，此引脚可控制内部功率MOSFET的通断。当该引脚的电流大于240μA时，功率MOSFET关断。此引脚与直流电压之间连接外接电阻，可用来检测欠压状态，若无外接电阻，则欠压功能无效。

与常规的PWM脉宽调制控制器不同，TinySwitch-Ⅱ系列采用简单的开/关控制方式调节输出电压。TinySwitch-Ⅱ系列内部集成了耐压为700V的功率MOSFET、振荡器、电流限态器、5.8V稳压器、BP端欠压保护、过热保护、限流、前沿闭锁电路等，其内部功能框图如图7-28所示。

典型的TinySwitch-Ⅱ系列振荡器频率的平均值是132kHz，产生时钟信号CLOCK和最大占空比信号DC_{MAX}。同时，TinySwitch-Ⅱ系列振荡器中引入了频率抖动电路，其峰-峰值宽度为8kHz，即抖动范围为128~136kHz。频率抖动的调节速率设置为1kHz，可以显著降

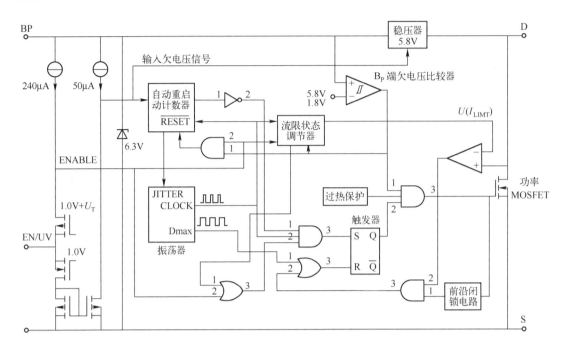

图 7-28 内部功能框图

低 EMI 的均值和准峰值噪声,并且噪声谐波次数越高,抑制作用越明显。TinySwitch-Ⅱ 系列的频率抖动波形如图 7-29 所示。

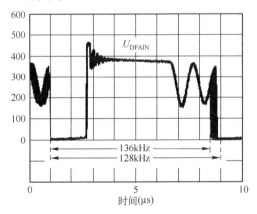

图 7-29 频率抖动波形图

TinySwitch-Ⅱ 的 EN/UV 引脚由一个低阻抗的源极跟随器组成使能输入电路,其输出端设置为 1.0V。流过源极跟随器的电流限制为 240μA,当该脚的输出电流超过 240μA 时,使能输入电路输出低电平。在每个时钟周期信号的上升沿对使能电路输出取样,如果为高电平,则在该周期内功率 MOSFET 导通,如果为低电平,功率 MOSFET 则截止。因为取样只在每个周期开始时进行一次,所以 EN/UV 引脚在此周期的剩余时间内电压或电流的变化被忽略。

在音频范围内开/关,当负载较轻时,TinySwitch-Ⅱ 的电流限态机按不连续的变化量来减小电流限制门限值 I_{LIMIT}。较低的电流限制门限值可以有效地提高在音频以上范围的开关频率,降低变压器的磁通密度和有关的音频噪声。电流限态机根据 EN/UV 引脚的电压电平判断负载情况,从而按不连续的变化量来调整电流限制门限值。在大多数情况下,源极跟随器的较低的阻抗可避免 EN/UV 引脚的电压比 1.0V 低太多,从而提高了与该脚相连的光耦的响应时间。

当功率 MOSFET 关断时,5.8V 稳压器通过漏极电流将接在 BYPASS 引脚的旁路电容 C_{BP} 充电至 5.8V。当功率 MOSFET 导通时,TinySwitch-II 消耗存储在旁路电容中的能量来工作。因内部电路的功耗极低,所以 TinySwitch-II 利用漏极电流可连续地工作,并且其 $0.1\mu F$ 的旁路电容足够用于高频去耦和存储能量。

另外,TinySwitch-II 中还有一个 6.3V 并联稳压器。当通过外部电阻向 TinySwitch-II 供电时,稳压器将旁路引脚 BP 钳位在 6.3V,同时关断稳压器,以减少空载损耗,将空载功耗降至 50mW 左右。

当旁路引脚 BYPSS 的电压 U_{BP} 下降到低于 4.8V 时,旁路引脚的低压电路关断功率 MOSFET。一旦旁路引脚 BYPSS 的电压 U_{BP} 下降到低于 4.8V 以下,必须当电压回升到 5.8V 时,才能使功率 MOSFET 导通。过热保护温度门限值为 135℃,有 70℃ 的滞环。当温度关断电路检测结温升高到 135℃ 时,过热保护电路输出低电平,功率 MOSFET 保持截止,直到管芯温度下降 70℃ 后才能再次重新导通。

极限电流电路用来检测功率 MOSFET 的电流。当功率 MOSFET 的漏极电流电流超过极限电流 I_{LIMIT} 时,功率 MOSFET 就在此周期的其余时间里关断。当负载较轻或在一般负载情况下,电流限态机会减小电流限制门限值 I_{LIMIT}。

在功率 MOSFET 导通之后的一段短时间 t_{LEB} 内,前沿消隐电路阻止极限电流比较器工作。设置该前沿消隐时间,是为了防止由电容与二次绕组侧整流器反向恢复时间引起的电流尖峰误触发,导致开关脉冲的错误中断。

当发生输出过载、输出短路或开环故障时,TinySwitch-II 进入自动重启工作状态。每当其 EN/UV 引脚被拉低,内部计数器便被振荡器锁定复位。如果 EN/UV 引脚在 50ms 内没有被拉低,则功率 MOSFET 开关通常截止 850ms。自动重启电路交替地让功率 MOSFET 导通和截止(自动重启动频率为 1.2Hz),直到故障条件消除为止。输出端短路时自动重启的波形如图 7-30 所示。

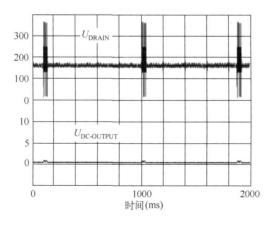

图 7-30 输出端短路时自动重启的波形

在直流线电压欠压条件下，功率 MOSFET 的截止时间会超过正常的 850ms，直到主线欠压故障消除为止。

在直流线电压和 EN/UV 引脚之间外接电阻，可用于监测直流输入电压。在上电或重启动时功率 MOSFET 截止，只有流入 EN/UV 引脚的电流超过 49μA，才能使功率 MOSFET 开关工作，从而实现了当直流线电压欠压时，将 BP 引脚的电压维持在 4.8V。当欠电压消除后，BP 引脚的电压从 4.8V 回升到 5.8V。在自动重启状态下，直流线电压欠压，功率 MOSFET 截止，自动重启计数器停止工作，从而延长了截止时间，超过通常故障情况下的 850ms，直到主线欠压故障消除为止。

如果外接电阻连接到 EN/UV 引脚，则欠电压功能失效。

TinySwitch-Ⅱ通常工作在极限电流的模式下。使能时，在每个周期的开始 MOSFET 导通，当电流上升到极限值或达到最大占空比（DC_{MAX}）时，MOSFET 就会关断。

在典型电路中，EN/UV 引脚由一个光耦合器驱动。光耦合器晶体管的集电极接 EN/UV 脚，发射极接源极 S 引脚。光耦合器的发光二极管与一个齐纳二极管串联调节直流输出电压。当输出电压超过稳压值（光耦合器的发光二极管压降加上齐纳二极管的电压值）时，光耦合器的发光二极管开始导通，把 EN/UV 脚拉低。齐纳二极管可由 TL431 基准稳压器代替以改进稳压精度。

TinySwitch-Ⅱ的内部时钟始终工作。在每个时钟周期开始，内部时钟采样 EN/UV 引脚来判断是否完成一个开关周期，并根据多个周期的采样时序来确定恰当的电流极限值。当负载较重，EN/UV 引脚为高电平并且该引脚的输出小于 240μA 时，开关周期产生最大的极限电流值。而当负载较轻，EN/UV 引脚为高电平时，开关周期产生减小的极限电流值。

在接近最大负载时，TinySwitch-Ⅱ几乎在整个时钟周期内部导通。TinySwitch-Ⅱ在接近最大负载时的工作波形如图 7-31 所示。当减小负载时，会跳过几个周期来维持电源输出的稳定。TinySwitch-Ⅱ在较重负载时的工作波形如图 7-32 所示。在中等负载情况下，跳过更多的周期并且电流极限值减小。TinySwitch-Ⅱ在中等负载时的工作波形如图 7-33 所示。当负载较轻时，电流极限值进一步降低。TinySwitch-Ⅱ在很轻负载时的工作波形如图 7-34 所示，此时导通周期的百分比很小就足以满足电源的功耗。TinySwitch-Ⅱ开/关控制的响应速度要远快于通常的 PWM 控制方式，因此可以实现精密调节和快速的瞬态响应。

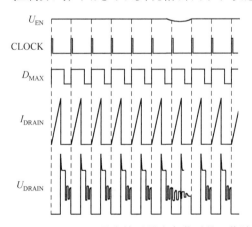

图 7-31　TinySwitch-Ⅱ在接近最大负载时的工作波形

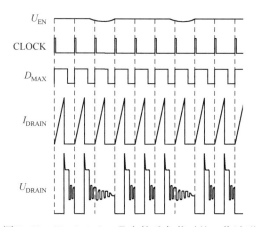

图 7-32 TinySwitch-Ⅱ在较重负载时的工作波形

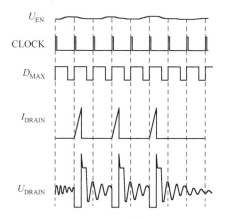

图 7-33 TinySwitch-Ⅱ在中等负载时的工作波形

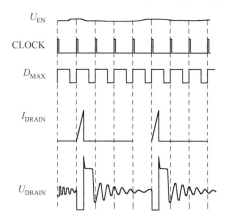

图 7-34 TinySwitch-Ⅱ在很轻负载时的工作波形

工作时，需要在 TinySwitch-Ⅱ 的 BYPASS 引脚接一个 0.1μF 的电容。由于其容值小，故对它的充电时间极短，其典型值为 0.6ms（上电延迟）。由于其开/关反馈的快速特性，所以在电源的输出端没有过冲。当在直流输入电压和 EN/UV 引脚之间外接 2MΩ 电阻时，在上电过程中功率 MOSFET 的开/关过程延迟，直到直流线电压升到超过 100V 门限为止。图 7-35 和图 7-36 分别为 EN/UV 引脚外接或不接 2MΩ 电阻时 TinySwitch-Ⅱ的上电过程波形。

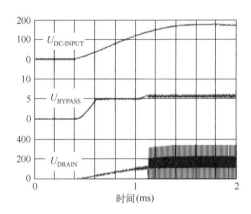

图 7-35　EN/UV 引脚外接 2MΩ 时 TinySwitch-Ⅱ 的上电过程波形

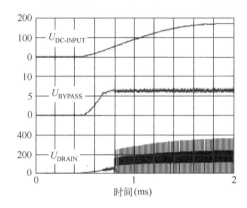

图 7-36　EN/UV 脚不接 2MΩ 电阻时 TinySwitch-Ⅱ 的上电过程波形

在掉电期间（断电时），如果外接电阻，则功率 MOSFET 在输出失调之后仍将开/关 50ms。线电压降低后，欠电压功能禁止重启动，因此 MOSFET 保持关断，无任何尖峰脉冲。

图 7-37 给出了一个典型的 TinySwitch-Ⅱ 掉电过程波形图，它是在 EN/UV 引脚不外接 2MΩ 随选电阻（无欠压）、正常断电时的波形。图 7-38 给出了待机状态下 TinySwitch-Ⅱ 的缓慢掉电过程波形，此时 EN/UV 引脚外接一只 2MΩ 电阻，以阻止不希望发生的再启动情况出现。

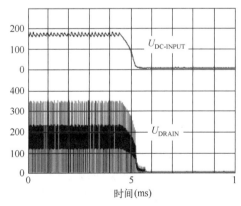

图 7-37　典型的 TinySwitch-Ⅱ 掉电过程波形

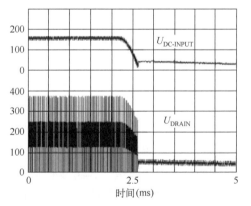

图 7-38　待机状态下 TinySwitch-Ⅱ 的缓慢过程波形（X 轴压缩 5 倍）

7.6.2 典型应用

1. 2.5W 手机充电器

由 TNY264 构成的 2.5W 手机充电器电路如图 7-39 所示。其交流电压输入范围较宽,为 85~265V,输出 5V、0.5A 的直流电压。交流电压输入回路采用 8.2Ω 的熔断电阻器 RF_1 作为保护,经过 $VD_1 \sim VD_4$ 桥式整流,由电感 L_1 与电容 C_1、C_2 构成的 π 形滤波器滤波,获得直流电压 U_I。R_1 为 L_1 的阻尼电阻,阻止电感 L_1 中的谐振。由于 TinySwitch-Ⅱ系列的频率抖动特性,所以使用简单的 π 形滤波器和 Y_1 安全电容 C_8 即可满足抑制电磁干扰(EMI)的国际标准。即使发生输出端容性负载接地的最不利情况,通过变压器绕组屏蔽,仍能有效地抑制 EMI。二极管 VD_6、电容 C_3 和电阻 R_2 构成钳位保护电路,能将功率 MOSFET 关断时加在漏极上的尖峰电压限制在安全范围以内。变压器 T_1 的次级绕组电压经 VD_5、C_5、L_2 和 C_6 整流滤波后,获得 +5V 输出电压。虽然 TinySwitch-Ⅱ的开关频率较高,但在输出整流二极管 VD_5 关断后的反向恢复过程中,会产生开关噪声,容易损坏整流二极管。如果在 VD_5 两端并联由阻容元件串联而成的 RC 吸收电路,能对开关噪声起到一定的抑制作用,但效果仍不理想,而且在电阻上还会造成功率损耗。解决该问题的办法是在次级整流滤波器上串联一只磁珠。图中的滤波电感 L_2 就选用了 3.3μH 的磁珠,可滤除 VD_5 在反向恢复过程中产生的开关噪声。

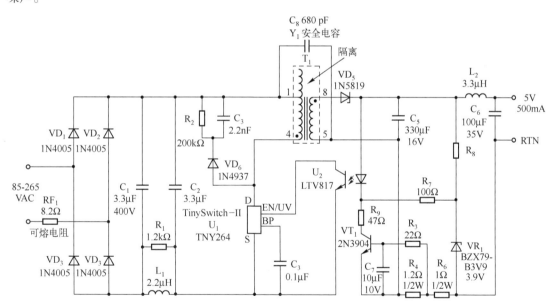

图 7-39 2.5W 手机充电器电路

输出电压由光耦合器 U_2(LTV817)中 LED 的正向压降($U_F \approx 1V$)和齐纳稳压二极管 VD_1 的稳压值($U_Z = 3.9V$)决定,即 $U_O = U_F + U_Z \approx 5V$。电阻 R_8 给齐纳稳压二极管提供偏置电流,使其稳定电流 I_Z 接近典型值。

利用晶体管 VT_1 的 U_{BE} 与电流采样电阻 R_4 上的电压构成简单的恒流电路。当 R_4 上的压降超过晶体管 VT_1 的 U_{BE} 时,VT_1 导通,驱动光耦合器的 LED 发光,实现回路控制。当输出电压下降到 0V 时，R_6 用来维持足够的电压，确保环路工作。当输出短路时，输出电路上升，由于电阻 R_6 和 R_4 上的总压降约为 1.2V，所以仍能维持 VT_1 和光耦合器中 LED 的正常工作。R_3 为基极限流电阻。在输出短路的情况下，电阻 R_7 和 R_9 限制通过 VR_1 的电流。因为 R_4 和 R_6 的压降，所以 VT_1 可以把电流拉下来。

2. 10W 和 15W 的 PC 待机电源

一种输出功率为 10W 的 PC 待机电源电路如图 7-40 所示，该电源在 140～375VDC 的输入电压范围工作，对应于交流输入电压为 230VAC 或 110/115V 倍压输入的情况。它提供两路输出，一路经变压器隔离后输出，为 +5V、2A；另一路为初级绕组侧参考输出，为 +12V，20mA。其电源效率高于 75%。

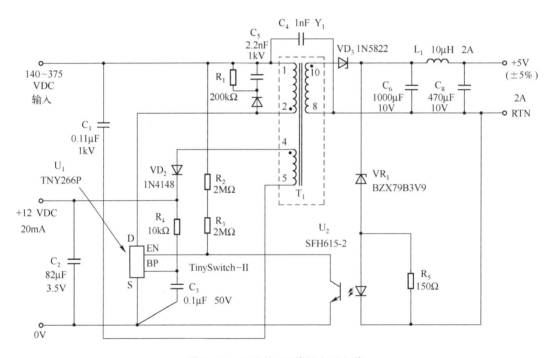

图 7-40　10W 的 PC 待机电源电路

该电源利用了 TinySwitch-Ⅱ系列控制器具有直流线电压欠压检测、自动重启和开关频率高等特点。这里的 TinySwitch-Ⅱ系列选用 TNY266P，以提供 10W 的输出功率。其工作频率为 132kHz，允许使用体积较小、价格较低的 EE16 型高频变压器磁芯。

高压直流电源经过电容 C_1 实现高频去耦，电阻 R_2 和 R_3 检测直流输入电压是否出现欠压。当交流电网关断时，TinySwitch-Ⅱ的欠压检测特性可以避免因大的存储电容缓慢放电而在输出端产生引起自动重启动的尖峰脉冲。当输入电压低于调节输出稳压所需的电平时，TinySwitch-Ⅱ停止开/关；当交流电再次接通，输入电压高于欠压阈值时 TinySwitch-Ⅱ才工作。R_2、R_3 为欠压阈值设定电阻，各为 2MΩ。上电时的欠压阈值设定为 200VDC，略低于正常工作时要求的最低直流输入电压。整流后的直流输入电压 U_1 必须高于 200V，电源才开始工作。而一旦开启电源，只要整流直流输入电压高于 140V，电源就将持续工作，直到

直流输入电压 U_1 降至 140V 才关机。这种滞后关机的特性，可为待机电源提供所需的保持时间。

变压器的初级侧辅助绕组经 VD_2、C_2 整流滤波后，获得 +12V 输出电压，此电压通过 R_4 给 TinySwitch-II 供电。从外部向 TinySwitch-II 供电，使得不再需要内部漏极的电流源对外部 BP 引脚的旁路电容 C_3 充电，从而降低了器件的静态功耗。R_4 的阻值为 10kΩ，可为旁路引脚提供 600μA 的电流，其值略高于 TinySwitch-II 的消耗电流。其余的电流流过芯片内部的齐纳稳压二极管，使其电压钳位在 6.3V。

变压器的次级绕组输出经 VD_3、C_6 整流滤波。次级绕组输出电压的整流选用 1N5822 型 3A 肖特基二极管来完成，当输出端短路时，自动重启电路就限制了短路输出电流，因此 VD_3 无须选择更大容量的二极管。L_1 与 C_8 构成后级滤波器，用来滤除开关噪声。由光耦 U_2 和 VR_1 检测 5V 输出电压。光耦选用 SFH615-2 型线性光耦合器。R_5 用来为齐纳稳压二极管提供偏置电流。在大多数情况下，齐纳稳压二极管提供了足够高的精度，在 0~50℃ 之间，其精度的典型值为 ±6%。由于 TinySwitch-II 限制了光耦 LED 电流的动态范围，使齐纳稳压二极管能以接近恒定偏置电流的电流值工作，因而得以提供一般所需要的精度（大约为 ±3%）。如果要求更高的精度，可以用 TL431 代替 VR_1。

由 TNY267P 构成输出功率为 15W 的 PC 待机电源电路如图 7-41 所示，该电源的工作原理与图 7-40 基本相同。不同之处在于 TinySwitch-II 系列选用 TNY267P 来提供 15W 输出功率，输出电流由 2A 增加为 3A，因此 T_1 使用 EE22 型高频变压器磁芯。次级绕组输出电压的整流选用 SB540 型 5A 肖特基二极管来完成。对于 15W 电源，由于它的次级纹波电流大于 10W 的 PC 待机电源的次级纹波电流，所以增加了 1000μF 的输出电容 C_7。光耦 U_2 选用 TLP181Y 型线性光耦合器。

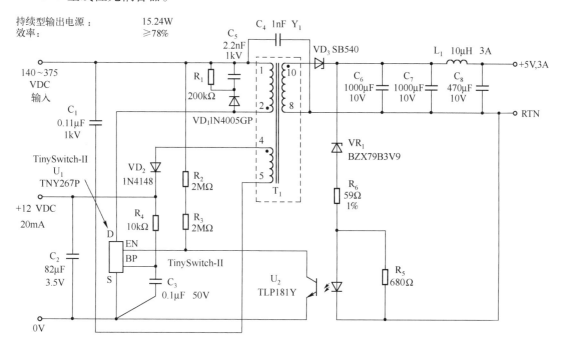

图 7-41 15W 的 PC 待机电源电路

第 8 章 印制电路板的设计

随着电子技术的飞速发展,印制电路板(PCB)的密度越来越高。PCB 设计的好坏对抗干扰性能的影响很大。本章主要论述了开关电源 PCB 的元器件布局及其布线的一些基本原则和要点。

在任何开关电源设计中,PCB 的设计和制作都是很关键的一个环节。对于同一种元件和参数的电路,由于元件布局设计和电气连线方向的不同,其结果可能存在很大的差异。因此,必须把正确设计 PCB 元件布局的结构、正确选择布线方向及整体仪器的工艺结构三方面联合起来考虑,既消除因布线不当而产生的噪声干扰,同时便于安装、调试与检修等。由于开关电源的高频开关特性,如果设计方法不当,可能会产生过多的电磁干扰,造成电源工作不稳定,所以合理的 PCB 设计显得尤为重要。设计 PCB 时除了要遵循普通电路板的一般原则外,还要考虑尽量减小高频电路的干扰。PCB 的总体设计要求是具有很强的抗干扰能力,相当高的绝缘强度和耐高压的冲击能力。

8.1 开关电源的 PCB 设计规范

不好的 PCB 可能会辐射过多的电磁干扰,造成电源工作不稳定,以下针对各个步骤中所需注意的事项进行分析。

1. 从原理图到 PCB 的设计流程

设计流程为:建立元件参数→输入原理网表→设计参数设置→手工布局→手工布线→验证设计→复查→CAM 输出。

2. 电气安全要求

参数设置要确保相邻导线间距必须能满足电气安全要求,而且为了便于操作和生产,间距也应尽量宽些。最小间距至少要能和承受的电压相适应。当布线密度较低时,信号线的间距可适当地加大;高、低电平悬殊的信号线应尽可能地短且加大间距,一般情况下将走线间距设为 8mil。焊盘内孔边缘到 PCB 边的距离要大于 1mm,这样可以避免加工时导致焊盘缺损。当与焊盘连接的走线较细时,要将焊盘与走线之间的连接设计成水滴状,这样做的好处是焊盘不容易起皮,而且走线与焊盘不易断开。

3. 元器件布局

实践证明,即使电路原理图设计正确,PCB 设计不当,也会对电子设备的可靠性产生不利影响。例如,如果 PCB 的两条细平行线靠得很近,则会形成信号波形的延迟,在传输线的终端形成反射噪声；对电源、地线的考虑不周到而引起的干扰，会使产品的性能下降。因此，在设计 PCB 时，应注意采用正确的方法。

开关电源的输入回路通过一个近似直流的电流对输入滤波电容充电，滤波电容主要起到一个宽带储能作用；类似地，输出滤波电容也用来储存来自输出整流器的高频能量，同时消除输出负载回路的直流能量。因此，输入和输出滤波电容的接线端十分重要，应从滤波电容的接线端直接连接到电源以构成回路。电源开关回路和整流回路包含高幅梯形电流，这些电流中的谐波成分很高，其频率远大于开关基频，峰值幅度可高达持续输入/输出直流电流幅度的 5 倍，过渡时间通常约为 50ns。这两个回路最容易产生电磁干扰，因此必须在电源中的其他印制线的布线之前先布好这两个回路。每个回路的 3 种主要元件（滤波电容、电源开关或整流器、电感或变压器）应彼此相邻地进行放置，应调整元件位置使它们之间的电流路径尽可能短。建立开关电源布局的最佳设计流程为：放置变压器→设计电源开关电流回路→设计输出整流电流回路→设计控制电路→设计输入电流和输入滤波器回路→设计输出负载和输出滤波器回路。

4. 高频电路布线

由于开关电源中包含有高频信号，PCB 上的任何印制线都可以起到天线的作用，所以印制线的长度和宽度会影响其阻抗和感抗，从而影响频率响应。印制线的长度与其表现出的电感量和阻抗呈正比，而宽度则与印制线的电感量和阻抗呈反比。长度反映出印制线响应的波长，长度越长，印制线能发送和接收电磁波的频率越低，它就能辐射出更多的射频能量。即使是通过直流信号的印制线也会从邻近的印制线耦合到射频信号并造成电路问题（甚至再次辐射出干扰信号）。因此，应将所有通过交流电流的印制线设计得尽可能短而宽，这意味着必须将所有连接到印制线和连接到其他电源线的元器件放置得很近。

根据印制电路板电流的大小，应尽量加粗电源线宽度，从而减少环路电阻。同时，电源线、地线的走向和电流的方向应一致，这样有助于增强抗噪声能力。

接地作为电路的公共参考点起着很重要的作用，它是控制干扰的重要方法。因此，在布局中应仔细考虑接地线的放置，将各种接地混合会造成电源工作不稳定。

5. 检查

布线完成后，需认真检查布线设计是否符合设计者所制定的规则，同时也需确认所制定的规则是否符合 PCB 生产工艺的需求。一般检查线与线、线与元件焊盘、线与贯通孔、元件焊盘与贯通孔、贯通孔与贯通孔之间的距离是否合理，是否满足生产要求；电源线和地线的宽度是否合适，在 PCB 中是否还有能让地线加宽的地方。另外，每次修改过走线和过孔之后，都要重新覆铜一次。

6. 输出光绘文件

（1）需要输出的层有布线层（底层）、丝印层（包括顶层丝印、底层丝印）、阻焊层（底层阻焊）、钻孔层（底层）。另外，还要生成钻孔文件（NC Drill）。

（2）设置丝印层的 Layer 时，不要选择 Part Type，应选择顶层（底层）和丝印层的 Outline、Text、Linec。在设置每层的 Layer 时，应将 Board Outline 选上；设置丝印层的 Layer 时，不要选择 Part Type，而应选择顶层（底层）和丝印层的 Outline、Text、Line。生成钻孔文件时，应使用 PowerPCB 的默认设置，不要做任何修改。

8.2 元器件的布局

确定元器件的封装后，需要合理安排元器件的布局。适当的 PCB 尺寸大小是元器件合理布局的关键。当 PCB 的尺寸过大时，走线距离长，阻抗增加，抗噪声能力下降，成本也增加；若尺寸过小，则散热不好，且相邻导线之间易受干扰。PCB 一般为矩形，其长宽比为3:2 或4:3。当 PCB 的尺寸大于 200mm×150mm 时，应考虑其所受的机械强度，适当增加其厚度。在确定 PCB 的尺寸后，首先布放关键元器件，然后根据工作原理对全部元器件进行合理布局。

元器件的布局需要综合考虑以下几个方面。

（1）根据用户要求布置安装孔、接插件等需要定位的器件，根据结构图和生产加工时所需的夹持边设置印制电路板的禁止布线区、禁止布局区域。位于印制电路板边缘的元器件，其离 PCB 边缘的距离一般不小于 2mm。

（2）放置元器件时优先布局关键元器件，然后以每个功能电路的核心元器件为中心，根据信号的流向，围绕核心元器件布局功能回路的其他元器件。布局时考虑便于信号流通，信号传递方向应保持一致。元器件应均匀、整齐、紧凑地排列在 PCB 上，并尽量减少和缩短各元器件之间的引线和连接。

（3）放置元器件时要考虑以后的焊接，因此元器件间的间距要适当，不要太密集。一般机器贴片时，同种元器件之间的距离大于 0.3mm，不同种元器件之间的距离大于 $0.13 \times h + 0.3$mm。h 为周围相邻元器件的最大高度差。只能手工贴片的元器件之间的距离应大于 1.5mm。

（4）容易发热和产生干扰的元器件，如变压器、大电流整流二极管、交流滤波电容等，尽量布放在印制电路板的上方边缘，并且留有一定的散热空间，不妨碍散热片的拆装。例如，高频变压器要紧贴印制电路板，不允许有一点晃动，且焊盘、焊点要大，便于拆装。

（5）高频元器件及其周围电路尽量布放紧密，以减小它们之间的距离，缩短它们之间的连线，从而减少元器件之间的分布参数和相互间的电磁干扰。

（6）在某些元器件或导线之间具有较高的电位差，为了避免带有高电压的元器件之间放电发生短路，应加大它们之间的距离。并且为了安全，应尽量将它们布置在远离调试和维修所接触的区域。

（7）对于电位器、可调电感线圈、可变电容、微动开关等可调元件，一般放置在印制电路板的边缘，且其旋转柄朝外，周围留有足够的空间，便于调节。一般顺时针调节时，输出电流或电压升高；逆时针调节时，输出电流或电压降低。

（8）模拟器件和数字器件的旁路或去耦电容应尽量靠近器件的电源引脚，并且引线较短。电容的布置如图 8-1 所示，其中图（b）的滤波效果更好些。

（9）模拟电路应尽量远离数字信号线和地平面中的回路。应将模拟地平面单独连接到系统地连接端，或者将模拟电路放置在印制电路板的最远端，也就是线路的末端，从而保持信号路径所受到的外部干扰最小。

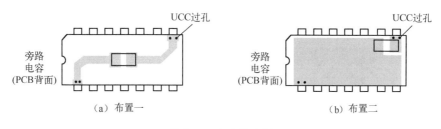

图 8-1 电容的布置

（10）要尽可能将高频和低频信号分开，且高频元器件要靠近印制电路板的接插件。低频和高频电路布局如图 8-2 所示。

（11）小电流、低电压的信号传送元器件应远离大电流、高电压的信号传送元器件，避免对信号电流产生影响。例如，开关电源的反馈控制信号、脉宽调制信号、CPU 输出信号、逻辑控制信号等应远离电磁场，防止受到干扰。

（12）易受干扰的元器件之间应留有适当的距离，输入和输出元件应尽量彼此远离。元器件应尽可能平行排列，这样不但美观，而且装焊容易，易于批量生产。

（13）对于质量较大、比较笨重且工作时发热量多的元器件，如热敏电阻、功率开关管、整流二极管等，应当用支架加以固定，且应考虑散热问题。发热元器件一般应均匀分布，以利于单板和整机的散热。

（14）除温度检测元器件以外的温度敏感器件应远离发热量大的元器件，在必要的情况下可使用风扇和散热器。对于小尺寸、高热量的元器件，加装散热器尤为重要。例如，电解电容受温度影响会显著降低使用寿命，而 PWM 控制芯片会受温度的影响产生频率漂移和稳压偏差，使电源性能指标下降。

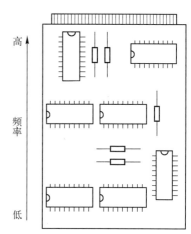

图 8-2 低频和高频电路布局

（15）最小过孔直径取决于印制电路板的厚度。厚度与孔径之比应小于 5~8。最小过孔直径与印制电路板厚度的关系如表 8-1 所示。

表 8-1 最小过孔直径与印制电路板厚度的关系

板材厚度（mm）	3.0	2.5	2.0	1.6	1.0
最小过孔（mil）	24	20	16	12	8
焊盘直径（mil）	40	35	28	25	20

（16）在条件允许的情况下，可以适当增加焊盘和过孔的直径。引脚直径更大的元器件，如散热器、高频变压器等，可根据实际情况，选择更大直径的焊盘和过孔，以便进行元器件的安装和焊接。

如图 8-3 所示是开关电源元器件的布局范例，应注意元器件位置、电路回路走向、散热及装配方法。

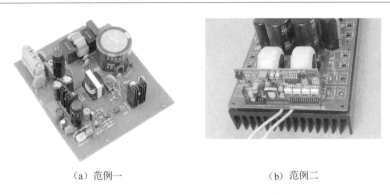

(a) 范例一　　　　　　　　　　(b) 范例二

图 8-3　开关电源元器件的布局范例

8.3　印制电路板的布线

布线是 PCB 设计的关键阶段，设计中考虑的许多因素都应在布线中体现出来。合理的布线可使开关电源获得最佳的性能。从抗干扰角度考虑，布线应遵循的一般原则有以下几个。

（1）布线时先从连接关系复杂的元器件开始着手，从连线密集的区域开始布线，并且优先布置关键的信号线，如电源、模拟小信号、高速信号、时钟信号和同步信号等。

（2）石英晶振和对噪声特别敏感的元器件下面不要走线，也可以用地线进行隔离。

（3）通过布线尽量缩小高频环路面积（布线的不同高频回路面积如图 8-4 所示），有利于减小高频回路的噪声。

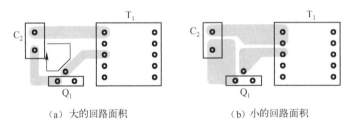

(a) 大的回路面积　　　　　　　　(b) 小的回路面积

图 8-4　布线的不同高频回路面积

（4）单层板布线时尽量采用大面积铺地；如果是双层板，可以采用其中的一层作为地平面；对于多于两层的多层板，可以用接地面分开电源面（电源走线和元件所在的区域）和信号面（反馈和补偿元件所在的区域）以提高性能。多层板的地平面如图 8-5 所示。

（5）要确保每一个大电流的接地端采用尽量短而宽的印制线。若地线很细，则接地电位会随电流的变化而

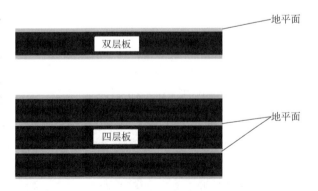

图 8-5　多层板的地平面

显著变化，抗噪声性能也会变坏。应尽量加宽电源、地线宽度，一般满足地线＞电源线＞信号线，如有可能，地线的宽度应大于3mm或尽可能地加粗地线，也可以将剩余的空间铺设大面积铜层作为地线使用。通常避免通过过孔连接地线。

（6）在开关电源中，电感影响较小，而接地电路形成的环流对干扰影响较大，因而采用单点接地。滤波电容公共端应是其他接地点耦合到大电流的交流地的唯一连接点，即将开关回路中的元器件的地线都连接到相应的滤波电容的接地脚上，输出整流回路中的元器件的地线也同样接到相应的滤波电容的接地脚上，这样电源工作较稳定，不易自激。做不到单点接地时，同一级电路的接地点应尽量靠近，并且本级电路的滤波电容也应接在该级接地点上。这主要因为电路各部分回流到地的电流是变化的，且实际流过的线路的阻抗会导致电路各部分地电位的变化，进而引入干扰。

（7）在布线时应尽量避免相邻的导线平行排列，以免通过线间电容使电路发生反馈耦合和电磁振荡。平行布线的长度一般不超过3cm。如果是平行线，最好在线间增设一条地线，以免发生信号反馈或串扰。

（8）印制电路板导线的最小宽度主要由导线与绝缘基板间的黏附强度和流过它们的电流值决定。当铜箔厚度为0.05mm、宽度为1.5mm时，流过1.5A的电流，温度升高不会超过3℃。因此，导线的宽度通常按照1A/mm来设计。数字电路信号通常选0.2～0.3mm宽度的导线。对于通过电流较大的地线和电源线，则应该加宽导线（导线应尽可能短、直、粗）。

（9）相邻导线间距必须能满足电气安全要求，线间绝缘电阻决定了导线间的最小间距。一般情况下，1mm的导线间距可以承受100V的电压。开关电源输入线的相线和中线之间应有3.5mm的蠕动距离，电源地与输出地、变压器的初级与次级间的距离应大于8mm的蠕动距离。当布线密度较低时，信号线的间距可适当地加大；高、低电平悬殊的信号线应尽可能地短且加大间距。

（10）为了避免高频信号的影响，导线之间不能成90°交叉；印制电路板导线转折处一般取圆弧形或135°的拐角。

（11）当与焊盘连接的导线较细时，焊盘与走线之间呈水滴状连接可以使其不易开焊。焊盘中心孔直径要比元器件引脚直径稍大一些，一般大0.1～0.2mm，但不宜过大，应保证引脚与焊盘间的连接距离最短。焊盘应稍微大一些，以确保铜皮和基板的良好附着力，但不宜过大，以免形成虚焊或受到震动时剥离、断脱。焊盘外径 D 一般不小于 $(d+1.2)$ mm，其中 d 为引脚直径。对于高密度的数字电路，焊盘最小直径可取 $(d+1.0)$ mm。

（12）在多层板上，需要使用通孔把导线和不同的板层之间连接起来。如果需要传输较大的电流，通常每200mA电流使用一个标准通孔。

（13）长时间受热时，铜箔易发生膨胀和脱落现象，因此应尽量避免使用大面积铜箔。如果需要用到大面积铜箔时，可以采用栅格状，这样有利于排除铜箔与基板间黏合剂受热产生的挥发性气体。

（14）大面积敷铜用隔热带与焊盘连接；为散热而敷铜时，如果不对称性会引起PCB变形，因此敷铜与SMT器件两端的焊盘应该保证散热的对称性。

如图8-5所示为开关电源的PCB布线示意图。其中图8-6（a）为布线过程图，图8-6（b）为完整PCB图。注意其中的敷铜、过孔、焊盘及导线的粗细。

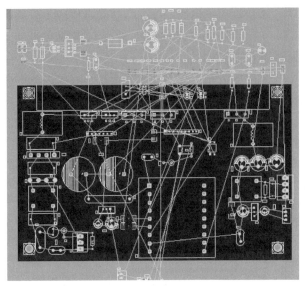 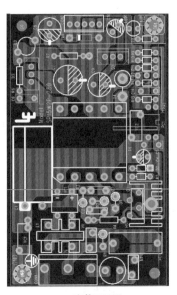

（a）布线过程图　　　　　（b）完整PCB图

图 8-6　开关电源的 PCB 布线示意图

第 3 部 分
开关电源应用实例

第9章 开关电源的典型应用实例

本章在前几章介绍的基本知识的基础上,给出了几种开关电源的典型应用实例。这些实例中的开关电源主要分为非隔离式开关电源和隔离式开关电源。在非隔离式开关电源中,本章将重点叙述降压式开关稳压器和升压式开关稳压器;在隔离式开关电源中,本章将重点叙述单端正激式开关电源、单端反激式开关电源、半桥式开关电源和全桥式开关电源。本章将重点给出典型应用实例的电路原理图并详细分析每个实例的工作原理。

9.1 降压式开关稳压器实例分析

无变压器的非隔离式开关电源,是开关电源中电路结构最简单的。该类电源的输入与输出的一部分是公用的,且输入与输出间不能进行隔离。其应用范围有限,但由于不带变压器,所以该类电源的工作原理容易理解,也不会有变压器漏感引起的故障。降压型开关电源(即降压式开关稳压器)是非隔离式开关电源中的一种。所谓降压式是指无论输入电压 U_i 是正还是负,输出电压 U_o 总低于输入电压 U_i,即 $|U_o| \leqslant |U_i|$。因此,降压型开关电源比较适合用在需要小型高效率开关稳压电源的场合。

下面举一个降压式开关稳压器的例子。

其主要技术指标如下。

(1) 输入电压:20~70V 直流。

(2) 输出电压:0~25V 直流。

(3) 输出最大电流:10A。

(4) 转换效率:大于 70%。

(5) 输出纹波:小于 20mV。

9.1.1 电路原理图

一种降压式开关稳压器的原理如图 9-1 所示。它主要由主电路、控制及驱动电路、保护电路构成。主电路主要由电力场效应管 VT_1、电力二极管 VD_5、滤波电感 L_1 和滤波电容 C_{10} 构成;控制及驱动电路由安森美半导体公司生产的 UC3845 电流控制型芯片和脉冲变压器 T_1 及其他外围电路构成;保护电路主要包括由 R_1、C_2 和 VD_1 构成的缓冲网络、由电流互感器 T_2 构成的电流保护电路、二极管 VD_2 等。

9.1.2 工作原理

首先了解一下该降压式开关稳压器的核心控制元件 UC3845。UC3845 是高性能、固定频率电流模式控制器,专为离线和直流至直流变换器应用而设计,可为设计人员提供只需最

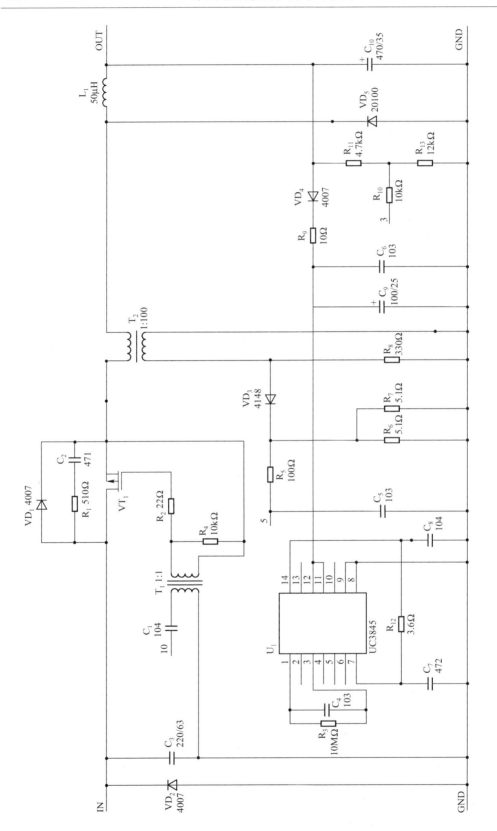

图 9-1 一种降压式开关稳压器的原理图

少外部元件就能获得成本效益高的解决方案。由 UC3845 构成的集成电路具有可微调的振荡器、高增益误差放大器、电流取样比较器，它能进行精确的占空比控制、温度补偿的参考、大电流图腾柱式输出，是驱动功率 MOSFET 的理想器件。

如图 9-2 所示为 UC3845 的内部结构和引脚图。UC3845 采用固定工作频率脉冲宽度可控调制方式，共有 8 脚双列直插塑料封装和 14 脚塑料表面贴装封装两种规格。现以 14 脚为例介绍其各引脚功能。1 脚是误差放大器的输出端，并可用于环路补偿；2 脚是空脚；3 脚是误差放大器的反相输入端，通常通过一个电阻分压器连至开关电源的输出端；4 脚是空脚；5 脚连接一个正比于电感电流的电压，脉宽调制器使用此信息判断是否中止输出开关的导通；6 脚是空脚；7 脚通过将电阻连接至 14 脚及将电容连接至地，使振荡器频率（可达 500kHz）和最大输出占空比可调；8 脚是一个连回至电源的分离电源地返回端，用于减少控制电路中开关瞬态噪声的影响；9 脚是控制电路地返回端，并被连回至电源地；10 脚的输出直接驱动功率 MOSFET 的栅极，高达 1.0A 的峰值电流经此引脚拉和灌；11 脚输出高态由加到此引脚的电压设定，电压通过分离的电源连接该引脚，这样可以减小开关瞬态噪声对控制电路的影响；12 脚是控制集成电路的正电源端；13 脚是空脚；14 脚是参考输出端，它可通过电阻向电容提供充电电流。

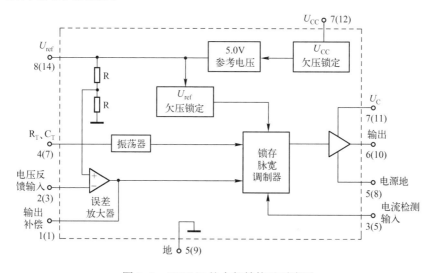

图 9-2 UC3845 的内部结构及引脚图

图 9-1 所介绍的电路就是由 UC3845 构成的降压式开关电源电路，其工作原理是：输入直流电压经电容 C_3 滤波，通过二极管 VD_6、电阻 R_{14} 降压后加到 UC3845 的供电端（12 脚），为 UC3845 提供启动电压。降压式开关电源电路启动后，维持工作状态的电压由输出电压经过二极管 VD_4 和电阻 R_9 提供。在该电路的工作过程中，由 UC3845 的 10 引脚输出的脉冲驱动信号经电容 C_1 滤波、T_1 变压隔离、R_4 和 R_2 分压后来控制 MOSFET 的开通或关断。同时，输出电压经 R_{11}、R_{13} 分压加到 UC3845 的误差放大器的反相输入端（3 脚），为 UC3845 提供负反馈电压，其规律是该引脚的电压越高，驱动脉冲的占空比越小，从而可达到维持稳定输出电压的目的。输出电流经电流互感器 T_2、过流检测网络（由 R_8、VD_3、R_6 和 R_7 构成）、滤波网络（因为 R_5 和 C_5 构成）送至 UC3845 的 5 脚，当 UC3845 的 5 脚电压高于 1V 时，振荡器停振，保护 MOSFET 不至于因为过流而损坏。R_3 和 C_4 构成输出反馈的环路补偿，C_8

为 UC3845 的参考输出滤波电容，C_6 和 C_9 是输出电压的滤波电容，驱动脉冲的输出频率由 R_{12}（其作用是向电容 C_7 提供充电电流）和 C_7 决定。驱动脉冲输出频率 f 的计算公式（f 最大可达 500kHz）：

$$f = \frac{1.72}{R_{12} \times C_7} \quad (9-1)$$

电路中，VD_2 为输入与地间的反保护器件；R_1、C_2、VD_1 构成的网络为 VT_1 的缓冲电路，用以缓冲关断时因为电流迅速降低由线路电感感应出的过电压。

9.2 升压式开关稳压器实例分析

与降压型开关电源一样，升压型开关电源（即升压式开关稳压器）也是无变压器非隔离式开关电源中的一种，所谓升压式是指无论输入电压 U_i 是正还是负，输出电压 U_o 总高于输入电压 U_i，即 $|U_o| \geq |U_i|$。升压型开关稳压器的一个主要应用领域是为白光 LED 供电，该白光 LED 能为电池供电系统的液晶显示（LCD）面板提供背光。在需要提升电压的通用直流-直流电压稳压器中也可使用它。它也常用于功率因数校正场合。

下面举一个升压式开关稳压器的例子。

其主要技术指标如下。

(1) 输入电压：220V、50Hz 交流。
(2) 输出电压：27～37V 直流。
(3) 输出最大电流：2A。
(4) 转换效率：大于 80%。
(5) 输出纹波：小于 0.5V。
(6) 输出电压调整范围：±10%。

9.2.1 电路原理图

一种升压式开关稳压器的原理如图 9-3 所示。它主要由电源电路、主电路、控制电路、驱动电路、保护电路构成。电源电路主要由变压器、整流桥和滤波电容构成；主电路主要由功率管（MOSFET）、电力二极管、电感和滤波电容构成；控制电路由核心控制芯片 SG3525及其外围电路构成；驱动电路是简单式的推挽电路；保护电路主要包括电流保护和电压保护。

9.2.2 工作原理

首先了解一下该升压式开关稳压器的核心控制元件 SG3525。SG3525 是美国硅通用公司生产的电流型脉宽调制器控制器，广泛用于开关电源，用做斩波器。它利用负反馈技术调节开关管的占空比，实现开关电源的稳压和调压作用。当开关电源的输出电压高时，反馈回的取样电压就会高，导致反馈电流变大，这时 SG3525 就会判断输出电压高，然后就使其输出的脉冲方波宽度变窄，也就导致开关管的占空比降低，从而导致输出电压的平均值减小，最终减小输出电压，反之则增大占空比。利用这样的负反馈技术，开关电源即可实现自动稳压的电压控制。SG3525 的内部结构及引脚图如图 9-4 所示。SG3525 的锯齿波由 R_T 和 C_T 产生，锯齿波频率由式（9-2）给出：

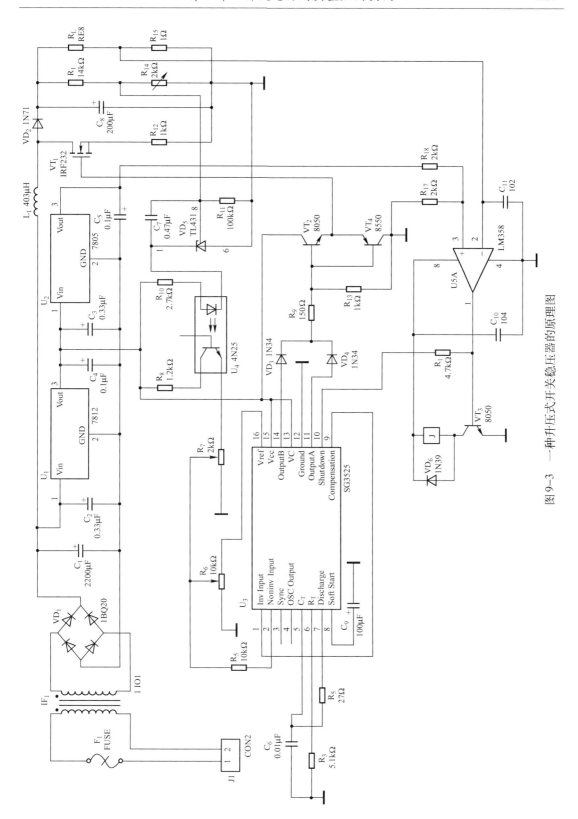

图9-3 一种升压式开关稳压器的原理图

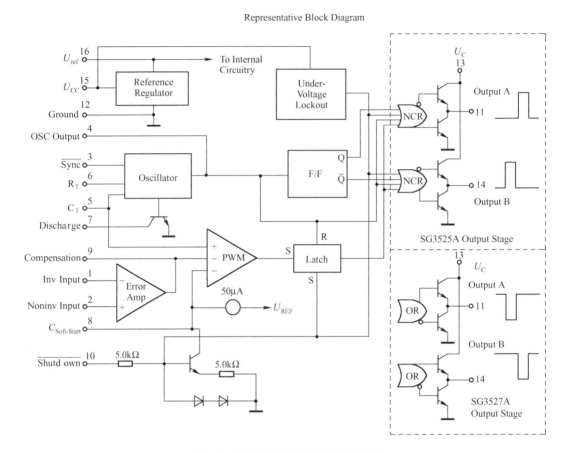

图 9-4 SG3525 的内部结构及引脚图

$$f_T = \frac{1}{(0.7R_T + 3R_D)\ C_T} \tag{9-2}$$

式中，f_T 为时钟频率（kHz）；R_T 为外接电阻（kΩ）；C_T 为外接电容（μF）；R_D 为引脚6、7 间跨接的电阻值。

如图 9-5 所示为 SG3525 的时序图。SG3525 的工作原理是：锯齿波电压和死区时间控制端电压相比较，如果锯齿波电压大于死区时间控制端电压，死区时间比较器就送出高电压，否则就送出低电压。PWM 反馈送入 PWM 比较器的同相输入端和锯齿波电压进行比较，如果反馈端电压大于锯齿波电压则送出高电平，否则送出低电平；另外，误差放大比较器也通过一个二极管送入 PWM 比较器的同相输入端，如果电路发生过流，可以通过这个比较器迅速封锁脉宽保护开关管。死区时间比较器和 PWM 比较器经过与门送入触发器，发出矩形波去驱动 VT_1 和 VT_2 产生随 PWM 反馈电压变化的脉宽，如果 PWM 反馈电压取自电流反馈，则电源就可以通过控制脉宽实现电源所需要的陡降外特性。

图 9-3 中介绍的电路就是由 SG3525 构成的升压式开关电源电路。其工作原理是：220V 交流电源经变压（输出电压为 18VAC）、整流和滤波输出 U_1（19.8～21.6V）作为主电路的输入电源；同时 U_1 经三端稳压器 7818 输出大于等于 18V 的直流电压 U_2，给光电耦合器和控制芯片 SG3525 供电；U_2 再经三端稳压器 7805 输出 5V 直流电压，送至电流保护电路作为运算放大器 LM358 的给定电压；主电路的输出电压经 R_1、R_{14} 分压、信号调理电路调理、光

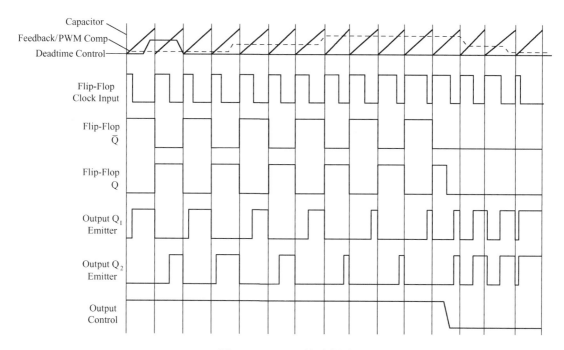

图 9-5　SG3525 的时序图

耦隔离电路隔离,送至 SG3525 的误差放大器的反相输入端(1 脚),与误差放大器的正相输入端信号(由 SG3525 输出的基准电压经电阻分压获得)相比较来决定 PWM 信号的占空比,从而实现稳压的目的。另外,主电路的输出电压还经电阻 R_L、R_{15} 分压作为过流保护电路的输入信号,当电流信号过大时使输出到 SG3525 关断端(10 脚)的信号大于 0.7V,PWM 信号关闭,起到保护作用;控制芯片 SG3525 的输出(11 脚和 14 脚)为并联单端输出,提高了开关电源的占空比,其外部加一个推挽式的驱动电路,增强了开关电源的可靠性。

9.3　笔记本电脑开关电源实例分析

下面举一个笔记本电脑开关电源(属于降压型开关电源)的例子。
其主要技术指标如下。
(1)输入电压:220V、50Hz 交流。
(2)输出电压:+5V 和 +3.3V 直流。
(3)输出最大电流:2A。
(4)转换效率:大于 85%。
(5)输出纹波:小于 0.5V。
(6)输出电压调整范围:±10%。

9.3.1　电路原理图

笔记本电脑开关电源的框图如图 9-6 所示。它主要由输入电源、MAX786、电源选择和需电设备(微处理器、存储器、外围设备等)等构成。输入电源由电池提供,范围是 5.5~30V;MAX786 是 DC/DC 变换芯片;电源选择实现 3.3V 和 5V 电源输出。笔记本电脑开关电源的原理图如图9-7所示。

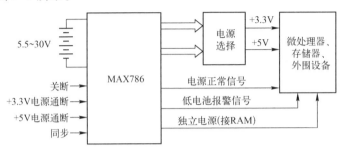

图9-6 笔记本电脑开关电源的框图

9.3.2 工作原理

首先了解一下该笔记本电脑开关电源的核心元件MAX786。MAX786是MAXIM公司生产的DC/DC变换器,它主要应用于笔记本电脑等小型化、轻量化的便携式设备中。利用MAX786可以很方便地输出稳定的5V和3.3V电压。MAX786采用小型化28脚ssop封装,其引脚图如图9-8所示。引脚符号中带数字3、数字5的,分别对应于+3.3V、+5V开关电源的引出端。23脚接由电池构成的5.5~30V直流输入电压;9脚、20脚分别为模拟地、功率地,二者可以共地;1脚为+3.3V开关电源的电流检测端,外接电流检测电阻;28脚为+3.3V开关电源的反馈端;2脚为+3.3V开关电源的软启动电容端;3脚为+3.3V开关电源的通/断控制端,自启动时应接22脚,当3脚为0时,关断+3.3V开关电源;27脚、24脚分别为+3.3V开关电源的高端、低端驱动输出端,接外部N沟道MOS场效应管的栅极;25脚、17脚分别为+3.3V开关电源的升压电容、电感引出脚;15脚、21脚、14脚、13脚、16脚、19脚、18脚和17脚的功能同上,只是所对应的是+5V开关电源;4脚、5脚、8脚和7脚分别为两套精密电压比较器/电平转换器的同相输入端、输出端,比较器的阈值电压均为1.65V,不用时4脚和5脚应接GND;6脚是两个精密电压比较器/电平转换器的正电源端;22脚是+5V逻辑电平输出端,工作在PWM方式下,最大可输出5mA电流,但在关断PWM或处于备用模式(即待机模式)下,此端的输出电流能力增加到25mA,该引脚适合向笔记本电脑中的RAM供电并具有掉电保护功能(因为该引脚为电源输出端,所以无须外接电源);10脚为3.3V基准电压输出端,输出电流可达5mA;11脚为开关频率设定端,此端接GND或22脚时$f=200$kHz,接10脚时,$f=300$khz,也可采用240~350kHz的外部时钟,实现多台笔记本电脑的同步工作;12脚为关断PWM控制端(低电平有效),关断时+3.3V电源、+5V电源和+3.3V基准电压源均不工作,仅22脚电源能向外输出(5V,25mA)。

MAX786的内部框图如图9-9所示。它主要包括300kHz/200kHz振荡器,+5V线性调节器,+3.3V带隙基准电压源,+3.3VPWM控制器,+5VPWM控制器,精密电压比较器1和2/电平转换器1和2,门电路,保护电路(比较器3、4)等。利用SYNC端可以设定开关频率值。选择300kHz频率能进一步减小储能电感和滤波电容值,但使用9V电池组低压供电时,必须选择200kHz频率。由线性调节器产生的+5V电压,一路从Y_1端输出;另一路向基准电压源供电,进而获得+3.3V基准电压,从U_{ref}端输出。

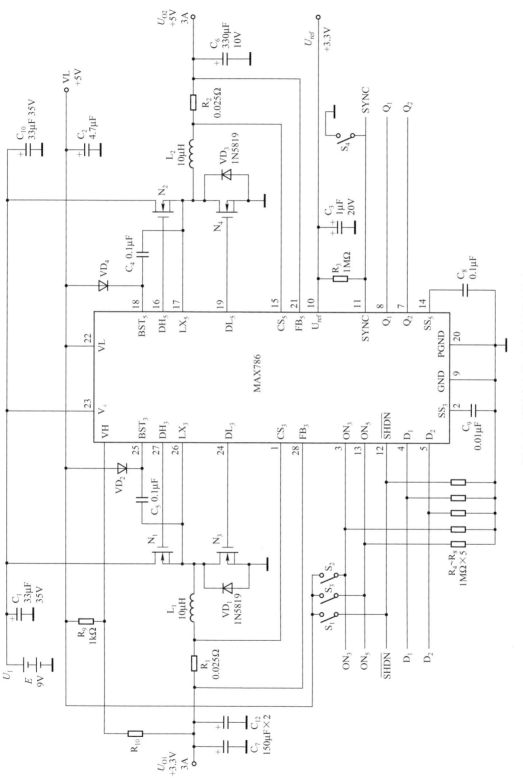

图 9-7 笔记本电脑开关电源的原理图

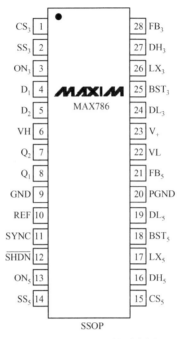

图 9-8　MAX786 的引脚图

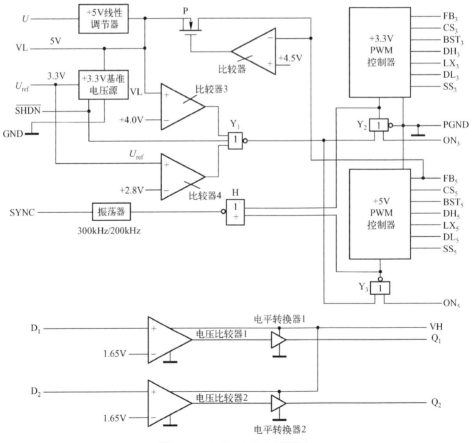

图 9-9　MAX786 的内部框图

图 9-7 中介绍的笔记本电脑电源电路采用 9V 供电，其 +3.3V 开关电源由内部 PWM 控制器、外部 N 沟道 MOS 功率场效应管（N_1 和 N_3）、检波二极管（VD_2）和输出滤波器（L_1，C_{12}，C_7）组成。其中，肖特基二极管 VD_1 与 L_1，C_{12}，C_7 构成降压式输出电路。C_5 是升压电容，用于提升高端（DH_3）驱动信号的幅度，使之大于电池电压，从而提高了 N_1 的输出能力。低端（DL_3）信号直接驱动 N_3。VD_2 是同步检波器外接检波二极管。R_1 为电流检测电阻，用以设定输出电流的极限值。C_9 是软启动电容，其作用是通电后利用电容的充电过程逐步建立起 +3.3V 电源，可降低初始浪涌电压。内部比较器 3 和 4 的作用是当输入（或输出）电压跌落而导致 U_1 < +4.0V 或 U_{ref} < +2.8V 时，就产生故障信号 fault，将 +3.3V 和 +5V 开关电源关断。比较器 1 和 2 可作为低电压检测使用。

PWM 控制器有两种工作方式：一种是连续的 PWM 方式，适用于大负载；另一种是断续的 PWM 方式（也称轻载方式），适用于负载小于满载 25% 的情况，此时能显著降低功耗。当 $\overline{SHDN}$ = 0 时，脉宽调制器、基准电压源和精密电压比较器均无输出，$Q_1 = Q_2 = 0V$，但是 VL 电源照常工作，可向笔记本电脑的随机读写存储器 RAM 提供 +5V、25mA 的电源，确保 RAM 中的数据不至于丢失；当 $\overline{SHDN}$ = 1 且 $ON_3 = ON_5 = 0$ 时，芯片处于备用状态（即待机状态），PWM 停止工作，静态电流降至 70μA。当 S1 断开时，芯片正常工作，此时 $\overline{SHDN}$ = 0；闭合 S_1 时，$\overline{SHDN}$ = 1，MAX786 处于关断状态。当 S_2（S_3）闭合时，+3.3V（+5V）开关电源被接通。闭合 S_4 时，开关频率为 200kHz，断开时开关频率则为 300kHz。

9.4 单端正激式开关电源实例分析

单端正激式开关电源是有变压器隔离式开关稳压电源中的一种。单端正激式开关电源（也称单端正激式变换器）是在降压变换器的开关管和续流二极管之间插入高频变压器，实现输入和输出电气隔离的一种 DC–DC 变换器。单端正激式变换器广泛应用于工业控制、电信中心局设备、数字电话及使用分布式配电系统中。

下面举一个单端正激式开关电源的例子。

其主要技术指标如下。

（1）输入电压：195～265V、50Hz 交流。
（2）输出电压：27～37V 直流。
（3）开关频率：132kHz。
（4）转换效率：大于 90%。
（5）输出纹波：小于 0.5V。
（6）输出电压调整范围：±10%。

9.4.1 电路原理图

该单端正激式开关电源电路的原理如图 9-10 所示。它主要由电源电路、主电路、控制电路、反馈电路构成。电源电路主要由整流桥和滤波电容构成；控制及主电路主要由单片开关电源 TOP244Y、功率管（MOSFET）、变压器、电感、二极管和滤波电容构成；反馈电路主要包括 TL431、精密光耦及其外围电路。

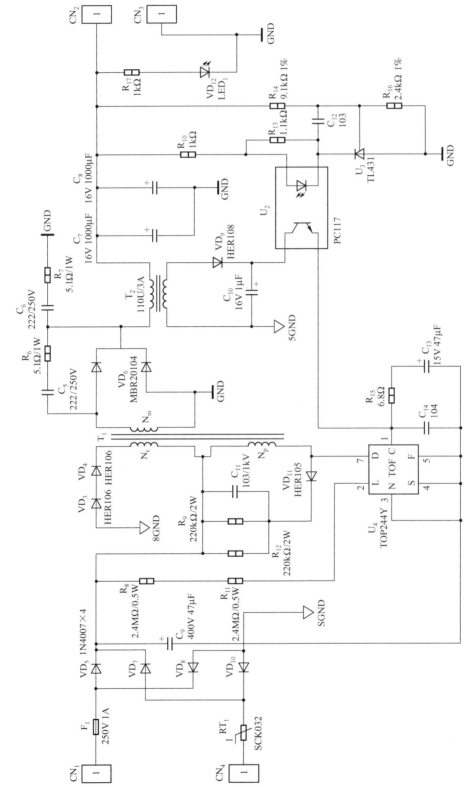

图 9-10 单端正激电源电路图

9.4.2 工作原理

首先了解一下该单端正激式开关电源的核心元件TOP244Y。采用TOP244Y开关集成电路设计单端正激式开关电源，可使电路大为简化，体积进一步缩小，成本也明显降低。该芯片的输出功率为250W；其外围电路简单，成本低；在极低压或过冲情况下能充分集成软启动；该芯片外部可设计精确电流限制的高效率、低成本电路和功率可限电路；具有线性欠压保护，无关断干扰。TOP244Y的内部结构及引脚如图9-11所示。漏极（D）引脚为高压功率MOSFET的漏极输出，通过内部的开关高压电流源提供启动偏置电流。该引脚是漏极电流的内部流限检测点。控制（C）引脚为误差放大器及反馈电流的输入脚，用于占空比控制。该引脚与内部并联调整器相连接，提供正常工作时的内部偏置电流。它也用做电源旁路和自动重启动/补偿电容的连接点。线电压检测（L）引脚为过压（OV）、欠压（UV）、降低DC_{MAX}的线电压前馈、远程开/关和同步的输入引脚。当将该引脚连接至源极引脚时，表示禁用此引脚的所有功能。外部流限（X）引脚为外部流限调节、远程开/关控制和同步的输入引脚。当把该引脚连接至源极引脚时，表示禁用此引脚的所有功能。频率（F）引脚为选择开关频率的输入引脚：如果它连接至源极引脚，则开关频率为132kHz；如果它连接至控制引脚，则开关频率为66kHz。源极（S）引脚是功率MOSFET的源极连接点，用于高压功率的回路。它也是初级控制电路的公共点及参考点。

在图9-10所示的单端正激式开关电源中，交流输入电压经全波整流和平滑滤波后进行开关变换。输出电压一方面经电阻R_8和R_{11}接至TOP244Y的线电压检测引脚，当电压过高时使其内部的开关管停止工作；另一方面接至变压器T_1的N_P绕组，当MOSFET导通时，N_P绕组的电压极性为上正下负，使VD_{11}截止。在MOSFET截止的瞬间，N_P绕组的电压极性变为下正上负，此时VD_{11}导通，尖峰电压被R_{12}、R_9和C_{11}吸收掉。变压器T_1的绕组N_r和二极管VD_3、VD_4构成复位电路，防止变压器的励磁电感饱和。TOP244Y的频率（F）引脚与源极（S）引脚相连，因此开关电源的开关频率为132kHz。将TOP244Y的X与S脚短接，即把极限电流设置为内部最大值，I_{LIMIT} = $I_{LIMIT(MAX)}$ = 1.445A。其中与变压器T_1的N_m绕组相连的是两个彼此反向的二极管，其中与变压器同名端相连接的二极管是导向二极管，该二极管和变压器T_2的原边构成MOSFET开通后的二次整流电路；与变压器非同名端连接的二极管是续流二极管，主要完成MOSFET关断后的续流动作。反馈电路由两部分构成，其中变压器T_2、高频整流滤波器（由VD_9和C_{10}构成）构成非隔离式反馈电路，为光电耦合器的光敏三极管提供偏置电压；取样电路（由R_{14}和R_{15}构成）、外部误差放大器（TL431）和光电耦合器（U_2）构成隔离式反馈电路，它将输出电压的变化量直接转换成控制电流。这里的外部误差放大器较为特殊，它只有一个输入控制端。当输出电压发生波动时，它通过取样电阻分压之后，使TL431的输出电压也产生相应的变化，进而使光电耦合器内的发光二极管的工作电流也发生改变，则TOP244Y的控制端电流也发生改变，从而调节占空比，使输出电压产生相反的变化，达到稳压的目的。LED_1为输出电压指示二极管，当有电压输出时二极管亮，无电压输出时二极管灭。

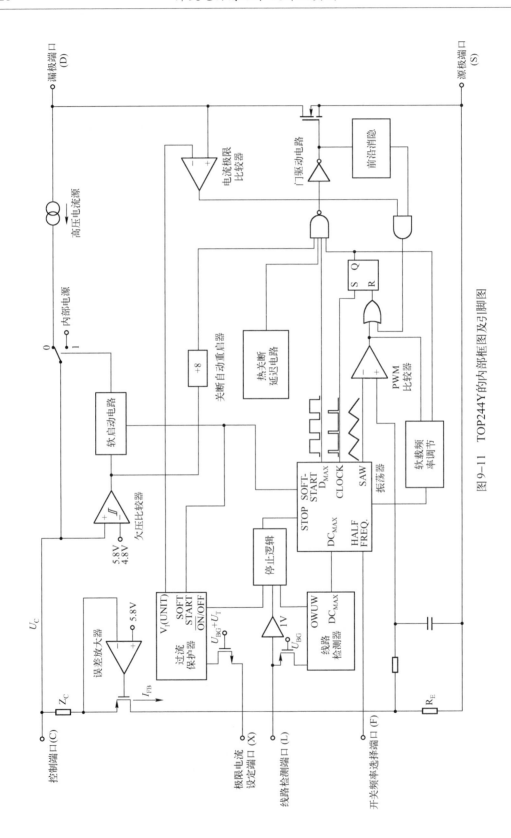

图 9-11 TOP244Y的内部框图及引脚图

9.5 单端反激式开关电源实例分析

单端反激式（Flyback）开关电源（也称单端反激式变换器）因结构简单、元器件数量少和设计方便等优点而广泛应用于电视机、DVD 和充电器等小功率电器的电源中。单端反激式变换器的工作过程决定了其设计方法异于单端正激式变换器。

下面举一个单端反激式开关电源的例子。

其主要技术指标如下。

(1) 输入电压：220V、50Hz 交流。
(2) 输出电压：24V 直流。
(3) 开关频率：200kHz。
(4) 转换效率：大于 90%。
(5) 输出纹波：小于 0.5V。
(6) 输出电压调整范围：±10%。

9.5.1 电路原理图

该单端反激式开关电源电路的原理如图 9-12 所示。它主要由电源电路、主电路、控制电路、反馈电路构成。电源电路主要由整流桥和滤波电容构成；控制及主电路主要由控制芯片 UC3842、功率管（MOSFET）、变压器、二极管和滤波电容构成；反馈电路主要包括 TL431、精密光耦及其外围电路。

9.5.2 工作原理

首先了解一下该单端反激开关电源的核心控制元件 UC3842。UC3842 是由 Unitrode 公司开发的新型控制器件，是国内应用比较广泛的一种电流控制型脉宽调制器。UC3842 采用固定工作频率脉冲宽度可控调制方式，是单电源供电，带电流正向补偿。UC3842 内部的组成框图如图 9-13 所示。它共有 8 个引脚，各引脚功能如下：1 脚是误差放大器的输出端，外接阻容元件用于改善误差放大器的增益和频率特性；2 脚是反馈电压输入端，此脚电压与误差放大器同相端的 2.5V 基准电压进行比较，产生误差电压，从而控制脉冲宽度；3 脚为电流检测输入端，当检测电压超过 1V 时，缩小脉冲宽度使电源处于间歇工作状态；4 脚为定时端，内部振荡器的工作频率由外接的阻容时间常数决定，$f=1.8/(R_T \times C_T)$；5 脚为公共地端；6 脚为推挽输出端，内部为图腾柱式，上升、下降时间仅为 50ns，驱动能力为 ±1A；7 脚是直流电源供电端，具有欠、过压锁定功能，芯片功耗为 15mW；8 脚为 5V 基准电压输出端，有 50mA 的负载能力。UC3842 主要用于高频中小容量开关电源。用它构成的传统离线式反激变换器电路在驱动隔离输出的单端开关时，通常将误差比较器的反向输入端通过反馈绕组经电阻分压得到的信号与内部 2.5V 基准电压进行比较，将误差比较器的输出端的信号（输出端与反向输入端接成 PI 补偿网络）与电流采样分压进行比较，从而控制 PWM 序列的占空比，达到稳定电路的目的。

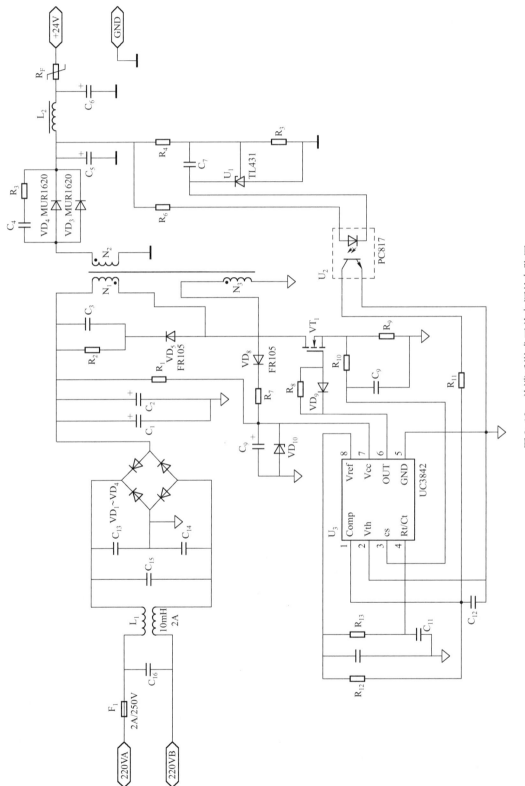

图 9-12　单端反激式开关电源的电路图

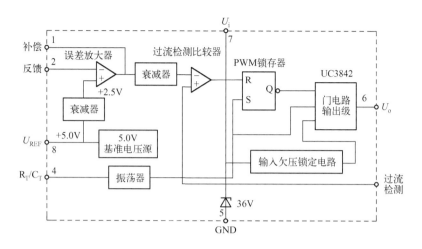

图 9-13　UC3842 内部的组成框图

在图 9-12 所示的单端反激式开关电源中，220V 交流输入电压经低通滤波后的交流电压经桥式整流及电解电容 C_1、C_2 滤波后变成 310V 的脉动直流电压，此电压经电阻 R_1 降压后再给电容 C_8 充电，当电容 C_8 的电压达到 UC3842 的启动电压门槛值时，UC3842 开始工作并提供驱动脉冲，由其引脚 6 输出驱动信号推动开关管工作。当 UC3842 启动后，工作电压由反馈绕组 N_3 提供，稳压二极管 VD_{10} 起到限制 UC3842 输出电压的作用。当开关管 S_1 导通时，输入电压加在初级绕组 N_1 上，N_2 的感应电压为上负下正，整流二极管 VD_6 和 VD_7 因反偏而截止，变压器次级无电流流动，负载由储能滤波电容的放电提供电流。当开关管 S_1 截止时，N_2 上的感应电压使整流二极管正偏。变压器的储能通过导通的二极管传送，一是给电容充电，二是给负载提供输出电流。该单端反激式开关电源利用 TL431 和光耦构成反馈电路，当输出电压发生波动时，经分压电阻 R_4、R_5 得到的取样电压就与 TL431 中的 2.5V 基准电压进行比较，在阴极上形成误差电压，使发光二极管的工作电流发生变化，从而改变了 UC3842 的 Comp 控制端电流的大小，即调节 UC3842 的输出信号占空比，使输出电压变化，从而达到稳压的目的。此电路还具有过流、过压和欠压保护功能。若输出端意外短路，则输出电流便成倍增大，使开关管 VT_1 断开。故障排除后，自动恢复开关管 VT_1 在几秒内快速恢复阻抗。当由于某种原因产生过流时，开关管的漏极电流将大幅度上升，R_9 两端的电压上升，UC3842 的 3 脚上的电压也上升，当该脚的电压超过正常值达到 1V 时，UC3842 的 6 脚无输出，开关管截止。当供电电压发生过压时，UC3842 的 7 脚上的电压上升，其 2 脚上的电压也上升，使 UC3842 的 6 脚无输出。当供电电压欠压时，UC3842 的 1 脚上的电压下降，当下降到 1V 以下时，UC3842 的 6 脚无输出。

9.6　半桥式开关电源实例分析

半桥式开关电源也是隔离式 DC/DC 变换器，其变压器利用率高；开关管承受电压应力低，可做到与输入电压相等；当驱动参数不对称，开关器件参数不一致时，有偏磁可能；漏感会引起占空比丢失。因此，半桥式开关电源适用于输入电压高、中等功率的场合。

下面举一个半桥式开关电源的例子。

其主要技术指标如下。

(1) 输入电压：AC220V，50Hz。
(2) 输出电压：DC15V。
(3) 输出电流：1A。
(4) 转换效率：大于80%。
(5) 输出纹波：小于100mV。
(6) 电压调整率：小于等于2%。

9.6.1 电路原理图

该半桥式开关电源的框图如图9-14所示。它主要由输入电路、半桥逆变电路、控制电路、驱动电路、反馈电路和高频变压整流滤波电路等构成。

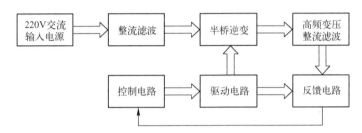

图9-14 半桥式开关电源的框图

半桥式开关电源的主电路如图9-15（a）所示，该电路主要由整流桥、电容 C_1、C_2 和开关管 VT_1、VT_2、变压器、整流二极管和滤波电路构成。控制电路如图9-15（b）所示，它主要由SG3525及其外围电路构成。驱动电路如图9-15（c）所示，它主要由IR2110及其外围电路构成。反馈电路如图9-15（d）所示，它主要由TL431、PC817及其外围电路构成。

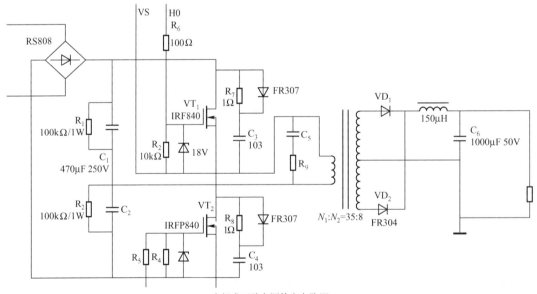

(a) 半桥式开关电源的主电路图

图9-15 半桥式开关电源的原理图

第9章 开关电源的典型应用实例

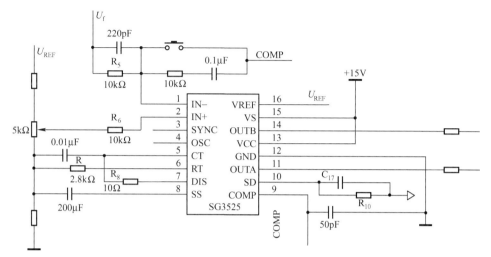

(b) 半桥式开关电源的控制电路图

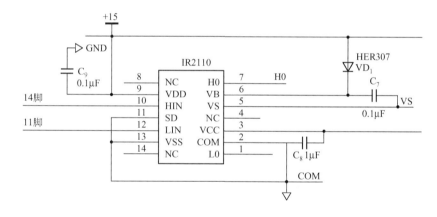

(c) 半桥式开关电源的驱动电路图

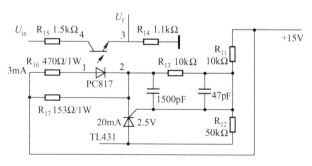

(d) 半桥式开关电源的反馈电路图

图9-15 半桥式开关电源的原理图（续）

9.6.2 工作原理

该半桥式开关电源的核心控制元件 SG3525 已在 9.2 节介绍过，这里不再赘述。在图 9-15（a）所示的半桥式开关电源的主电路中，220V 交流输入经整流桥整流后给主电路供电，当控制电路中的 SG3525 的 14 脚输出高电平时，经驱动电路（IR2110）驱动后，开关管 VT_1 导通，VD_2 反偏截止，VD_1 正偏导通，次级电流流过电感而储能，同时为电容充电并为负载提供输出电流。当控制电路中的 SG3525 的 14 脚输出低电平时，开关管 VT_1 截止，电感中的电流不能突变，继续按原方向流动，初级电流经开关管 VT_2 并联的二极管而保持原来的方向，次级的整流二极管 VD_2 也导通，二极管 VD_1、VD_2 共同承担负载电流，电感中的电流线性下降，输出电压也线性下降。同理，当控制电路中的 SG3525 的 11 脚输出高电平（低电平）时，经驱动电路（IR2110）驱动后，开关管 VT_2 导通（截止），以下过程与 VT_1 导通（截止）时相似，只是初级电流、电压反相，次级绕组电压也随之反相，其数值关系不变，因此不再重复介绍。为了确保输出的稳定，采用可调式精密并联稳压器 TL431 作为稳压器件，用它来构成外部误差放大器，再与线性光耦 PC817 组成隔离式反馈电路。当输出电压升高时，经电阻 R_{11}、R_{12} 分压后得到的取样电压，与 TL431 内部的 2.5V 基准电压进行比较，并在阴极上形成误差电压，使 LED 的工作电流发生变化，SG3525 的 1 脚电压的大小发生变化，9 脚电流的大小也发生变化，进而改变 11 脚和 14 脚输出信号的占空比，维持输出的稳定。

9.7 全桥式开关电源实例分析

全桥式开关电源与半桥式开关电源相比，相同的是：变压器利用率高；开关管承受电压应力低，可做到与输入电压相等；当驱动参数不对称，开关器件参数不一致时，有偏磁可能。不同的是：全桥式开关电源驱动电路复杂，四组均需隔离，开关器件比半桥多一倍。因此全桥式开关电源适用于输入电压高、输出功率大的场合。

下面举一个全桥式开关电源的例子。

其主要技术指标如下。

(1) 输入电压：AC220V，50Hz。

(2) 输出电压：DC24V。

(3) 输出电流：2A。

(4) 转换效率：大于 90%。

(5) 输出纹波：小于 50mV。

(6) 电压调整率：小于等于 2%。

(7) 负载调整率：小于等于 0.5%。

9.7.1 电路原理图

该全桥式开关电源的原理如图 9-16 所示。它主要由输入电源电路、主电路及整流输出电路、控制及驱动电路、反馈电路构成。输入电源电路主要由 EMI 滤波、不可控整流桥和滤波电容构成；主电路及整流输出电路主要由 4 个绝缘栅双极型晶体管（IGBT）、变压器、

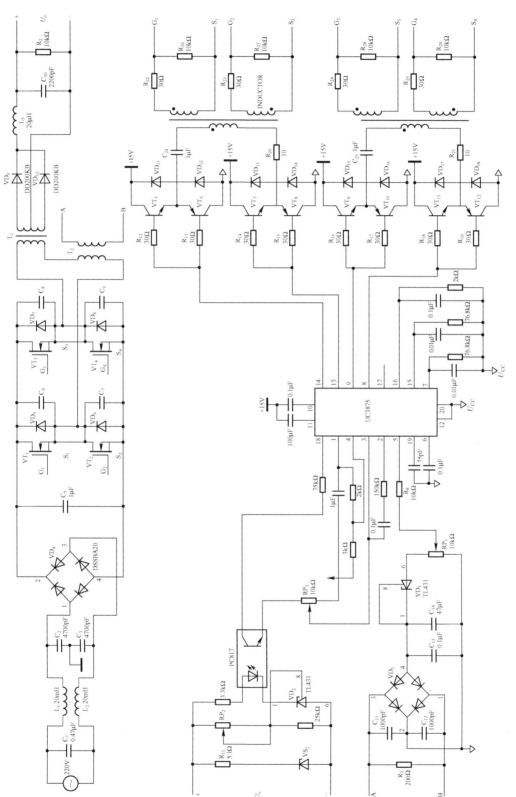

图9-16 全桥式开关电源的原理图

整流二极管、电感、电容和电阻构成；控制及驱动电路主要由控制芯片 UC3875 及其外围电路、晶体管和变压器构成；反馈电路主要包括电流反馈电路和电压反馈电路，其中电流反馈电路主要由电流互感器、整流桥、稳压管、电阻和电容构成，电压反馈电路主要由分压电阻、稳压管和光耦合器构成。

9.7.2 工作原理

首先了解一下该全桥式开关电源的核心控制元件 UC3875。UC3875 是由 Unitrode 公司开发的控制器件，它有 4 个独立的输出驱动端，可以直接驱动 4 个功率 MOSFET。UC3875 的引脚图如图 9-17 所示，其中 OUTA 和 OUTB 相位相反，OUTC 和 OUTD 相位相反，而 OUTC 和 OUTD 相对于 OUTA 和 OUTB 的相位 θ 是可调的。通过调节 θ 的大小即可进行 PWM 的控制。UC3875 共有 20 个引脚，各脚功能如下。

1 脚可输出精确的 5V 基准电压，其电流可达到 60mA。当 U_{IN} 比较低时，UC3875 进入欠压锁定状态，U_{REF} 消失，直到 U_{REF} 达到 4.75V 以上时它才脱离欠压锁定状态。最好的办法是接一个 0.1μF 旁路电容到信号地。

2 脚为电压反馈增益控制端，当误差放大器的输出电压低于 1V 时可实现 0°的相移。

3 脚为误差放大器的反相输入端，该脚通常利用分压电阻检测输出电源电压。

4 脚为误差放大器的同相输入端，该脚与基准电压相连，以检测 E/A－端的输出电源电压。

5 脚为电流检测端，该脚同时为电流故障比较器的同相输入端，其基准设置为内部固定的 2.5V（由 U_{REF} 分压）。当该脚的电压超过 2.5V 时电流故障比较器动作，输出被关断，软启动复位，因此此脚可实现过流保护。

6 脚为软启动端，当输入电压（U_{IN}）低于欠压锁定阈值（10.75V）时，该脚保持低电平；当 U_{IN} 正常时，该脚通过内部 9μA 电流源上升到 4.8V；如果出现电流故障，则该脚的电压将从 4.8V 下降到 0V，因此此脚可实现过电压保护。

7 脚和 15 脚为输出延迟控制端，通过设置 7 脚与 15 脚到地之间的电流来设置死区。死区加于同一桥臂两管的驱动脉冲之间，以实现两管零电压开通时的瞬态时间要求。另外，两个开关管的死区可单独提供以满足不同的瞬态时间要求。

14、13、9、8 脚为输出 OUTA、OUTB、OUTC、OUTD 端，它们均为 2A 的图腾柱输出，可驱动 MOSFET 和变压器。

10 脚为电源电压端，该脚提供输出级所需电源，它通常接 3V 以上的电源，最佳为 12V。该脚应接一旁路电容到电源地。

11 脚为芯片供电电源，该脚提供芯片内部数字、模拟电路部分的电源，接于 12V 稳压电源；为保证芯片正常工作，当该脚电压低于欠压锁定阈值（10.75V）时芯片应停止工作。该脚应接一旁路电容到信号地。

12 脚为电源地端。其他相关的阻容网络与之并联。电源地和信号地应一点接地，以降低噪声和直流降落。

16 脚为频率设置端，该脚与地之间通过一个电阻和电容来设置振荡频率，其具体计算公式为 $f = 4/(R_f C_f)$。

17 脚为时钟/同步端，作为输出，该脚提供时钟信号；作为输入，该脚提供一个同步点。其最简单的用法是：具有不同振荡频率的多个 UC3875 可通过连接其同步端，使它们同步工作于最高频率。该脚也可使多个 UC3875 同步工作于外部时钟频率，但外部时钟频率需大于芯片的时钟频率。

18 脚为陡度端，该脚接一个电阻 R_S；它又是 PWM 比较器的一个输入端，可通过一个电容 C_R 连接到地。

电压陡度以下式建立：

$$dU/dt = U_s / (R_s C_R)$$

式中，dU/dt 表示电压陡度；U_S 表示 18 脚所接电阻 R_S 上的电压；C_R 表示 18 脚所接电容的大小。该脚可通过很少的器件实现电流方式控制，同时提供陡度补偿。

20 脚为信号地端 GND，它是所有电压的参考基准。频率设置端（FREQSET）的振荡电容（C_f），基准电压端（1 脚）的旁路电容和 U_{IN} 的旁路电容及 RAMP 端的斜坡电容（C_R）都应就近可靠地接于信号地上。

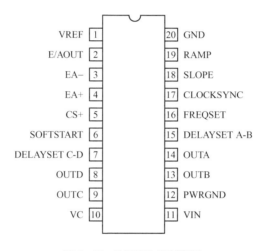

图 9-17 UC3875 的引脚图

在图 9-16 所示的全桥式开关电源中，220V 交流输入电压经 EM_1 滤波环节滤波后，由不可控整流电路整流转化为直流电压。该直流电压经 4 个 IGBT 组成的 H 桥式逆变电路转变成交流电，当 VT_2 和 VT_3 导通时，VT_1 和 VT_4 截止，电源电压加到变压器 T_1 初级绕组上，整流二极管 VD_9 正偏，次级电流经 VD_9 流动，L_3 储能，同时 C_{10} 充电并提供负载电流。当 VT_2 和 VT_3 截止时，全桥变换器的 4 个开关器件均截止，进入死区时间，变压器的初级及次级电感电流均要维持原来流动的方向，在初级经 VT_1 和 VT_4 并联的二极管 VD_5 和 VD_8 续流，并将剩余的能量返回电源，次级的 VD_5 和 VD_6 共同为负载提供电流。VT_1 和 VT_4 导通（截止）的工作过程与 VT_2 和 VT_3 导通（截止）的工作过程相同，只是电压和电流极性相反。UC3875 是该电源的核心控制芯片，其输出电路采用图腾柱式输出，最大电流可达 2A。为保证开关管安全稳定工作，UC3875 的输出信号经场效应管、变压器驱动隔离后再控制开关管工作。图 9-16 中的 R_{12}、R_{13}、R_{14}、R_{15}、R_{16}、R_{17}、R_{18}、R_{19} 是限流电阻，VD_{11}、VD_{12}、VD_{13}、VD_{14}、VD_{15}、VD_{16}、VD_{17}、VD_{18} 是续流二极管，变压器初级电容 C_{24}、C_{25} 用来消除偏磁，电阻 R_{20}、R_{21} 是限流电阻，R_{26}、R_{27}、R_{28}、R_{29} 用于消除栅极振荡，R_{22}、R_{23}、R_{24}、R_{25} 是栅极电阻。电流互感器 T_2 感应的交流电流经 R_3 变成交流电压，经整流桥整流变换成直流电压，滤波后在 VS_1、RP_1 上形成阈值电压，当负载回路的电流过大，使 RP_1 上的电压超过阈值电压时，VS_1 被击穿，RP_1 上的电压高于 2.5V，经 R_8 连接到 UC3875 的 5 脚（过电流封锁端），封锁输出驱动脉冲。UC3875 的 1 脚是基准电压输出端，经 R_5、R_6 分压后接 4 脚（误差放大器的同相输入端），作为输出给定电压基准，RP_3 的输出接 3 脚（误差放大器的反相端），对应输出电压反馈值，2 脚、3 脚、4 脚将内部误差放大器接成 PI 调节器，差值经放大控制输出 A、B 与 C、D 之间的相位，最终调整输出电压波形的占空比，使电源稳定在预定值上。当输出电压正常时，光耦合器 U_1 上的输出电流不变，RP_3 上的电压和 4 脚的给定电压相等，UC3875 的 8 脚、9 脚和 13 脚、14 脚两个桥臂输出的驱动脉冲对应于给定移相角；当输出电压偏低时，光耦合器 U_1 上的输出电流减小，RP_3 上的电压低于 4 脚的给定电压，UC3875 的 8 脚、9 脚和 13 脚、14 脚两个桥臂输出的驱动脉冲对应的移相角减少，使输出电压增加到预定值。

第10章　电子设计竞赛电源设计与制作实例

开关电源以小型、轻量和高效率的特点被广泛应用于以电子计算机为主导的终端设备、通信设备等几乎所有的电子设备中，是当今电子信息产业飞速发展不可缺少的一种电源方式。因此，在全国大学生电子设计竞赛中，开关电源也是不可缺少的题目之一。本章以电子设计竞赛中曾经出过的题目为例，详细介绍了其整个设计过程，包括方案论证、实际设计和最后调试。通过本章的学习，读者能更深入地掌握开关电源的设计步骤及方法，为今后制作开关电源拓宽思路。

10.1　全国大学生电子设计竞赛简介

全国大学生电子设计竞赛是教育部倡导的大学生学科竞赛之一，是面向大学生的群众性科技活动，目的在于推动高等学校促进信息与电子类学科课程体系和课程内容的改革。该竞赛的特点是与高等学校相关专业的课程体系和课程内容改革密切结合，以推动其课程教学、教学改革和实验室建设工作。

1. 竞赛时间和方式

全国大学生电子设计竞赛从 1997 年开始每两年举办一届，竞赛时间定于竞赛举办年度的 9 月份，赛期为四天（具体日期届时通知）。在双数的非竞赛年份，根据实际需要由全国竞赛组委会和有关赛区组织开展全国的专题性竞赛，同时积极鼓励各赛区和学校根据自身条件适时组织开展赛区和学校一级的大学生电子设计竞赛。

竞赛采用全国统一命题、分赛区组织的方式，以"半封闭、相对集中"的组织方式进行。竞赛期间，学生以队为基本单位独立完成竞赛任务，队员可以查阅有关纸介或网络技术资料，可以集体商讨设计思想，确定设计方案，分工负责、团结协作，不允许任何教师或其他人员进行任何形式的指导或引导；参赛队员不得与队外任何人员进行讨论商量。参赛学校应将参赛学生相对集中在实验室内进行竞赛，便于组织人员巡查。为保证竞赛工作，竞赛所需设备、元器件等均由各参赛学校负责提供。

2. 赛题分析

(1) 电源类：简易数控直流电源、直流稳压电源。

(2) 信号源类：实用信号源、波形发生器、电压控制 LC 振荡器等。

(3) 高频无线电类：简易无线电遥控系统、调幅广播收音机、短波调频接收机、调频收音机等。

(4) 放大器类：实用低频功率放大器、高效率音频功率放大器、宽带放大器等。

(5) 仪器仪表类：简易电阻、电容和电感测试仪、简易数字频率计、频率特性测试仪、数字式工频有效值多用表、简易数字存储示波器、低频数字式相位测量仪、简易逻辑分析仪。

(6) 数据采集与处理类：多路数据采集系统、数字化语音存储与回放系统、数据采集与传输系统。

(7) 控制类：水温控制系统、自动往返电动小汽车、简易智能电动车、液体点滴速度监控装置。

3. 电子设计竞赛作品的设计制作步骤

与一般的电子产品设计制作不同的是，电子设计竞赛作品的设计制作一方面需要遵守电子产品设计制作的一般规律，另一方面要在限定时间、限定人数、限定设计制作条件、限定交流等情况下完成，因此电子设计竞赛作品的设计制作有自己的规律：需要经过题目选择、系统方案论证、安装制作与调试等步骤，最后完成作品和设计总结报告。

1) 题目选择

全国大学生电子设计竞赛作品的设计制作时间是4天3晚，3人为一个小组。竞赛题目一般有5~6道题，正确地选择竞赛题目是保证竞赛成功的关键。参赛队员应仔细阅读所有的竞赛题目，根据自己小组3个队员的训练情况，选择相应的题目进行制作。在没有对竞赛题目进行充分地分析之前，一定不能进行设计。题目一旦选定，原则上应保证不中途更改，这是因为竞赛时间有限，不允许返工重来。

2) 系统方案论证

题目选定后，需要考虑的问题是如何实现题目中的各项要求，完成作品的制作，即需要进行系统方案论证。方案论证可以分为总体实现方案论证，子系统实现方案论证，部件实现方案论证几个层次进行。

方案论证具体包括以下内容。

① 确定设计的可行性：如原理的可行性、元器件的可行性、测试的可行性、设计制作的可行性、时间的可行性等；要对上述问题充分考虑、细致分析比较，拟订较切实可行的方案。

② 明确方案的内容：包括系统外部特性，如系统实现的主要功能，输入/输出信号形式及相互关系，测量仪器仪表与方法；系统内部特性，如系统的基本工作原理、系统方框图、系统软/硬件结构等。

③ 系统测量方法和仪器仪表：包括仪器仪表精度、测量参数形式、测量数据的记录与处理。

3) 安装制作与调试

安装制作与调试是保证设计是否成功的重要环节。竞赛成绩共150分，其中100分取决于作品的实测结果，50分取决于设计的总结报告。此部分包括：

① 安装制作考虑的问题，如元器件的选择与采购、是否采用最小系统、是否制作印制电路板及子系统部件安装制作顺序等；

② 调试需要考虑的问题，如调试方法、需要的仪器仪表及测量数据的记录和处理等。

电子设计竞赛作品的设计制作全过程如图10-1所示。

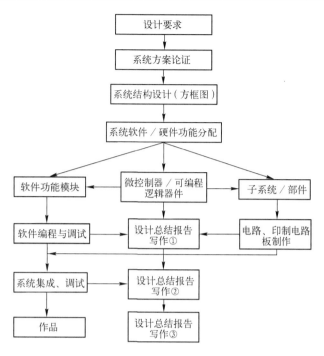

图 10-1　电子设计竞赛作品的设计制作全过程

10.2　简易数控直流电压源设计

10.2.1　设计要求

1. 设计任务

设计并制作有一定输出电压、电流范围和实用功能的数控直流电压源。数控直流电压源的功能框图如图 10-2 所示。

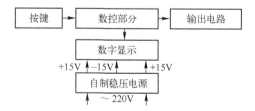

图 10-2　数控直流电压源的功能框图

2. 设计基本要求

（1）输出电压：范围为 0～+9.9V，步进电压值为 0.1V，纹波不大于 10mV。
（2）输出电流：500mA。
（3）输出电压值以数字方式显示。

(4) 由"+"、"-"两键分别控制输出电压步进增减。

(5) 为实现上述几部件的工作,自制一个稳压直流电源,输出 ±15V, +5V。

3. 发挥部分

(1) 输出电压步进值为 0.01V,纹波电压不高于"设计基本要求"部分中的值,且越小越好。

(2) 输出电压可直接设置为 0~9.9V 或 0~9.99V 之间的任意一个值。

(3) 具有输出电压连续步进功能(步进值同上)。

(4) 扩展输出电压种类(如三角波等)。

(5) 其他扩展功能。

10.2.2 方案比较

1. 控制方案比较

方案一(如图 10-3 所示):此方案是传统的模拟 PID 控制方案,其优点是不占用 CPU 处理器的时间,对处理器性能的要求比较低;但模拟 PID 控制方式的参数不易匹配,调节时间长,难以把精度做得很高,并且难以实现题目中要求的良好的人机交互功能。

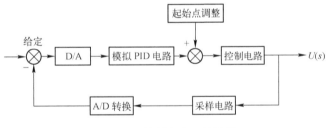

图 10-3 控制方案一的框图

方案二(如图 10-4 所示):此方案采用 AT89S51 为核心处理器,既具有高处理速度,也能实现复杂的算法和控制。

方案二可以方便地实现 PID 的控制算法,因此本设计采用了方案二。

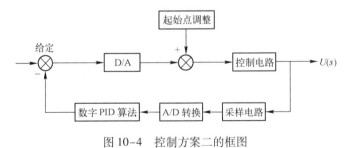

图 10-4 控制方案二的框图

2. 检测方案比较

方案一为直接对负载进行采样。虽然直接对负载进行采样简单易行,但由于负载电阻为可调节电阻,输出电流可能会受接触电阻变化的影响而不稳定,故不宜选取本方案。

方案二为对采样电阻进行采样。采样电阻应采用标准精密电阻,其阻值稳定,可以将阻值的变化对电流的影响降低到最小程度。另外,对采样电阻进行采样,有效避免了外接测量电路对电流的影响。因此应采用方案二。

10.2.3 系统设计

1. 电源电路

恒流源主回路需要一个大电流,为了保证该回路可以得到足够的电流,并且当主回路电流急剧增大时,不至于影响其他元器件的正常工作,这里采用多电源供电的方式,且运算放大器部分采用 15V 对称电源供电。这里用 LM317、LM337 代替了 LM7815、LM7915 来弥补电压波动、负载小、电流小等缺点,既减小了电源设计的难度,又杜绝了两个电路之间的互相干扰,主要还是为了避免电压的波动给运算放大器带来零点漂移。电源原理如图 10-5 所示。

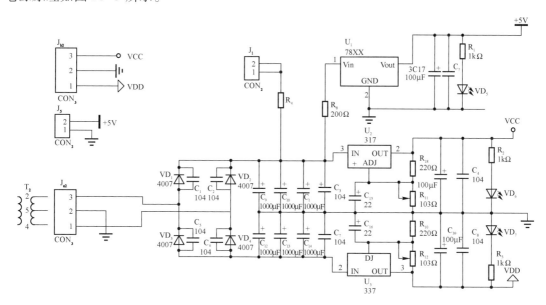

图 10-5 电源原理图

2. D/A 电路

为了减小步长,D/A 电路的输出电压范围应控制在 0~9.9V 之间。由于采用 12 位的 D/A 芯片,故 D/A 电路的输出调整电压精度为 $0.99V/4096 = 0.241mV$。输出电流的最小步长为 $0.241mV/0.5\Omega = 0.482mA$。D/A 转换器采用 TLV5618。TLV5618 是串行输入的 12 位高精度快速双口 D/A 转换器,能够输出二倍基准电压的电压信号。其基准电压是由 TL431 提供的 2.5V 电压,因此经 D/A 转换后的输出为 0~5V。12 位 D/A 转换器的分辨率为 1/4096,若采样电阻为 2Ω,则 D/A 转换器能输出分辨率为 1mA 的电流,实现步进 1mA,完全能够满足本设计的要求。

D/A 输出原理如图 10-6 所示,TLV5618 通过 3 根串行线与 DSP 的同步外围串行接口连接。其中 OUTA 和 OUTB 为串行数据输出口,DIN 为串行数据输入口,发送和接收 16 位数据。SCLK 为串行时钟线接口,$\overline{CS}$ 为片选信号输入口,低电平有效。REF 为复位信号输入线,低电平有效。当片选信号置低时,串行数据输入线上的数据可在串行时钟信号上升沿时按位写入移位寄存器,并在之后的时钟信号上升沿时将移位后的数据写入输入寄存器。写入数据的前 4 位为命令控制位,然后为 12 位数据位,最后两位无功能。通过对命令控制位的不同赋值,可实现 D/A 转换器的不同操作。

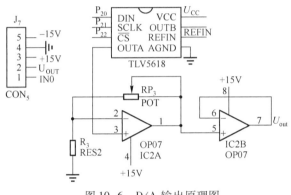

图 10-6 D/A 输出原理图

3. 调整取样电路

调整取样电路如图 10-7 所示。因为运算放大器没有 0V 输出,而设计要求输出从 0V 到 9.9V 的任意一个值,所以在 D/A 转换后只能用三极管 VT_1 和 VT_2(3DD200)来放大调整。3DD200 是大功率金装晶体管,其耐压电流可达 2A,工作稳定,作为后级,能符合设计要求。放大后的信号经 20kΩ 的国产军用 2W 红袍电阻取样输出给 A/D 转换电路。本设计采用的 A/D 转换电路是 TLC2543(如图 10-8(h)所示)。TLC2543 是 11 个输入端的 12 位 A/D 转换器,具有转换快、稳定性好、与微处理器接口简单、价格低等优点,应用前景好。在系统要求采模非常精确的情况下,TLC2543 完全能符合设计要求。

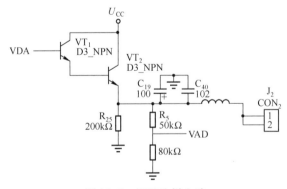

图 10-7 调整取样电路

4. 控制电路

控制电路的原理如图 10-8 所示。如图 10-8(g)所示为单片机电路,本设计选用的单

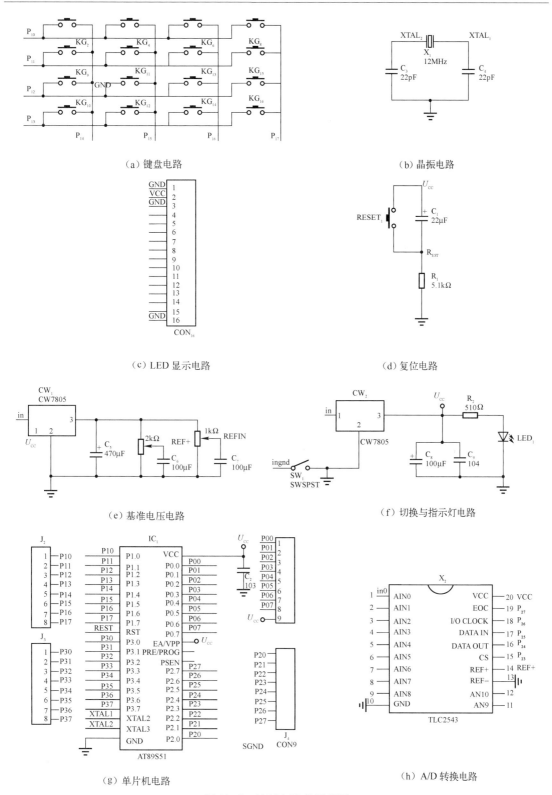

图 10-8 控制电路的原理图

片机为 AT89S51。AT89S51 是一种低功耗、高性能 CMOS8 位微控制器,具有 8KB 在系统可编程 Flash 存储器。AT89S51 由 Atmel 公司使用高密度非易失性存储器技术制造,与工业 80C51 产品的指令和引脚完全兼容。片上 Flash 允许程序存储器在系统可编程,也适用于常规编程器。此单片机完全可以胜任此次的设计要求。

如图 10-8(a)所示为键盘电路,本设计的键盘采用的是普通的 4×4 矩阵式键盘,共有 16 个按键。

如图 10-8(c)所示为 LED 显示电路,本设计采用的是 LCD1602 液晶显示模块。这种显示方式非常直观,使得用户可以从显示器上看到很友好的界面。而且点阵式 LCD 的显示内容非常灵活,用户可以同时从显示器上看到英文提示和两个电流值:一个为预先设定的电流值,即期望值;另一个为输出电流的实测值。正常工作时,两者相差很小。一旦出现偏差较大的状况,在一定范围内系统能自动调整,使误差满足精度要求。

10.2.4 程序设计

程序流程框图如图 10-9 所示。

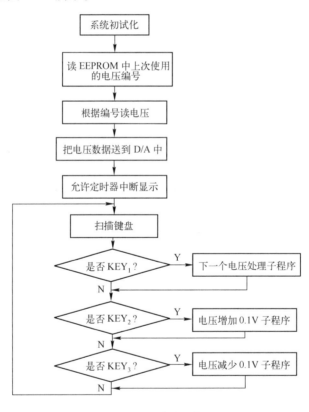

图 10-9 程序流程框图

综上所述,该电源系统以 AT89S51 单片机为核心控制芯片,是实现数控直流稳压电源功能的方案。该设计采用 12 位精度的 D/A 转换器 TLV5618、12 位精度的 A/D 转换器 TLC2543 采集信号,由精密可调稳压管 LM317、LM337、7805、TL431 和 OP07 运算放大器构成稳压源,实现了输出电压范围为 0~+9.9V,电压步进 0.1V 的数控稳压电源,最大纹波只有 10mV，具有较高的精度与稳定性。另外，该方案只采用了 16 按键来实现输出电压的设定，且采用了 LCD1602 液晶显示器来显示输出电压值和电流值。

10.2.5 系统调试

1. 辅助电源的安装调试

辅助电源在安装元器件之前，尤其要注意电容的极性，以及三端稳压器各端子的功能及电路的连接。检查正确无误后，加入交流电源，测量各输出端的直流电压值。

2. 单脉冲及计数器的调试

加入 5V 电源，用万用表测量计数器输出端子的电压。分别按动"＋"键和"－"键，观察计数器的状态变化。

3. D/A 变换器电路的调试

将计数器的输出端 $Q_3 \sim Q_0$ 分别接到 D/A 转换器的数字输入端 $D_3 \sim D_0$，当 $Q_3 \sim Q_0 =$ 0000 时，调节 RP_3，使运算放大器输出 0V。

4. 可调稳压电源部分的调试

将电路连接好，在运算放大器同相输入端加入一个 0～10V 的直流电压，观察输出稳压值的变化情况。

5. 测试结果

数控直流电压源测试结果如表 10-1 所示。

表 10-1 数控直流电压源测试结果

预设值（V）	0.5	1.00	1.50	2.00	2.50	3.00	3.50	4.00	4.50	5.00
实际值（V）	0.492	1.010	1.502	1.987	2.507	3.010	3.492	4.012	4.497	5.021
预设值（V）	5.50	6.00	6.50	7.00	7.50	8.00	8.50	9.00	9.50	10.00
实际值（V）	4.489	6.028	6.492	7.008	7.489	8.001	8.499	9.007	9.493	9.979

10.3 数控直流电流源设计

直流电流源，是一种能向负载提供恒定电流的电路。它既可以为各种放大电路提供偏流以稳定其静态工作点，又可以作为其有源负载，以提高放大倍数。并且它在差动放大电路、脉冲产生电路中也得到了广泛应用。

一般而言，恒流源电路根据主要组成元器件的不同，可分为三类：晶体管恒流源、场效应管恒流源、集成运放恒流源，它们的基本原理和特点如下。

1. 晶体管恒流源

这类恒流源以晶体管为主要组成器件，利用了晶体管集电极电压的变化对电流影响小的特性和在电路中采用电流负反馈来提高输出电流的恒定性。由晶体管构成的恒流源,广泛地用做差动放大器的射极公共电阻,或作为放大电路的有源负载,或用于产生偏流,也可以在脉冲产生电路中用于充、放电电流。由于晶体管参数受温度变化影响,所以该类恒流源大多采用了温度补偿及稳压措施,或增强电流负反馈的深度以进一步稳定输出电流。

2. 场效应管恒流源

与晶体管恒流源相比,场效应管恒流源的等效内阻较小,但增大了电流负反馈电阻,且无须辅助电源,是一个纯两端网络。通常将场效应管和晶体管配合使用,其恒流效果会更佳。

3. 集成运放恒流源

由于温度对集成运放参数的影响,不如对晶体管或场效应管参数的影响显著,所以集成运放恒流源具有稳定性更好,恒流性能更高的优点。尤其在负载一端需接地,要求较大电流的场合,它获得了广泛应用。

10.3.1 设计要求

1. 设计任务

设计并制作数控直流电流源。输入为交流 200~240V,50Hz 或直流 6V 电池组;输出的直流电压≤10V。数控直流电流源的功能框图如图 10-10 所示。

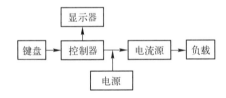

图 10-10 数控直流电流源的功能框图

2. 设计基本要求

(1) 输出电流范围:20~2000mA。
(2) 可设置并显示输出电流给定值。要求输出电流与给定值偏差的绝对值小于等于给定值的 1% +10mA。
(3) 具有"+"、"-"步进调整功能,步进电流小于等于 10mA。
(4) 改变负载电阻。当输出电压在 10V 以内变化时,要求输出电流变化的绝对值小于等于输出电流值的 1% +10mA。
(5) 纹波电流小于等于 2mA。
(6) 自制电源。

3. 发挥部分

(1) 输出电流范围为 20~2000mA,步进电流为 1mA。

(2) 设计、制作测量并显示输出电流的装置（可同时或交替显示电流的给定值和实测值）。测量误差的绝对值小于等于测量值的 0.1% + 3 个字。

(3) 改变负载电阻。当输出电压在 10V 以内变化时，要求输出电流变化的绝对值小于等于输出电流值的 0.1% + 1mA。

(4) 纹波电流小于等于 0.2mA。

(5) 其他扩展功能。

10.3.2 方案论证

恒流源部分的方案选择如下。

方案一：采用恒流二极管或恒流三极管，其精度比较高，但能实现的恒流范围很小，只能达到十几毫安，不满足设计的要求。

方案二：利用三端可调直流稳压集成芯片，通过调整其输出电压来实现负载的恒流特性。其特点是直接利用稳压片提供所需功率，只需要添加相应控制电路即可实现设计的大部分要求，但是其电流调整率指标只能达到 0.5% ~ 0.15%，不满足设计要求。

方案三：用"运放 + 场效应管"的结构构成由电压控制的恒流源。其特点是性能满足本设计要求，同时可以通过选用场效应管的不同容量来满足不同的应用要求。该方案在保证运放处于线性放大状态，输出电压小于 10V 的条件下，输出电流能够达到 1000mA，能满足设计要求，因此本设计采用此方案。

控制电路的方案选择如下。

方案一：采用各类数字电路来组成键盘控制系统，进行信号处理，如选用 CPLD 等可编程逻辑器件。本方案电路复杂，灵活性不高，效率低，不利于系统的扩展，且信号处理比较困难。

方案二：采用 MCS51 系列单片机作为整机的控制单元，通过改变的输入数字量来改变输出电压值，从而使输出功率管的基极电压发生变化，间接地改变输出电流的大小。为了能够使系统具备检测实际输出电流值的大小的功能，可以将电流转换成电压，并经过模数转换器进行模数转换，间接用单片机实时对电压进行采样，然后进行数据处理及显示。此系统比较灵活，采用软件方法来解决数据的预置及电流的步进控制，使得系统硬件更加简洁，各类功能易于实现，能很好地满足设计要求。

比较以上两种方案的优缺点，由于方案二简洁、灵活、可扩展性好，能达到设计要求，所以这里采用方案二。

10.3.3 系统硬件设计

本系统的输出电流范围较大，并且输出电流与给定值偏差的绝对值及纹波电流较小。系统总体框图如图 10-11 所示，它主要分为以下几个组成部分：单片机电路、A/D 和 D/A 模块、恒流源模块、语音电路模块、串口通信模块、键盘模块、LCD 显示模块、供电系统模块。

1. 单片机电路

本设计采用 STC 公司的 STC89C54RD + 单片机作为控制系统的核心。STC89C54RD + 基

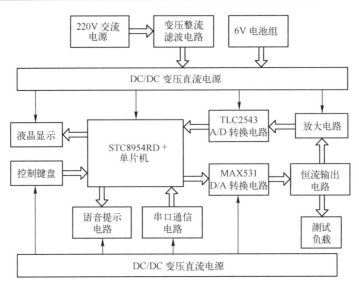

图 10-11 系统总体框图

于 8051 内核,是低功耗、高性能的 CMOS 八位新一代增强型单片机,其指令代码完全兼容传统 8051,但速度快 8~12 倍,有全球唯一 ID 号,加密性好,抗干扰强,且无须编译器即可直接通过串口烧录程序。STC89C54RD+的引脚图如图 10-12 所示。

STC89C54RD+的引脚功能说明如下。

(1) 主电源引脚。

VCC:+5V 电源端。

GND:接地端。

(2) 输入/输出引脚。

P0 口 (P0.0~P0.7):P0 口是一个 8 位漏极开路的双向 I/O 口。当 P0 口作为输出口时,每位能驱动 8 个 TTL 逻辑电平。对 P0 口写 "1" 时,引脚用做高阻抗输入端;当访问外部程序和数据存储器时,P0 可用做多路复用的低字节地址/数据总线。在这种模式下,P0 口具有内部上拉电阻。在对 flash 存储器进行编程时,P0 口用于接收指令字节;在进行程序校验时,输出指令字节,这时需要连接外部上拉电阻。

P1 口 (P1.0~P1.7):P1 口是一个具有内部上拉电阻的 8 位双向 I/O 口,P1 口连接的输出缓冲器能驱动 8 个 TTL 逻辑门电路。对 P1 口写 "1" 时,内部上拉电阻把端口的电平拉高,此时它可以作为输入口使用。

P2 口:P2 口也是一个具有内部上拉电阻的 8 位双向 I/O 口,P2 口连接的输出缓冲器能驱动 4 个 TTL 逻辑门电路。对 P2 口写 "1" 时,内部上拉电阻把端口的电平拉高,此时它可以作为输入口使用。在访问外部程序存储器或用 16 位地读取外部数据存储器时,P2 口送出高 8 位地址。

P3 口:P3 口是一个具有内部上拉电阻的 8 位双向 I/O 口,P3 口连接的输出缓冲器能驱动 4 个 TTL 逻辑门电路。基于单片机控制的直流恒流源的设计对 P3 口写 "1" 时,内部上拉电阻把端口的电平拉高,此时它可以作为输入口使用。作为输入口使用时,被输入信号拉低的引脚由于内部上拉电阻的原因,将输出电流。P3 口也可作为 STC89C54RD+的特殊功能（第二功能）使用。

（3）控制信号引脚。

RST：复位输入端。当单片机的 XTAL1 端和 XTAL2 端外接晶振工作时，若 RST 引脚输入高电平，则只要有 2 个机器周期就会对单片机复位。

ALE/$\overline{\text{PROG}}$：ALE 是地址锁存控制信号。存取外部程序存储器时，这个输出信号用于锁存低 8 位地址；在对 flash 存储器进行编程时，此引脚也用做编程输入脉冲$\overline{\text{PROG}}$。

$\overline{\text{PSEN}}$：外部程序存储器选通信号。当 STC89C54RD + 从外部程序存储器执行外部代码时，$\overline{\text{PSEN}}$在每个机器周期被激活两次；而在访问外部数据存储器时，$\overline{\text{PSEN}}$的两次激活会被跳过。

$\overline{\text{EA}}$/VPP：访问外部程序存储器控制信号。为使能从 0000H 到 FFFFH 的外部程序存储器读取指令，$\overline{\text{EA}}$必须接 GND。为了执行内部程序指令，$\overline{\text{EA}}$应该接 VCC。在 flash 编程期间，$\overline{\text{EA}}$也接收 12V 的 U_{PP} 电压。

（4）振荡器引脚。

XTAL1：振荡器反相放大器和内部时钟发生电路的输入端。

XTAL2：振荡器反相放大器的输出端。

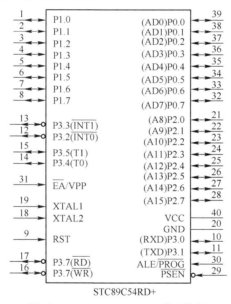

图 10-12　STC89C54RD + 的引脚图

2. A/D 和 D/A 模块

A/D 模块采用 TLC2543 芯片来设计，它是 12 位串行模数转换器，使用开关电容逐次逼近技术完成 A/D 转换过程。由于它是串行输入结构，能够节省 51 系列单片机的 I/O 资源，且价格适中，分辨率较高，所以在仪器仪表中有较为广泛的应用。A/D 转换器 TLC2543 的引脚如图 10-13 所示。

TLC2543 的特点是：有 12 位分辨率；在工作温度范围内转换时间为 10μs；有 11 个模拟输入通道；采用 3 路内置自测试方式；有转换结束（EOC）输出；具有单、双极性输出；有可编程的 MSB 或 LSB 前导；输出数据长度可以编程设定为 8 位、12 位或 16 位。在本系统中

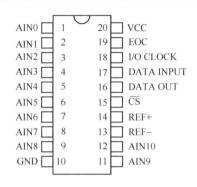

图 10-13 A/D 转换器 TLC2543 的引脚图

采用的输出长度设定为 12 位。另外，TLC2543 与外围电路的连线简单。它有 3 个控制输入端，分别为 $\overline{CS}$（片选）、输入/输出时钟（I/O CLOCK）及串行数据输入端（DATA INPUT）；模拟量输入端 AIN0 ~ AIN10，这 11 路输入信号由内部多路器选通，这里选用了 AIN0 模拟输入端；系统时钟由片内产生并由 I/O CLOCK 同步；正、负基准电压（REF+，REF-）由外部提供，通常为 VCC 和地，两者的差值决定了输入范围。在本系统中，输入模拟信号为 4 ~ 20mA 电流的模拟量，也就是转换输入范围电压是 0 ~ 5V。

TLC2543 的引脚介绍如下。

1 ~ 9 脚，11 脚，12 脚：AIN0 ~ AIN10，是模拟量输入端。

16 脚：DATA OUT，A/D 转换结果的三态串行输出端。当 $\overline{CS}$ 为高时，它处于高阻抗状态；当 $\overline{CS}$ 为低时，它处于激活状态。

17 脚：DATA INPUT，是串行数据输入端，由 4 位的串行地址输入来选择模拟量输入通道。

18 脚：I/O CLOCK，输入/输出时钟端。

19 脚：EOC，是转换结束端。在 I/O CLOCK 下降沿之后，EOC 从高电平变为低电平并保持到转换完成和数据准备传输为止。EOC 引脚在第 12 个时钟的下降沿由高变低，它标志 TLC2543 开始对本次采样的模拟量进行 A/D 转换，转换完成后 EOC 变高，标志转换结束。

STC89C54RD+ 与 A/D 转换器 TLC2543 的连接电路如图 10-14 所示。TLC2543 将恒流源测量的模拟电压值，经过模数转换变成单片机可识别的数字电压值，再由单片机进行数据处理。

本设计中采用 12 位 D/A 转换芯片 MAX531 来实现数模转换。MAX531 是 Maxim 公司推出的性能优越、高分辨率 D/A 转换集成电路。它具有功耗低、转换频率快、内部带基准电压等特点，既可与 MCS51、Z80 单片微机接口，也可与 80X86 系列微机通过系统总线接口，构成微机数据处理系统。MAX531 采用 5V 或 ±5V 供电，具有 1 路 12 位模拟量电压输出。MAX531 的输出端接运算放大器，将模拟输出调节至 0 ~ 5V。MAX531 是 12 位串行 D/A，具有较高的转换速度。MAX531 具有内部参考电压，即 10 脚（REFOUT）可输出 2.048V 的参考电压，因此，D/A 转换的全量程为 2.048V。而输出信号一般要求是标准的 0 ~ 5V，因此，要加一级运放把 MAX531 输出的 0 ~ 2.048V 信号转换成 0 ~ 5V 信号。

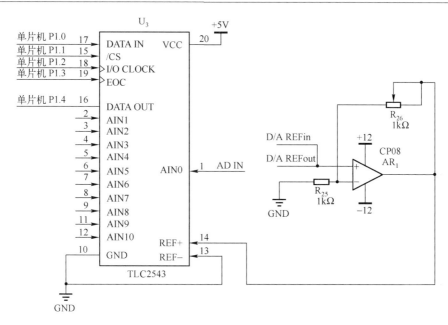

图 10-14　STC89C54RD+ 与 A/D 转换器 TLC2543 的连接电路图

MAX531 的 D/A 转换数据通过 DIN 端口进行串行输入，然后经过 D/A 转换和运放从 VOUT 输出各种范围的电压信号。其 $\overline{CS}$ 为片选端口，当 $\overline{CS}$ 为 0 时，则选择该 D/A 转换芯片。MAX531 采用 14 脚 DIP 封装，如图 10-15 所示。其引脚功能介绍如下。

1 脚：BIPOFF 空端口。

2 脚：DIN 串行数据输入。

3 脚：CLR 清除端。

4 脚：SCLK 串行时钟信号注入。

5 脚：$\overline{CS}$ 片选端。

6 脚：DOUT 串行数据输出。

7 脚：DGND 数据地。

8 脚：VDD 电源输入端。

9 脚：RFB 反馈输入端。

10 脚：VOUT 模拟电压输出。

11 脚：REFOUT 基准电压输出。

12 脚：REFIN 基准电压输入。

13 脚：AGND 模拟地。

14 脚：Vss 公共接地端。

MAX531 的基本工作原理是：在芯片选择引脚（$\overline{CS}$）为高电平时，SCLK 被禁止且 DIN 端的数据不能进入 D/A，因此 VOUT 处于高阻状态。当数据串行接口把 $\overline{CS}$ 拉至低电平时，转换时序开始允许 SCLK 工作并使 VOUT 脱离高阻状态。数据串行接口将 SCLK 时钟序列传给 SCLK，在 SCLK 的上升沿，16 位串行数字送至 DIN 并被锁入 12 位移位寄存器，其中高 4 位（MSB）移入 DOUT 寄存器，此时 D/A 以菊花链方式连接才有效。

MAX531 输入数据以 16 位为一个单元,因此需要两个写周期把数据存入 DAC。上电时,内部复位电路迫使 DAC 寄存器复位成 000H。当 DAC 在系统中不工作时,通过设置合适的代码使其功耗最小。

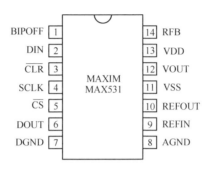

图 10-15 D/A 转换器 MAX531 的引脚图

STC89C54RD+ 与 D/A 转换器 MAX531 的连接电路如图 10-16 所示。D/A 转换器 MAX531 将单片机输出的数字电压值,经过数模转换变成压控恒流源所需要的模拟电压值,再由模拟电压值的变化来控制输出恒流源的电流值的变化。

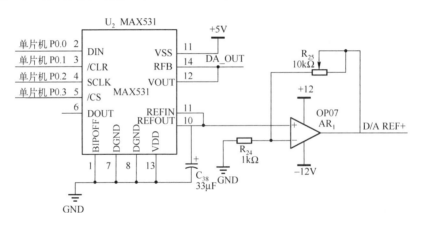

图 10-16 STC89C54RD+ 与 D/A 转换器 MAX531 的连接电路图

3. 恒流源模块

压控恒流源电路的原理如图 10-17 所示。该电路中的调整管采用 N 沟道大功率场效应管 IRF641。压控恒流源电路采用场效应管,使其工作在饱和区,既能满足输出电流最大达到 2A 的要求,也能较好地实现电压近似线性地控制电流。在图 10-17 中,R^* 为取样电阻,采用康铜丝绕制(阻值随温度的变化较小),其阻值为 1Ω。运算放大器采用 OP07,作为电压跟随器使用。由于运算放大器的虚短原则($U_{out}=U_+=U_-$),场效应管的 $I_D=I_s$(栅极电流相对很小,可忽略不计),所以有 $I_O=I_s=U_{out}/R^*=U_{in}/R^*$。正因为 $I_O=U_{in}/R^*$,电路输入电压 U_{in} 控制电流 I_O,即 I_O 不随负载 R_L 的变化而变化,所以可以实现电压控制电流。

第 10 章 电子设计竞赛电源设计与制作实例

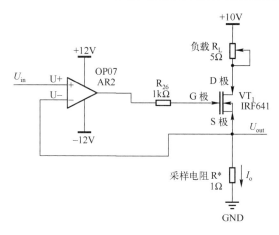

图 10-17 压控恒流源电路的原理图

4. 语音电路模块

本设计的语音电路模块选用的是 ISD4004 语音芯片。ISD 系列语音芯片是美国 ISD 公司推出的产品。该系列语音芯片采用多电平直接接模拟存储 (Chip Corder) 专利技术，声音不需要进行 A/D 转换和压缩，每个采样值直接存储在片内的闪烁存储器中，没有 A/D 转换误差，因此能够真实、自然地再现语音、音乐及效果声，避免了一般固体录音电路量化和压缩造成的量化噪声和金属声。ISD4004 语音芯片采用 CMOS 技术，内含晶体振荡器、防混叠滤波器、平滑滤波器、自动静噪、音频功率放大器及高密度多电平闪烁存储阵列等，因此只需很少的外围器件就可构成一个完整的声音录放系统。ISD4004 芯片的设计基于所有操作由微控制器控制的原理，且操作命令通过串行通信接口送入。片内信息存于内存储器中，可在断电情况下保存 100 年（典型值）。ISD4004 语音芯片可以反复录音 10 万次。ISD4004 语音芯片的工作电压为 3V，工作电流为 25~30mA，维持电流为 1μA，单片录放语音时间为 8~16min，且音质较好，适合用在移动电话机及其他便携式电子产品中。如图 10-18 所示为 ISD4004 语音芯片的引脚图，其各引脚的具体功能如下。

(1) 电源 (VCCA, VCCD)：模拟和数字电源端。

(2) 地线 (VSSA, VSSD)：模拟地和数字接地端。

(3) 同相模拟输入 (ANA IN +)：录音信号的同相输入端。

(4) 反相模拟输入 (ANA IN -)：差分驱动时，这是录音信号的反相输入端。信号通过耦合电容输入，最大峰值为 16mV。

(5) 音频输出 (AUD OUT)：提供音频输出，可驱动 5kΩ 的负载。

(6) 片选 ($\overline{SS}$)：低电平有效，即低电平时，ISD4004 语音芯片才正常工作。

(7) 串行输入 (MOSI)：串行输入端。主控制器应在串行时钟上升沿之前的半个周期将数据放到本端，供 ISD 输入。

(8) 串行输出 (MISO)：ISD 的串行输出端。当 ISD 未选中时，本端呈高阻态。

(9) 串行时钟 (SCLK)：ISD 的时钟输入端，由主控制器产生，用于同步 MOSI 和 MISO 的数据传输。数据在 SCLK 上升沿锁存到 ISD，在下降沿移出 ISD。

(10) 外部时钟 (XCLK)：本端内部有下拉元件。在不外接地时钟时，此端必须接地。

(11) 自动静噪（AMCAP）：当录音信号电平下降到内部设定的某一阈值以下时，自动静噪功能可以使信号衰弱，这样有助于"养活"无信号（静音）时的噪声。

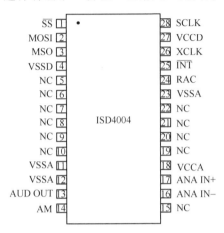

图 10-18 ISD4004 语音芯片的引脚图

如果要求输出的声音信号达到清晰播放效果，则还需要功率放大电路。在这里，功率放大电路的功率放大芯片采用的是 TDA2822M。TDA2822M 是一个非常经典的优秀音频功率放大集成电路，具有静态电流小、交叉失真小等特点，可组成单声道 OTL 或双声道 BTL 电路。它适合在便携式、微小型收录机、电脑音响中作为功率放大电路使用。如图 10-19 所示为 TDA2822M 的内部结构图。TDA2822M 的工作特点是：工作电压低（低于 1.8V 时仍能正常工作），集成度高，外围元件少，音质好。

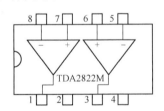

图 10-19 TDA2822M 的内部结构图

如图 10-20 所示是由语音芯片 ISD4004 和功放芯片 TDA2822M 共同组成的语音提示电路，可自行录制提示声音，提示误操作或恒流源设定超过允许设定范围等，具有完全数控录音、放音的功能。

5. 串口通信模块

由于本系统采用 STC 系列单片机，所以可直接使用串口与计算机连接来进行在线编译。这里的串口通信芯片采用的是 MAX232。MAX232 是美信公司专门为电脑的 RS-232 标准串口设计的接口电路，使用 +5V 单电源供电。

MAX232 的特点主要有：

(1) 符合所有的 RS-232C 技术标准；

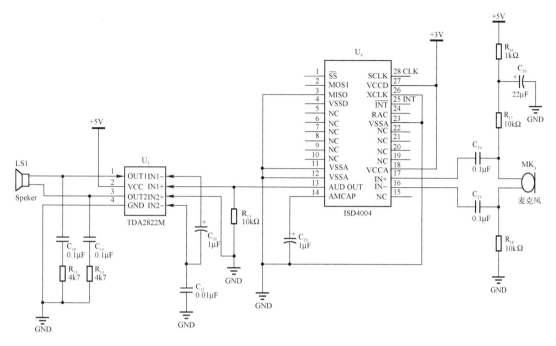

图 10-20 语音提示电路图

(2) 只需要单一 +5V 电源供电;

(3) 片载电荷泵具有升压、电压极性反转能力,能够产生 +10V 和 -10V 电压(V+、V-);

(4) 功耗低,典型供电电流为 5mA;

(5) 内部集成两个 RS-232C 驱动器;

(6) 内部集成两个 RS-232C 接收器;

(7) 高集成度,片外最低只需 4 个电容即可工作。

如图 10-21 所示为 MAX232 的引脚图。其内部结构基本可分为以下三个部分。

第一部分是电荷泵电路,由 1、2、3、4、5、6 脚和 4 个电容构成,其功能是产生 +12V 和 -12V 两个电压,提供给 RS-232 串口电平的需要。

第二部分是数据转换通道。由 7、8、9、10、11、12、13、14 脚构成两个数据转换通道。其中 13 脚(R1IN)、12 脚(R1OUT)、11 脚(T1IN)、14 脚(T1OUT)为第一数据转换通道;8 脚(R2IN)、9 脚(R2OUT)、10 脚(T2IN)、7 脚(T2OUT)为第二数据转换通道。TTL/CMOS 数据从 T1IN、T2IN 输入转换成 RS-232 数据后从 T1OUT、T2OUT 送到计算机的 DP9 插头;DP9 插头的 RS-232 数据从 R1IN、R2IN 输入转换成 TTL/CMOS 数据后从 R1OUT、R2OUT 输出。

第三部分是供电电路:15 脚 GND、16 脚 VCC(+5V)。

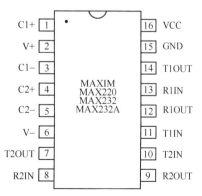

图 10-21 MAX232 的引脚图

这里的 RS-232C 接口选用 9 芯接头，电平转换芯片选用 MAX232A，用来实现 232 电平与 TTL 电平的转换。串口通信电路如图 10-22 所示。该电路采用了三线制连接串口，也就是说它只和计算机的 9 针串口中的 3 根线相连接：第 5 脚的 GND、第 2 脚的 RXD、第 3 脚的 TXD。MAX232 的 10 脚和单片机的 17 脚连接，9 脚和单片机的 18 脚连接，15 脚和地线连接。

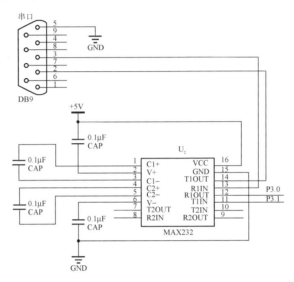

图 10-22 串口通信电路图

6. 键盘模块

键盘是单片机应用系统最常用的输入设备，操作人员可以通过键盘向单片机系统输入指令、地址和数据，实现简单的人机通信。键盘与单片机的接口包括硬件与软件两部分。硬件是指键盘的组织，即键盘结构及其与主机的连接方式。软件是指对按键操作的识别与分析，称为键盘管理程序。不同的键盘组织，其键盘管理程序存在很大的差异，但键盘管理程序大体可分为以下几项。

(1) 识键，判断是否有键按下。若有，则进行译码；若无，则等待或转做别的工作。

(2) 译键，识别出哪一个键被按下并求出被按下键的键值。

(3) 按键分析，根据键值找出对应的处理程序的入口的键值。

在单片机应用系统中，扫描键盘只是 CPU 的工作任务之一。在实际应用中，要想做到既能及时响应键操作，又不过多占用 CPU 的工作时间，就要根据应用系统中 CPU 的忙闲情况选择适当的键盘工作方式。键盘的工作方式一般有编程扫描方式和中断扫描方式两种。

(1) 编程扫描方式：CPU 可以采用程序控制的随机方式调用键盘扫描子程序响应键输入要求；也可以采用定时控制方式，即每隔一定时间调用键盘扫描子程序来响应键输入要求。

(2) 中断扫描方式：采用编程扫描工作方式能及时响应输入的命令或数据，但是这种方式不管键盘上有无键按下，CPU 总要定时扫描键盘，而应用系统工作时并不需要用键输入，因此，CPU 经常处于空扫描状态。

为了提高 CPU 的工作效率，本系统采用中断扫描方式，即只有在键盘上有键按下时才发中断请求，CPU 响应中断请求后，转中断服务程序，进行键扫描，识别键码。本设计要求可进行电流给定值的设置和步进调整，即利用 3 个按键（每个按键单独占有一个单片机 I/O 接口）进行菜单方式控制。键盘控制电路如图 10-23 所示，图中的 K_0，K_1 和 K_2 三个按键分别连接着单片机的 P3.6，P3.5 和 P3.3 三个端口。当 K_0 键按下时，设定电流值为 100mA，在此基础上，若再按下 K_0 键则设定值在 100mA 基础上以 100 为步长递增，若再按下 K_1 或 K_2 键则设定值在 100mA 基础上以 10 为步长递增或递减；当 K_1 键按下时，设定电流值为 1000mA，在此基础上，若再按下 K_1 键则设定值在 1000mA 基础上以 100 为步长递增，若再按下 K_0 或 K_2 键则设定值在 100mA 基础上以 10 为步长递增或递减。该电路的设计优点是可减少占用单片机的 I/O 口数目，而且可以做到直接输入电流值并控制增减量。

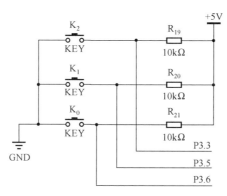

图 10-23 键盘控制电路图

7. LCD 显示模块

这里使用 LCD 显示模块来显示电流预设值和实测值。LCD 具有轻薄短小，可视面积大，方便地显示汉字数字，分辨率高，抗干扰能力强，功耗小，设计简单等特点。LCD12864 是一种具有 4 位/8 位并行、2 线或 3 线串行多种接口方式，内部含有国标一级、二级简体中文字库的点阵图形液晶显示模块，其显示分辨率为 128×64，内置 8192 个 16×16 点汉字和 128 个 16×8 点 ASCII 字符集。利用该模块灵活的接口方式和简单、方便的操作指令，可构成全中文人机交互图形界面。它可以显示 8×4 行 16×16 点阵的汉字，也可完成图形显示。低电压、低功耗是其又一显著特点。由该模块构成的液晶显示方案与同类型的图形点阵液晶显示模块相比，不论硬件电路结构或显示程序都要简洁得多，且该模块的价格也略低于相同点阵的图形液晶模块。

LCD12864 模块的 20 个引脚的定义如下。

1 脚：VSS，为逻辑电源地。

2 脚：VCC，为逻辑电源的 +5V。

3 脚：VO，是 LCD 驱动电压，用于对比度调节。

4 脚：RS，为数据/指令选择，高电平表示选择数据，低电平表示选择指令。

5 脚：R/W，读/写选择，高电平为读数据，低电平为写数据。

6 脚：E，为读/写使能，高电平有效，下降沿锁定数据。

7 脚～14 脚：RB0～RB7，为 8 位数据输入/输出引脚。

15 脚：CS1，片选择号，低电平时选择前 64 列。

16 脚：CS2，片选择号，低电平时选择后 64 列。

17 脚：RESET，为复位信号，低电平有效。

18 脚：VOUT，为 LCD 驱动电压输出端。

19 脚：BLA，为背光电源的 LED 正极。

20 脚：BLK，为背光电源的 LED 负极。

如图 10-24 所示是 LCD12864 与单片机的连接电路图。其电路简单，电路中的电位器 R_1 可用来调节液晶屏的对比度；屏幕接通背光，使恒流源在夜间也可以使用。

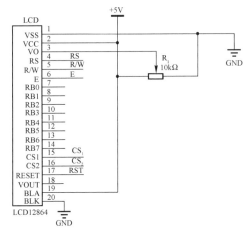

图 10-24　LCD12864 与单片机的连接电路图

8. 供电系统模块

本设计需要电压值为直流 +3V，+5V，+10V，+12V 和 -12V 的 5 种稳定电源为各个模块供电。本设计支持交流 220V 市电和 6V 直流电池组两种供电方式，要求保证在 6V 电池组供电的情况下让恒流源稳定运行，为各个模块提供达到设计要求的多种不同电压值的电源。可以利用一个 6V 直流继电器切换两种供电模式。将电池组接到继电器的常闭触点上，当 220V 市电经变压整流后触发继电器线圈，使其常闭触点断开，即系统接通 220V 市电时，电池组为非供电断开状态，而当没有 220V 的市电时，由电池组为系统供电。如图 10-25 所示为供电系统电路图。

由于整个设计可由交流 220V 和 6V 直流电池组交替供电，所以在 6V 电池组供电时要得到大于 6V 的电压就需要使用升压电路。升压电路的核心元件为 MC34063，它是一种单片双极型线性集成电路，专用于直流-直流变换器控制部分。其内部包含温度补偿带隙基准源、占空比信号周期控制开关，能输出 1.5A 的开关电流。它能使用最少的外接元件构成开关式升压变换器、降压式变换器和电源反向器。在实际应用中，由 MC34063 构成的升压电路，其最大输出电压可以达到 50~60V。

MC34063 具有以下特点：

(1) 能在 3~40V 的输入电压下工作；

(2) 带有短路电流限制功能；

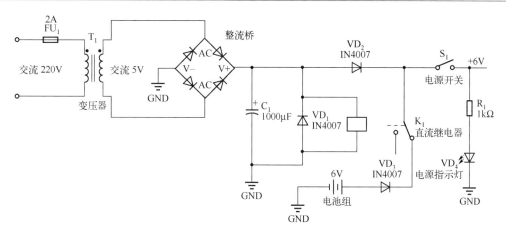

图 10-25 供电系统电路图

（3）低静态工作电流；
（4）输出开关电流可达 1.5A（无外接三极管）；
（5）输出电压可调；
（6）工作振荡频率为 100Hz～100kHz；
（7）可构成升压降压或反向电源变换器。

如图 10-26 所示为 MC34063 的引脚图。由于内置有大电流的电源开关，所以 MC34063 能够控制的开关电流达到 1.5A。其内部包含参考电压源、振荡器、转换器、逻辑控制线路和开关晶体管。如图 10-27 所示为由 MC34063 构成的升压电路图。

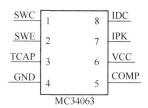

图 10-26 MC34063 的引脚图

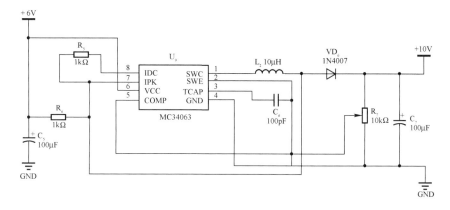

图 10-27 由 MC34063 构成的升压电路图

在 3V 供电电路中，使用了于制作中常用的三端调压芯片 LM317 作为控制芯片。LM317 是美国国家半导体公司的三端可调正稳压器集成电路。LM317 的输出电压范围是 1.2~37V，其负载电流最大为 1.5A。它的使用非常简单，仅需外接两个电阻来设置输出电压。此外，它的线性调整率和负载调整率也比标准的固定稳压器好。LM317 内置有过载保护、安全区保护等多种保护电路。它使用输出电容来改变瞬态响应。其调整端使用滤波电容能得到比标准三端稳压器高得多的纹波抑制比。如图 10-28 所示是由 LM317 构成的 3V 稳压电压输出电路。

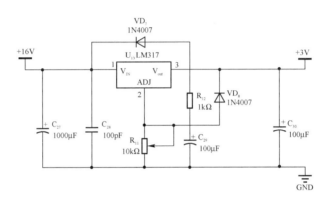

图 10-28　由 LM317 构成的 3V 稳压电压输出电路图

为本设计中的运算放大器提供 +12V 和 -12V 电压的部分，选择了应用非常广泛的 LM7812 和 LM7912 三端稳压器。用 78/79 系列三端稳压器来组成稳压电源所需的外围元件极少，其电路内部还有过流、过热及调整管的保护电路，使用起来可靠、方便，而且价格便宜。该系列稳压器型号中的 78 或 79 后面的数字代表该输出电压。78 系列和 79 系列的最大输出电流为 1.5A。一般三端稳压器的最小输入、输出电压差约为 2V，否则不能输出稳定的电压，一般应使电压差保持在 3~5V 之间。在 78 系列和 79 系列三端稳压器中最常应用的是 TO-220 和 TO-202 两种封装。这两种封装的图形及引脚序号、引脚功能如图 10-29 中所示。图中的引脚号是按照引脚电位从高到底的顺序标注的，便于记忆。其中，1 脚为最高电位，3 脚为最低电位，2 脚居中。不论正压 78 系列还是负压 79 系列，2 脚均为输出端。对于正压 78 系列，输入是最高电位，即 1 脚；3 脚是地端，为最低电位。对于负压 79 系列，输入为最低电位，即 3 脚；1 脚是地端，为最高电位。如图 10-30 所示是由 LM7812 和 LM7912 构成的 ±12V 电压输出电路图。

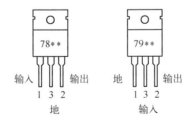

图 10-29　78 系列和 79 系列的引脚图

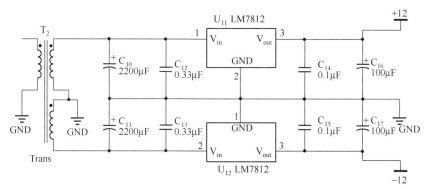

图 10-30　±12V 电压输出电路图

10.3.4　系统软件设计

系统软件主要有设置模块、比较处理模块、显示模块构成。本设计的软件设计采用的是 C 语言。C 语言是一种高级程序设计语言，它提供了十分完备的规范化流程控制结构。因此，采用 C 语言设计单片机应用系统程序时，要尽可能地采用结构化的程序设计方法，这样可使整个应用系统程序结构清晰，易于调试和维护。在程序设计过程中，开机后先初始化，然后从 EEPROM 中读取前次关机时存入的各项数据，并按要求输出。接着，单片机的 CPU 就开始等待键盘输入所产生的中断，中断响应后就进入相应的子程序更新输出与显示，接着等待下一次中断。本设计的整个设计过程是对 STC89C54RD+单片机进行编程来实现的。

软件所要实现的功能是：设置预置电流值；测量输出电流值；控制 A/D 转换器 TLC2543 工作；控制 D/A 转换器 MAX531 工作；对反馈回单片机的电流值进行补偿处理；通过 LCD 液晶显示屏显示电流设置值与测量值；通过键盘扫描，确定电流步进调整及检测各设置功能；控制语音芯片的录音放音。

在系统上电后，主程序首先完成系统的初始化，包括 A/D、D/A、串行口、中断、定时/计数器等工作状态的设定，以及给系统变量赋初值，然后扫描获取键值，判断设定键、校准键是否按下，并执行相应的功能子程序。当启动键按下后，根据设定值、校正等参数计算对应输出的数字量，再进行闭环反馈调整。

另外，在软件的设计中，考虑到运算放大器的工作点偏差问题，输出控制采用链表方式，使得在两个 D/A 均为最大输出时，输出电流为 1000mA，然后递减粗调和细调 D/A，同时用高精度电流表检测电流，当调整到合适的电流时即将输出状态记录下来，并与输出电流相关联，从而修正 D/A 的线性、运算放大器的静态电流等问题造成的偏差。

考虑到键盘对单片机输入数据的步进值，这里采用软件修正功能，使得最小步进为 1mA，优于设计要求。

如图 10-31 所示为数控恒流源系统的软件流程图。软件开始运行后首先进行初始化操作，然后进入主菜单界面，在菜单中选择恒流源模式则进入恒流源输出状态，此时 LCD 屏上就显示预设电流值。数据经 D/A 和 A/D 处理后，实际输出的电流值送回到单片机进行处理并同时显示在 LCD 屏上。如果设置的预设电流值超过了允许设置的范围，则语音提示电路运行；如果设置电流值未超过允许设置的范围，则语音提示电路不工作。

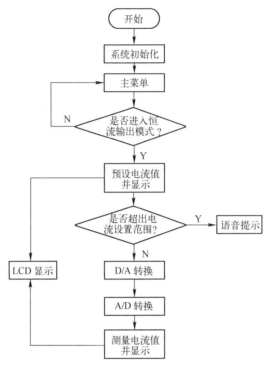

图 10-31 软件流程图

10.3.5 系统测试

1. 电源部分测试

在该项测试中，使用瓷盘变阻器作为负载电阻；使用四位半数字万用表测试电源输出电流；使用毫伏表测试负载两端输出电压；改变瓷盘变阻器的阻值，测试电源的输出电压，负载电流及纹波电压。电源部分指标的测试结果如表 10-2 所示。

表 10-2 电源部分指标的测试结果

测 试 次 数	输 出 电 压	负 载 电 流	负 载 电 阻	纹波电压有效值
1	12.14V	0mA	空载	250μV
2	12.14V	25.14mA	482.9Ω	180μV
3	12.14V	50.06mA	242.5Ω	140μV
4	12.14V	100.1mA	121.3Ω	130μV
5	12.14V	0.509A	23.9Ω	122μV
6	12.14V	1.114A	10.9Ω	122μV
7	12.13V	2.234A	5.4Ω	180μV

由测试数据可以看出，当负载电流超过 2A 时，系统电源电路的输出电压仍然能稳定在 12V 左右，由此可知系统电源电路的输出功率足以驱动电流源电路，使其产生最大 20W 的

功率，符合电流源的功率要求。通过毫伏表估读出其纹波电压，发现它们都是微伏数量级的小纹波电压，不足以引起电流源很大的纹波电流。

综上所述，电源部分满足指标要求。

2. 恒流源电路测试

使用自制电源作为恒流源的电源。首先将负载电阻短路，通过控制面板输入所需电流值，测得恒流源在零负载条件下的性能指标。然后改变负载电阻，测试恒流源电路的带负载能力。恒流源电路的测试结果如表 10-3 所示。

表 10-3 恒流源电路的测试结果

设定电流	实测输出电流	纹波电流	负载电阻
20mA	20mA	55μA	0Ω
40mA	40mA	60μA	0Ω
100mA	101mA	75μA	0Ω
300mA	299mA	90μA	0Ω
800mA	798mA	160μA	0Ω
1A	998mA	223μA	0Ω
1.2A	1200mA	302μA	0Ω
1.5A	1496mA	330μA	0Ω
1.8A	1792mA	385μA	0Ω
2A	1990mA	414μA	0Ω
20mA	20mA	153μA	30Ω
40mA	40mA	167μA	30Ω
100mA	99mA	180μA	30Ω
300mA	298mA	223μA	30Ω

从以上测试结果可知，该数控恒流源可以在输出口电压不超过 10V 的情况下输出 -2 ~ 2A 的恒定电流，具有输出准确、纹波少、输出稳定等特点，基本达到了竞赛题目中要求的各项任务和功能。

10.4 开关稳压电源设计

10.4.1 设计要求

1. 设计任务

设计并制作如图 10-32 中所示的开关电源。

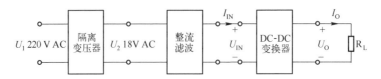

图 10-32 开关电源功能框图

2. 设计要求

在电阻负载条件下，使电源满足下述要求。
(1) 输出电压可调范围：30～36V。
(2) 最大输出电流：2A。
(3) U_2 从 15V 变到 21V 时，电压调整率小于等于 2%（I_O = 2A）。
(4) I_O 从 0 变到 2A 时，负载调整率小于等于 5%（U_2 = 18V）。
(5) 输出噪声纹波电压峰–峰值小于等于 1V（U_2 = 18V，U_O = 36V，I_O = 2A）。
(6) DC-DC 变换器的效率大于等于 70%（U_2 = 18V，U_O = 36V，I_O = 2A）。
(7) 具有过流保护功能，动作电流 $I_{O(th)}$ = 2.5 ± 0.2A。

3. 发挥部分

(1) 进一步提高电压调整率，使其小于等于 0.2%（I_O = 2A）。
(2) 进一步提高负载调整率，使其小于等于 0.5%（U_2 = 18V）。
(3) 进一步提高效率，使其大于等于 85%（U_2 = 18V，U_O = 36V，I_O = 2A）。
(4) 排除过流故障后，电源能自动恢复为正常状态。
(5) 能对输出电压进行键盘设定和步进调整（步进值为 1V），同时具有输出电压、电流的测量和数字显示功能。
(6) 其他扩展功能。

10.4.2 方案论证

1. DC/DC 升压模块方案论证与选择

本设计要求输入 AC220V，经过变压整流滤波之后变为 DC20～29V，输出为 30～36V 可调。这是一个 DC/DC 升压过程。下面就常见的几种 DC/DC 升压拓扑结构进行讨论和分析。

并联式结构是升压电路最基本的拓扑结构，后续所有的升压电路都是从该电路演化过来的。该拓扑结构的优点是电路简单，外围所需的元件少，效率可以做到很高。其缺点是电路功能单一，输出功率比较大时开关管需要承受很大的脉冲电流。

单端正激式结构与并联式结构的唯一区别是使用了变压器，它可以作为隔离式升压电路使用。该拓扑结构的优点是电路相对简单（与后面叙述的拓扑结构相比），外围元件少。其缺点是开关管关断时，变压器容易磁饱和，需要加上磁通复位电路。

单端反激式结构与正激电路很像，但工作原理不同，且脉冲变压器的初级/次级相位刚好相反。该拓扑结构的优点是电路相对简单（与后面叙述的拓扑结构相比），外围元件少。其缺点是由于变压器存在漏感，将在原边形成很大的电压尖峰，可能击穿开关器件，所以需要设钳位电路予以保护。

半桥式（变压器中心抽头）结构的优点是主开关管数量少（与全桥式电路相比），成本低，驱动电路简单，抗不平衡能力强，不需要泄放电阻。它适用于中等功率场合。

全桥式结构的特点是由四个相同的开关管接成电桥结构驱动脉冲变压器的初级。该拓扑结构的主要优点是与推挽结构相比，初级绕组减少了一半，开关管耐压降低了一半。其主要缺点是使用的开关管数量多，且要求参数一致性好，驱动电路复杂，实现同步比较困难。这种电路结构通常使用在 1kW 以上的超大功率开关电源电路中。

结合本级计对电源功率、稳定度、纹波、效率、数字控制等功能的要求，以及上述各方案的比较，也出于对电路的复杂程度的考虑，这里选择半桥式结构来构成 DC/DC 升压电路。

2. 控制模块方案论证与选择

控制模块利用 PWM 专用芯片产生 PWM 控制信号，此方法较易实现，且工作较稳定。PWM 专用芯片分为电压控制型和电流控制型。电压模式控制和峰值电流模式控制的 PWM 原理如图 10-33 所示。

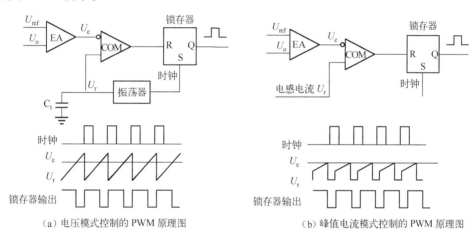

（a）电压模式控制的 PWM 原理图　　　（b）峰值电流模式控制的 PWM 原理图

图 10-33　电压模式控制和峰值电流模式控制的 PWM 原理图

如图 10-33（a）所示为电压模式控制的 PWM 原理图。由该图可以看出电压模式控制只有一个电压反馈闭环，且采用的是脉冲宽度调制法。它的基本工作原理是：输出电压 U_o 与参考电压 U_{ref} 经误差放大器 EA 放大后得到了一个误差电压信号 U_e，U_e 再与振荡电路产生的固定锯齿波电压经 PWM 比较器 COM 比较，由锁存器输出占空比随误差电压信号 U_e 变化的一系列脉冲，再经驱动电路驱动开关管通/断，产生高频方波电压，由高频变压器传输至其次级，经整流滤波得到所需要的电压。改变电压给定 U_{ref}，即可改变输出电压。

如图 10-33（b）所示为峰值电流模式控制的 PWM 原理图。恒频时钟脉冲置位 R-S 锁存器，锁存器输出高电平，开关管导通，变压器初级的电流线性增大，当电流在采样电阻 R_s 上的压降 U_{ref} 达到 U_e 时，PWM 比较器翻转，锁存器复位，驱动信号变低，开关管关断，直到下一个时钟脉冲使 R-S 锁存器置位。该电路就是这样逐个地检测和调节电流脉冲的。

由上述可知，当电源输入电压或负载发生变化时，两种控制类型的动态响应速度是不同的。如果电压升高，则开关管的电流增长速度变快。对电流控制型而言，只要电流脉冲一达到设定的幅值，脉宽比较器就动作，开关管关断，保证了输出电压的稳定。对电压控制型而言，检测电路对电流的变化没有直接的反映，一直等到输出电压发生变化后才去调节脉宽。由于滤波电路的滞后效应，所以这种变化需要多个周期后才能表现出来。显然，动态响应速度要慢得多，且输出电压的稳定性也受到一定的影响。因此，本系统选用峰值电流模式控制的 PWM 芯片 UC3846，以它为控制核心。

10.4.3 系统设计

该稳压电源的整体框图如图 10-34 所示。

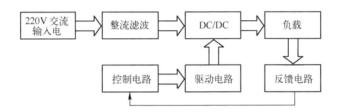

图 10-34　稳压电源的整体框图

1. 整流滤波电路

整流滤波电路如图 10-35 所示，它由交流输入保护电路及整流滤波电路组成。FU_1、FU_2 是交流输入回路的熔丝管，以保护供电系统的安全（当电源出现故障时）；ZNR_1 是氧化锌压敏电阻，其作用是当电网产生高电压时，短路供电电网，保护电路中元件的安全；C_1、L_1、C_2 组成∏型滤波电路，以抑制来自电网与开关电源产生的电磁干扰；C_{36}、C_{40} 是安全电容，它们将输入电源可能存在的漏电及电磁场产生的静电导向大地，以保证人员的安全；BR_1、C_5 为整流滤波元件，将 50Hz 交流电整流成直流电，以供给后级转换电路用；R_{20} 为泄放电阻，用来加快电容 C_5 的放电速度；NTC_1 是负温度系数热敏电阻，以减小在电源开机瞬间对电容 C_5 充电而产生的浪涌电流。

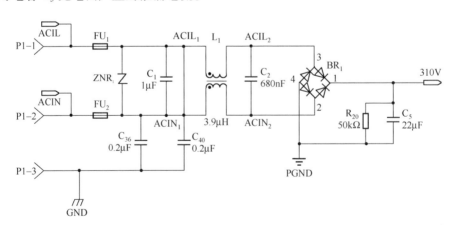

图 10-35　整流滤波电路图

2. DC-DC 变换器

采用半桥式拓扑结构的 DC-DC 变换器如图 10-36 所示，其工作频率为 50kHz。高频变压器初级一侧的主要部分是功率管 VT_1 和 VT_2 及电容 C_{11} 和 C_{12}。VT_1 和 VT_2 交替导通、截止，在高频变压器初级绕组 N_1 两端产生一个幅值为 $U_1/2$（150V 左右）的正、负方波脉冲电压。该脉冲电压通过变压器传递到输出端。VT_1 和 VT_2 采用的是 IRFP450 功率 MOS 管。

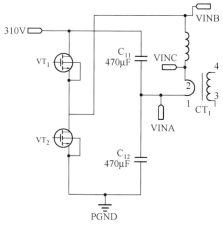

图 10-36 DC-DC 变换器

输出整流滤波电路如图 10-37 所示，图中的变压器中心抽头构成了全波整流电路。在变压器输入电压波形的正半周，VD_{21} 正偏导通，VD_{18} 反偏截止；在变压器输入电压波形的负半周，VD_{21} 反偏截止，VD_{18} 正偏导通。

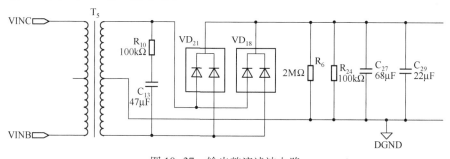

图 10-37 输出整流滤波电路

3. 控制电路、驱动电路

首先了解一下控制芯片 UC3846。UC3846 是一种双端输出的电流控制型脉宽调制器芯片，其内部结构如图 10-38 所示。其引脚 1 为限流电平设置端；引脚 2 为基准电压输出端；引脚 3 为电流检测放大器的反相输入端；引脚 4 为电流检测放大器的同相输入端；引脚 5 为误差放大器的同相输入端；引脚 6 为误差放大器的反相输入端；引脚 7 为误差放大器反馈补偿；引脚 8 为振荡器的外接电容端；引脚 9 为振荡器的外接电阻端；引脚 10 为同步端；引脚 11 为 PWM 脉冲的 A 输出端；引脚 12 为地；引脚 13 为集电极电源端；引脚 14 为 PWM 脉冲的 B 输出端；引脚 15 为控制电源输入端；引脚 16 为关闭端。由图 10-30 可以看到，UC3846 通过一个放大倍数为 3 的电流检测放大器，当其输入电压为 1.2V 时，电流型控制器将延时关断。电压误差放大器的输出经二极管和 0.5V 偏压后送至 PWM 比较器的反相端，其输出既作为给定信号，同时又被限流电平设置脚（1 脚）钳位在 $U_1+0.7V$，从而完成了逐个脉冲限流的目的。当电流检测放大器检测的是开关电流而不是电感电流时，由于开关管寄生电容放电，检测电流会有一个较大的尖峰前沿，可能使电流检测锁存和 PWM 电路误动作，所以应在电流检测输入端加 RC 滤波。UC3846 具有快速保护功能，它与电流取样电路的延时关断不同。其保护功能脚（16 脚）经检测放大器接晶闸管的门极，当电路发生异常时，使 16 脚的电位上升到 0.35V，保护电路动作，晶闸管导通，将 1 脚的电平拉至接近地电平，电路进入保护状态，输出脉冲封锁。

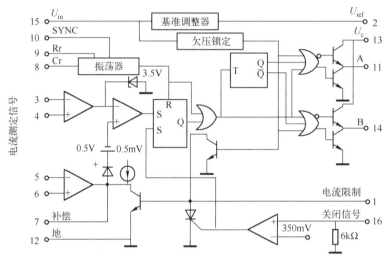

图 10-38 UC3846 的内部结构图

UC3846 的启动、供电电路如图 10-39 所示。R_1、Z_1 将 Q_4 的基极电压稳定在 12V，R_4 给 Q_4 提供集电极电流，经 VD_{22} 给电容 C_{17} 充电，当电压达到 UC3846 的启动电压时，芯片开始工作，构成了启动电路；T_1 转换器工作后由变压器绕组 13-14 和 13-15 提供的感应电压经 VD_{23}、VD_{25}、L_2、R_9、C_9、VD_{20} 整流、U_3（7812）稳压后继续给 U_2 提供 +12V 工作电压，同时，感应电压经整流滤波后，通过 R_{46}、C_{43} 给 SCR_2 提供电流触发，使 SCR_2 导通，使得 310V 电压经 R_1、SCR_2 到地，VT_4 截止，以此来保护由 R_4、VT_4、R_1、Z_1 构成的电路在瞬间启动后不会因为功率大而损坏。

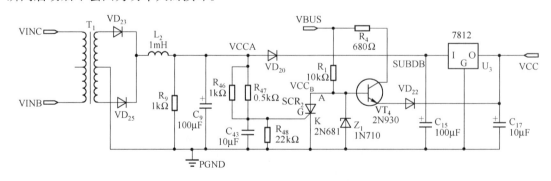

图 10-39 UC3846 的启动、供电电路

以 UC3846 为主要元器件组成的半桥式开关电源的控制电路如图 10-40 所示。图中，R_{15} (R_T) 及 C_{23} (C_T) 构成振荡器，振荡频率 $f = 2.2/R_T C_T$。为了防止主电路中的 Q_1 和 Q_2 同时导通，要设定开关管都关断的死区时间（死区时间由振荡器的下降沿决定）。该电路的死区时间 $t_d = 145 C_T [12/(12 - 3.6/R_T)]$。$R_3$、$R_{11}$ 及 VT_3 组成斜坡补偿网络，以保证控制电路的稳定。引脚 1 的电位小于 0.5V 时无脉宽输出；它经电容 C_{26} 到地，开机后随着电容的充电，当电容电压高于 0.5V 时才有脉宽输出，并随着电容电压的升高脉冲逐渐变宽，完成软启动功能。主电路的电压经过由 C_{25} 及 R_{19} 和电压误差放大器组成的 PI 调节器反馈给控制电路。

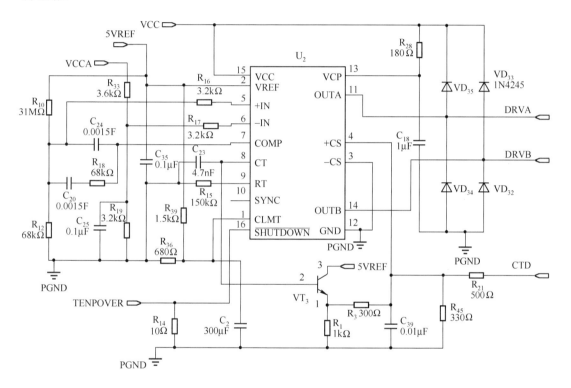

图 10-40 控制电路图

当 UC3846 的输出信号直接驱动开关管时，由于其脉冲前沿与后沿不够陡，所以使得开关管的开通和关断速度受到一定的影响。这是设计的驱动电路如图 10-41 所示。图中的脉冲变压器 T_2 的运用有效地保证了开关管的栅极驱动电压。

4. 保护电路

该系统有短路保护功能，即当图 10-39 中 VCCA 点的电压低于 9.3V 时，7812 不工作，则 UC3846 也不工作，进而无输出。

过热保护电路如图 10-42 所示，该电路选用了大于 80℃ 工作的温度开关。在正常情况下（<80℃），温度开关常开，VT_6 导通，UC3846 的 16 脚电压为 0；当电路出现过热时（>80℃）时，温度开关闭合，VT_6 截止，UC3846 的 16 脚输出高电平，关断输出。

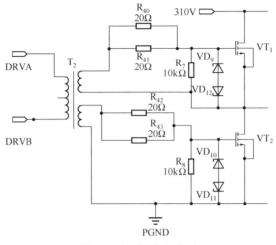

图 10-41 驱动电路图

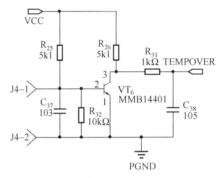

图 10-42 过热保护电路

短路保护电路如图 10-43 所示,该电路由电流互感器 CT_1、VD_{13}、VD_{14}、VD_{15}、VD_{16}、C_{19}、R_{44} 组成,若输出电流增加,则流过变压器 T_1 一次绕组的电流同步增加,导致 CT_1 的二次感应电压上升,经 VD_{13}、VD_{14}、VD_{15}、VD_{16} 整流后的电压也上升,最终超过 UC3846 的 4 脚电压,将输出关断。

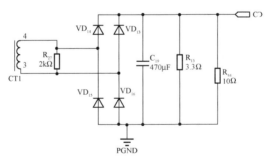

图 10-43 短路保护电路

10.4.4 系统测试

1. 测量输出电压的可调范围

当负载电阻为 45Ω 时,直流输出电压的测试数据如表 10-4 所示。

表 10-4　直流输出电压的测试数据

预设电压	30V	31V	32V	33V	34V	35V	36V
实测电压	30.09V	31.09V	32.08V	33.08V	34.06V	35.09V	36.08V

由表 10-4 可知，输出电压的可调范围满足设计要求。

2. 测量输出电流 I_{OMAX}

选用 18Ω 大功率电阻，当直流输出电压为 36V 时，通过万用表测得输出电流达到 2A。

3. 测量电压调整率

当直流输出电压为 36V，输出电流为 2A 时，电压调整率的测试数据如表 10-5 所示。

表 10-5　电压调整率的测试数据

交流输入	15V	16V	17V	18V	19V	20V	21V
直流输出	36.07V	36.07V	36.08V	36.08V	36.08V	36.08V	36.09V

由表 10-5 计算可知，电压调整率约为 0.06%，满足设计要求。

4. 测量负载调整率

负载控制时，输出端电压为 36V，负载电流为 2A，输出端电压为 34.7V，则负载调整率为 3.61%＜5%。

5. 测量输出噪声纹波电压的峰–峰值

先用示波器将整个波形捕获，然后将关心的纹波部分放大进行观察和测量，同时还要利用示波器的 FFT 功能从频域对最大纹波电压进行分析。当输出电压为 36V 时，经多次测量，纹波电压的峰–峰值小于等于 1V。

第 11 章　开关电源的测试

开关电源的测试是制作开关电源不可或缺的重要环节，通过测试可以知道开关电源的性能如何，由此可见开关电源测试的重要性。本章主要对开关电源的测试进行了概述，介绍了开关电源的性能指标、测试方法、测试记录及数据处理，最后介绍了高频变压器磁饱和的检测方法。通过本章的学习，可帮助读者掌握开关电源的测试技巧。

11.1　开关电源的性能指标

开关电源的性能指标是衡量开关电源好坏的标准。开关电源的性能指标有很多，包括电气指标、机械特性、适用环境、可靠性、安全性和生产成本等。根据开关电源用途的不同，指标优先考虑的顺序也不同，但首先应考虑电源的安全性。目前，许多国家都有相应的开关电源安全规范。常用的国际安全规范为 IEC950、IEC65。本节重点讨论开关电源的电气指标。下面分别叙述各个性能指标的概念。

1. 输入电压对输出电压的影响指标

1）稳压系数

（1）绝对稳压系数：表示负载不变时，开关电源输出直流变化量 ΔU_o 与输入电网变化量 ΔU_i 之比，即 $K = \Delta U_o / \Delta U_i$。

（2）相对稳压系数：表示负载不变时，开关电源输出直流电压 U_o 的相对变化量 $\Delta U_o / U_o$ 与输出电网 U_i 的相对变化量 $\Delta U_i / U_i$ 之比，即 $S = \Delta U_o / U_o / \Delta U_i / U_i$。

2）电网调整率

电网调整率表示输入电网电压由额定值变化 ±10% 时，开关电源输出电压的相对变化量，有时也用绝对值表示。

3）电压稳定度

负载电流保持为额定范围内的任何值，输入电压在规定的范围内变化所引起的输出电压的相对变化 $\Delta U_o / U_o$（百分值），称为开关电源的电压稳定度。

2. 负载对输出电压的影响指标

1）负载调整率（也称电流调整率）

负载调整率指在额定电网电压下，负载电流从零变化到最大时，输出电压的最大相对变化量。它常用百分数表示，有时也用绝对变化量表示。

2）输出电阻（也称等效内阻或内阻）

在额定电网电压下，由于负载电流变化 ΔI_L 引起输出电压变化 ΔU_o，则输出电阻为 $R_o =$

$|\Delta U_o / \Delta I_L|$。

3. 纹波电压指标

1) 最大纹波电压

最大纹波电压是指在额定输出电压和负载电流下，输出电压的纹波（包括噪声）的绝对值的大小，通常用峰－峰值或有效值表示。

2) 纹波系数 y（%）

纹波系数是指在额定负载电流下，输出纹波电压的有效值 U_{rms} 与输出直流电压 U_o 之比，即 $y = U_{rms} / U_o \times 100\%$。

3) 纹波电压抑制比

纹波电压抑制比是指在规定的纹波频率（如 50Hz）下，输入电压中的纹波电压 $U_i \sim$ 与输出电压中的纹波电压 $U_o \sim$ 之比，即纹波电压抑制比 = $U_i \sim / U_o \sim$。

这里声明一下：噪声不同于纹波。纹波是出现在输出端子间的一种与输入频率和开关频率同步的成分，用峰－峰（peaktopeak）值表示，一般在输出电压的 0.5% 以下；噪声是出现在输出端子间的纹波以外的一种高频成分，也用峰－峰值表示，一般为输出电压的 1% 左右。纹波噪声是二者的合成，用峰－峰值表示，一般为输出电压的 2% 以下。开关电源的纹波和噪声（如图 11-1 所示）一般情况下指总的纹波电压形成的正、反峰之间的电压值，由四部分组成：低频纹波，频率为输入 AC 电源频率的 2 倍（直流输入时无此项）；高频纹波，频率与开关电源的内部脉冲调制（PWM）频率相同；开关噪声，与开关脉冲的频率相同；随机噪声，与交流输入电压及开关频率无关。

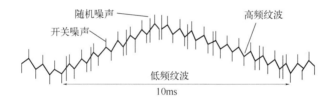

图 11-1 开关电源的纹波和噪声

4. 冲击电流

冲击电流指输入电压按规定时间间隔接通或断开时，输入电流达到稳定状态前所通过的最大瞬间电流，一般是 20~30A。

5. 过流保护

过流保护是一种电源负载保护功能，以避免发生包括输出端子上的短路在内的过负载输出电流对电源和负载的损坏。过流的给定值一般是额定电流的 110%~130%。

6. 过压保护

过压保护是一种针对端子间的过大电压进行负载保护的功能。过压值一般规定为输出电压的 130% ~ 150%。

7. 输出欠压保护

输出欠压保护是指当输出电压在标准值以下时，检测到输出电压下降或为保护负载及防止误操作而停止电源并发出报警信号。该输出电压多为输出电压标准值的 80% ~ 30% 左右。

8. 过热保护

过热保护是指在电源内部发生异常或因使用不当而使电源温升超标时停止电源的工作并发出报警信号。

9. 温度漂移和温度系数

温度漂移：环境温度的变化影响元器件参数的变化，从而引起开关电源输出电压的变化，这一现象称为温度漂移。常用温度系数表示温度漂移的大小。

绝对温度系数：温度变化 1℃ 引起输出电压值的变化 ΔU_{oT}，其单位是 V/℃ 或 mV/℃。

相对温度系数：温度变化 1℃ 引起输出电压值的相对变化 $\Delta U_{oT}/U_o$，其单位是 V/℃。

10. 漂移

在输入电压、负载电流和环境温度保持一定的情况下，开关电源元器件参数的变化也会造成输出电压的变化，其中慢变化叫漂移，快变化叫噪声，介于两者之间的叫起伏。

表示漂移的方法有两种：

（1）在指定的时间内输出电压值的变化 ΔU_{ot}；

（2）在指定时间内输出电压的相对变化 $\Delta U_{ot}/U_o$。

考察漂移的时间可以定为 1min、10min、1h、8h 或更长。只有在精度较高的开关电源中，才有温度系数和温度漂移两项指标。

11. 响应时间

响应时间是指负载电流突然变化时，开关电源的输出电压从开始变化到达新的稳定值的一段调整时间。在直流稳压器中，则是用在矩形波负载电流时的输出电压波形来表示这个特性，称为过度特性。

12. 失真

失真是交流稳压器特有的，是指输出波形不是正弦波形，产生了波形畸变。

13. 噪声

噪声指开关电源产生的不同频率、不同强度、无规则地组合在一起的声音。

14. 输入噪声

为使开关电源保持正常工作状态，要根据额定输入条件，按允许输入电压叠加工业用频率的脉冲状电压制定输入噪声指标。一般外加脉冲宽度为 100 ~ 800μs，外加电压为 1000V。

15. 浪涌

浪涌指在不使开关电源产生绝缘破坏、闪络、电弧等异常现象的条件下，以 1min 以上的间隔按规定次数加在输入端的一种浪涌电压。通信设备等规定的浪涌电压为数千伏，一般为 1200V。

16. 静电噪声

静电噪声指在额定输入条件下，外加到电源框体的任意部分时，全输出电路能保持正常工作状态的一种重复脉冲状的静电。静电电压一般保证在 (5~10) kV 以内。

17. 稳定度

稳定度是指在允许使用条件下，输出电压的最大相对变化 $\Delta U_o/U_o$。

18. 电气安全要求（GB4943-90）

（1）空间要求。UL、CSA、VDE 安全规范强调了在带电部分之间和带电部分与非带电金属部分之间的表面、空间的距离要求。其中，UL、CSA 要求极间电压大于等于 250VAC 的高压导体之间，以及高压导体与非带电金属部分之间（这里不包括导线间），无论在表面还是在空间，均应有 2.54mm 的距离；VDE 要求交流线之间有 3mm 的徐变或 2mm 的净空隙；IEC 要求交流线之间有 3mm 的净空间隙及在交流线与接地导体之间有 4mm 的净空间隙。另外，VDE、IEC 要求在电源的输出和输入之间，至少有 8mm 的空间间距。

（2）抗电强度的要求：在交流输入线之间或交流输入与机壳之间由零电压加到交流 1500V 或直流 2200V 时，不击穿或拉电弧即为合格。

（3）漏电流测量：漏电流是流经输入侧地线的电流。在开关电源中，主要是通过静噪滤波器的旁路电容泄露电流的。UL、CSA 均要求暴露的不带电的金属部分与大地相接。漏电流测量是指通过将这些部分与大地之间接一个 1.5kΩ 的电阻，其漏电流应该不大于 5mA。VDE 允许用 1.5kΩ 的电阻与 150nP 电容并接，并施加 1.06 倍的额定使用电压，然后再测量漏电流。对于数据处理设备，漏电流应不大于 3.5mA，一般是 1mA 左右。

（4）绝缘电阻测试：VDE 要求输入和低电压输出电路之间应有 7MΩ 的电阻；在可接触到的金属部分和输入之间，应有 2MΩ 的电阻或加 500V 直流电压持续 1min，不应出现击穿、飞弧现象。

（5）印制电路板要求：要求是 UL 认证的 94V-2 材料或比此更好的材料。

（6）变压器的绝缘：变压器的绕组使用的铜线应为漆包线，其他金属部分应涂有瓷、漆等绝缘物质。

（7）变压器的介电强度：在实验中不应出现绝缘层破裂和飞弧现象。

（8）变压器的绝缘电阻：变压器绕组间的绝缘电阻至少为 10MΩ；在绕组与磁芯、骨架、屏蔽层间施加 500V 直流电压，持续 1min，不应出现击穿、飞弧现象。

（9）变压器的湿度电阻：变压器必须在放置于潮湿环境中之后，立即进行绝缘电阻和介电强度实验，并满足要求，此时的绝缘电阻称为变压器的湿度电阻。潮湿环境一般是相对湿度为92%（公差为2%），温度稳定在20～30℃之间，误差允许为1%。要求在潮湿环境内放置至少48h之后，立即进行上述实验，此时变压器的本身温度不应该较进入潮湿环境之前高4℃。

19. 环境试验

环境试验是指将产品或材料暴露在自然或人工环境中，对它们在实际上可能遇到的储存、运输和使用条件下的性能做出评价。

环境中可能涉及的因素有：（1）低温；（2）高温；（3）恒定湿热；（4）交变湿热；（5）冲撞（冲击和碰撞）；（6）振动；（7）恒加速；（8）储存；（9）长霉；（10）腐蚀大气（如盐雾）；（11）砂尘；（12）空气压力（高压或低压）；（13）温度变化；（14）可燃性；（15）密封；（16）水；（17）辐射（太阳或核）；（18）锡焊；（19）连接端强度；（20）噪声：微大于65dB。

20. 电磁兼容性试验

电磁兼容性（Electro Magnetic Compatibility，EMC）是指设备或系统在共同的电磁环境中能正常工作且不对该环境中的任何事物构成不能承受的电磁干扰的能力。电磁干扰波一般有两种传播途径，因此可以分为两种噪声。一种噪声叫做传导噪声，它是以波长的频带向电源线传播的，会给发射区造成干扰，其频率一般在30MHz以下。传导噪声的波长在附属于电子设备的电源线的长度范围内还不满1个波长，其辐射到空间的量也很少，由此可通过电源线上的噪声源电压充分评估干扰的大小。

当频率达到30MHz以上时，波长也会随之变短。这时如果只对发生在电源线上的噪声源电压进行评价，就与实际干扰不符。因此，可采用直接测定传播到空间的干扰波的方法来评价噪声的大小，此时的噪声就叫做辐射噪声。具体而言，测定辐射噪声的方法有按电场强度对传播空间的干扰波进行直接测定的方法和测定泄露到电源线上的功率的方法。

电磁兼容性试验包括以下内容。

（1）磁场敏感度：（抗扰性）设备、分系统或系统暴露在电磁辐射下的不希望有的响应程度。磁场敏感度越小，敏感性越高，抗扰性越差。

（2）静电放电敏感度：具有不同静电电位的物体相互靠近或直接接触引起的电荷转移。

（3）电源瞬态敏感度：包括尖峰信号敏感度（当将一个上升时间为$0.5\mu s$，持续时间为$10\mu s$，幅度为标称电源电压有效值2倍的尖峰信号加到受试仪器的电源进线上时，受试仪器不应出现故障，并应符合该仪器技术条件的要求）、电压瞬态敏感度（10%～30%，30s恢复）、频率瞬态敏感度（5%～10%，30s恢复）。

（4）辐射敏感度：对造成设备降级的辐射干扰场的度量（14kHz～1GHz，电场强度为1V/M）。

（5）传导敏感度：当引起设备不希望有的响应或造成其性能降级时，对在电源、控制或信号线上的干扰信号或电压的度量（30Hz～50kHz，3V；50kHz～400MHz，1V）。

（6）非工作状态磁场干扰：

① 在距离受试仪器运输包装箱表面的任何一点4.6m处，测得的磁通密度均应小

于 $0.525\mu T$；

② 在距离受试仪器运输包装箱表面的任何一点 0.9m 处，测得的磁通密度大于或等于 $0.525\mu T$，则受试仪器应定为磁性干扰物品，在运输时必须标有适当的标签，并通知有关部门。

（7）工作状态磁场干扰：上、下、左、右的交流磁通密度应小于 0.5mT。

（8）传导干扰：沿着导体传播的电磁干扰。传导干扰是用来衡量电子产品在运行过程中对整个电网发送电子干扰信号大小的一个概念。所有的电子产品在用电时都会对电网发出干扰信号，如果干扰信号过大，就会影响整个电网的用电质量，从而干扰到其他电器的正常运行。因此，大多数国家对电子产品的传导干扰指标都有一个硬性的规定，禁止生产、销售传导干扰过大的产品。

（9）辐射干扰：辐射干扰是指电子设备产生的干扰信号通过空间耦合传给另一个电网络或电子设备。

11.2 开关电源的测试方法

开关电源的测试方法是测试的关键，好的测试方法才能确切体现出开关电源的性能指标。下面分别介绍开关电源主要性能指标的测试方法。

测试仪器是测试时的主要工具。主要的测试仪器有：数字万用表（FLUKE12/FLUKE37/FLUKE87）、数字示波器（Tektronix TDS340A）、电子负载（DH2790/DH2794 – 1 或类似系列）、交流电源仪（Slide Regulator）、隔离变压器（500W ~ 3kW）、泄漏耐压测试仪（CS2675 或类似系列）、绝缘电阻测试仪（CS2612 或类似系列）、直流电源（PS3003/MDS – 604 或类似系列）等。

1. 负载效应（负载调整率）的测试

负载效应测试图如图 11-2 所示，要求：

（1）当交流输入电压为 220V，输出电流为 $50\% I_o$ 时，测出稳定的直流输出电压 U_o；

（2）调整负载电流为 $100\% I_o$ 与 $(10\% \sim 15\%) I_o$，测出稳定的直流输出电压 U_{o1}，U_{o2}；

（3）计算 $100\% I_o$ 与 $(10\% \sim 15\%) I_o$ 条件下的负载调整率，即 $\alpha_1 = (U_{o1} - U_o)/U_o \times 100\%$，$\alpha_2 = (U_{o2} - U_o)/U_o \times 100\%$。

（4）对于多路输出，其他各路输出应同时加 100% 或 (10% ~ 15%) 负载。

2. 源电压效应（电压调整率）的测试

源电压效应测试图如图 11-3 所示，要求：

（1）当交流输入电压为 220V，输出电流为满载时，测出稳定的直流输出电压 U_o；

（2）调整交流输入电压为 90V，265V，测出稳定的直流输出电压 U_{o1}，U_{o2}；

（3）计算 90V，265V 条件下的电压调整率，即 $\alpha_1 = (U_{o1} - U_o)/U_o \times 100\%$，$\alpha_2 = (U_{o2} - U_o)/U_o \times 100\%$。

（4）对于多路输出，其他各路输出应同时加 100% 负载。

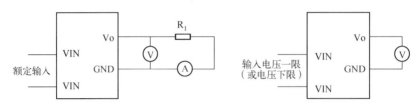

图 11-2　负载效应测试图　　　　图 11-3　源电压效应测试图

3. 输出纹波和噪声（mV）的测试

（1）如图 11-4 所示的方法是测试开关电源输出纹波与噪声最好的方法。因其可将辐射噪声产生的影响降至最低。图中所用示波器的带宽为 0～20MHz。示波器探头的地线环直接接触电源的输出负端，探针与输出正端相接触。

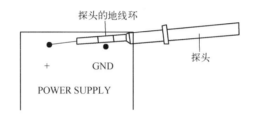

图 11-4　测试开关电源输出纹波与噪声的方法一

（2）采用示波器测量开关电源的纹波及噪声时，示波器探针的另外两种测试方法如图 11-5 和图 11-6 所示。采用这两种方法，可以排除示波器与供电电源通过电网产生的共模干扰噪声及开关电源电磁辐射在示波器探头上感应出的噪声。

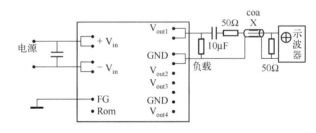

图 11-5　测试开关电源输出纹波与噪声的方法二

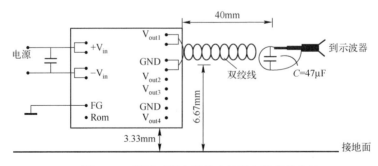

图 11-6　测试开关电源输出纹波与噪声的方法三

(3) 测量开关电源输出纹波与噪声的方法四 (平行线测量法) 如图 11-7 所示。开关电源的输出引脚接平行线后接电容, 在电容两端使用 20MHz 示波器探头测量。图中的 C 为瓷片电容, 负载与模块之间的距离在 51~76mm 之间。此种方法测得的波形如图 11-8 所示。

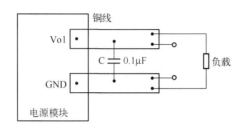

图 11-7　测试开关电源输出纹波与噪声的方法四

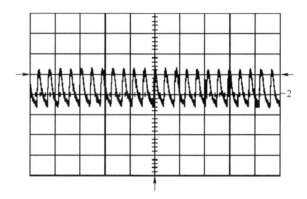

横坐标表示时间, 每格为 50μs; 纵坐标表示电压, 每格为 20mV

图 11-8　开关电源输出纹波与噪声的波形

4. 功率因数和效率的测试

功率因数和效率测试电路如图 11-9 所示, 要求:

(1) 交流输入电压分别为 90V、160V、220V、265V, 输出电流为 $100\%I_o$、$30\%I_o$, 空载时, 测出对应的稳定的直流输出电压 U_o 与对应的交流输入功率 P_{in} 和功率因数。

(2) 计算效率 $\eta = P_o/P_{in} \times 100\% = (U_o \times I_o)/P_{in} \times 100\%$;

(3) 对于多路输出, 其输出功率为各路输出功率之和。

图 11-9　功率因数和效率测试电路图

5. 输出电压的测试

(1) 空载时的输出电压测试原理如图 11-10 所示。具体测试步骤是将开关电源的输入电压调至开关电源的额定电压，再用万用表测试开关电源的输出电压。为了减小误差，可以多测几组数据。

（2）额定负载时的开关电源输出测试原理如图 11-11 所示，这一步测试包括额定输出电压和电流的测试。首先要确定开关电源的额定负载，一般选择电阻作为负载。注意，电阻的功率一定要远大于开关电源的输出功率，以减小电阻的发热；还可以加一些散热措施，如放置排风扇等。额定负载的计算公式为 $R_0 = U/P$。式中的 R_0 为额定负载的电阻值，U 为标称输出电压值，P 为额定功率。确定了额定负载以后，再将开关电源的额定输入电压接上，接通开关电源的负载回路，在负载回路中串一个电流表（为安全计，推荐采用串入精密分流电阻测其压降，再换算为电流值），测试回路中的电流，并用万用表的电压挡测试开关电源的输出电压。最后记录电压、电流值。

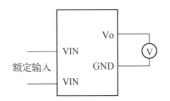
图 11-10　空载时的输出电压测试原理图

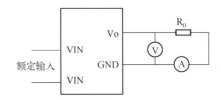
图 11-11　额定负载时的开关电源输出测试原理图

6. 额定电压输出时的输出电流测试

测试仪器有交流电源和电子负载。

测试条件：输入电压分别为 90V、115V、132V、180V、230V、264V，输入频率为 47~63Hz，输出电压为额定电压值。

测试步骤：首先固定输入电压与频率，依条件设定 CV 模式下的输出电压，然后开机待输出稳定时记录输出电流值，接着切换输入电压与频率，记录不同输入电压时的输出电流值，最后记录在输出电压值不同的条件下的输出电流值。

7. 输入电流的测试

测试仪器设备有交流电源、电子负载和功率表。

测试条件：输入电流测试图如 11-12 所示，输入电压分别为 90V、115V、132V、180V、230V、264V，输入频率为 47~63Hz，负载为最大负载。

测试步骤：从功率计中记录各个电流值即可。

图 11-12　输入电流测试图

8. 输出过压保护功能的测试

测试条件：在输入交流电压为 220V，输出为满载的条件下测试（可根据需要再测量交流输入电压为 90～100V，满载输出的条件下的过压保护功能）。

测试步骤：调整输出电位器使输出电压缓慢升高，直到电源输出突然关断（输出电压突变为零，电源处于保护状态），此时的输出电压值即为输出过压值。若无输出调整电位器，可在电源满载工作时，在输出端外加直流电压并慢慢调高，直到电源保护无输出为止。输出过压保护波形如图 11-13 所示。

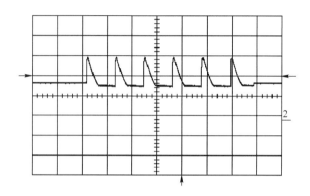

横坐标表示时间，每格为 1s；纵坐标表示电压，每格为 5V

图 11-13　输出过压保护波形图

9. 短路保护功能的测试

若要求开关电源的短路保护特性为长期自恢复，则可以将导线连至开关电源的输出端进行测试。

测试步骤：长时间（根据需要确定）观察短路时的电压输出及短路排除后的开关电源输出。短路保护波形如图 11-14 所示。

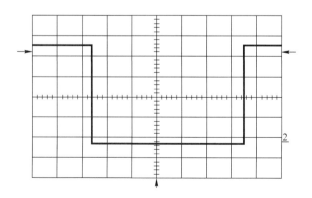

横坐标表示时间，每格为 1s；纵坐标表示电压，每格为 1V

图 11-14　短路保护波形图

10. 过流保护功能的测试

过流保护测试电路如图 11-15 所示，图中的 R_3 表示一个能产生两倍于额定负载的电流（即此时 R_3 的阻值为额定负载的一半），VO + 和 VO − 分别接开关电源的输出正端和负端。

测试步骤：在开关电源输出回路中串入可变负载（要求可变范围足够大），通过调节可变负载来调节回路中的电流。在电流上升期间，注意电流表的读数，读出在电流变至 0（或某极小、较小值）之前的数值，该数值即为开关电源的过流保护点（此时要注意电阻的散热，因为在过流情况下电阻发热比额定输出时要多）。过流保护点的含义为当回路中的电流大到一定值时，开关电源截止输出（必须注意，有些开关电源的过流保护不是截止型而可能是限流型的）。

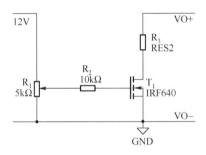

图 11-15 过流保护测试电路图

11.3 开关电源的测试记录及数据处理

对于开关电源的每一步测试，都要详细记录数据及异常情况（如果有异常情况还要分析原因）。记录数据是为了便于计算参数和评价开关电源。数据的处理包括以下几项。

（1）处理平均值。

（2）计算源电压效应（电压调整率），计算公式为 $[(U_{o1} - U_{o2})/U_o] \times 100\%$。式中，$U_{o1}$ 为在输入电压上限时测得的输出电压值；U_{o2} 为在输入电压下限时测得的输出电压值；U_o 为标称输出电压。

（3）计算负载效应（负载调整率），其计算公式为 $[(U'_o - U_{额})/U_o] \times 100\%$。式中，$U'_o$ 为在开关电源输出回路中接入了按百分比等效后的电阻后测得的开关电源的输出电压；$U_{额}$ 为在额定负载下测得的开关电源的输出电压；U_o 为标称输出电压。

（4）计算效率，其计算公式为 $\eta = P_o/P_{in} \times 100\% = (U_o \times I_o)/P_{in} \times 100\%$。式中，$P_o$ 为开关电源的输出功率；P_{in} 为开关电源的输入功率；U_o 为开关电源的输出电压；I_o 为开关电源的输出电流。

11.4 高频变压器磁饱和的检测方法

高频变压器是工作频率超过中频（10kHz）的电源变压器，主要用在高频开关电源中作为高频开关电源变压器,也有用在高频逆变电源和高频逆变焊机中作为高频逆变电源变压器的。按工作频率高低,它可分为几个挡次:10～50kHz、50～100kHz、100～500kHz、500kHz～1MHz、1MHz 以上。传送功率比较大的,工作频率比较低;传送功率比较小的,工作频率比较高。这样,高频变压器既有工作频率的差别,又有传送功率的差别。

高频变压器是开关电源最主要的组成部分。其各个绕组线圈的匝数比决定了输出电压的多少。例如,半桥式功率转换电路工作时,两个开关管轮流导通来产生 100kHz 的高频脉冲波,然后通过高频变压器进行电压的变换。因为高频变压器工作于高频脉冲状态,所以分布参数、趋肤效应、损耗等因素是影响高频变压器设计的主要原因。例如,工作频率的提高,会使磁芯的磁感密度下降,这样就有可能出现饱和现象。所谓变压器的磁饱和是指磁通密度达到了饱和磁通密度,此时变压器初级的电感减小,根据 $I = UT_{on}/L$,I 就会突然增大并迅速进入深度(完全)饱和,此时相当于线圈短路。如图 11-16 所示为变压器磁饱和的初级电流波形。从图中的波形可以看出,在开关管开通后期,电流不是线性增加,而是突然上翘的,这个电流波形就是变压器饱和的特征。而变压器非磁饱和时的初级电流波形如图 11-17 所示。磁饱和是一种磁性材料的物理特性。磁饱和产生后,在开关电源中是有害的,但在有些场合也可能是有益的。

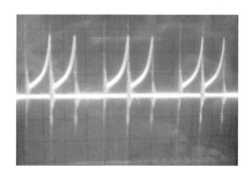

图 11-16 变压器磁饱和时的初级电流波形图

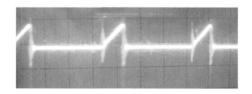

图 11-17 变压器非磁饱和时的初级电流波形图

通过上述介绍,相信读者已经了解了高频变压器磁饱和的基本知识,接下来介绍怎样检测变压器磁饱和的状态,这才是人们关注的重点。高频变压器磁饱和的检测方法有以下两种。

(1)用 1Ω 电阻、3300μF 电感、16V 电容构成放电回路,用外部电压(12V)事先给电容充电。通过数字示波器(以触发方式工作)得到回路电流波形。由波形图可知该电流先按一定斜率直线上升,在饱和时突然更快地上升,最后由于电容放电而下降。通过电流斜率和放电电压可得出电感量,通过最大线性电流可得出饱和电流。用这个方法可以测量最小为 50μH 的电感。该方法所测波形是瞬间形成的,需通过示波器读取数值,属于非自动检测。

(2) 加一个采样检测绕组,将绕组上的电动势直接输入单片机测试仪。变压器磁饱和的自动检测系统的工作原理(如图 11-18 所示)为:8038 波形产生器产生的正弦波经功率放大后与外加直流激励共同作用在电感线圈上,调节直流激励的大小,产生直流偏磁致使电感产生磁饱和;8038 波形产生器产生的方波一路直接接到单片机的 P1 口,永远检测跳沿并决定采样的起始点;另一路接到倍频电路上,产生频率 $f_c = Nf_0$ 的方波,用于产生等间隔采样所需用的脉冲。倍频电路的输出直接接到单片机的中断口,等间隔采样采用中断处理方式。通过对采样电动势的一系列数据分析得出磁饱和电流的大小。该方法可直接显示结果,但激励设置稍显复杂,且单片机的数据处理过程采用了多次中断。

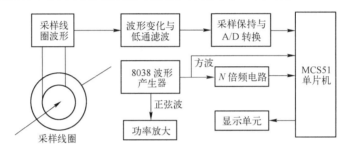

图 11-18 变压器磁饱和的自动检测系统的工作原理

《开关电源原理、设计及实例》

读者调查表

尊敬的读者：

　　欢迎您参加读者调查活动，对我们的图书提出真诚的意见，您的建议将是我们创造精品的动力源泉。为方便大家，我们提供了两种填写调查表的方式：
1. 您可以登录 http://yydz.phei.com.cn，进入"读者调查表"栏目，下载并填好本调查表后反馈给我们。
2. 您可以填写下表后寄给我们（北京海淀区万寿路 173 信箱电子技术出版分社　邮编：100036）。

姓名：_____　　性别：□ 男　□ 女　　年龄：_____　　职业：_____
电话：_____　　移动电话：_____
传真：_____　　E-mail：_____
邮编：_____　　通信地址：_____

1. 影响您购买本书的因素（可多选）：
□封面、封底　　□价格　　□内容简介　　□前言和目录　　□正文内容
□出版物名声　　□作者名声　　□书评广告　　□其他_____

2. 您对本书的满意度：

从技术角度　　□很满意　　□比较满意　　□一般　　□较不满意　　□不满意
从文字角度　　□很满意　　□比较满意　　□一般　　□较不满意　　□不满意
从版式角度　　□很满意　　□比较满意　　□一般　　□较不满意　　□不满意
从封面角度　　□很满意　　□比较满意　　□一般　　□较不满意　　□不满意

3. 您最喜欢书中的哪篇（或章、节）？请说明理由。
_____

4. 您最不喜欢书中的哪篇（或章、节）？请说明理由。
_____

5. 您希望本书在哪些方面进行改进？
_____

6. 您感兴趣或希望增加的图书选题有：
_____

邮寄地址：北京市海淀区万寿路 173 信箱电子技术出版分社　　王敬栋　收　　邮编：100036
电　　话：(010) 88254590　　　　E-mail：Wangjd@phei.com.cn

反侵权盗版声明

电子工业出版社依法对本作品享有专有出版权。任何未经权利人书面许可，复制、销售或通过信息网络传播本作品的行为；歪曲、篡改、剽窃本作品的行为，均违反《中华人民共和国著作权法》，其行为人应承担相应的民事责任和行政责任，构成犯罪的，将被依法追究刑事责任。

为了维护市场秩序，保护权利人的合法权益，我社将依法查处和打击侵权盗版的单位和个人。欢迎社会各界人士积极举报侵权盗版行为，本社将奖励举报有功人员，并保证举报人的信息不被泄露。

举报电话：（010）88254396；（010）88258888
传　　真：（010）88254397
E-mail： dbqq@phei.com.cn
通信地址：北京市海淀区万寿路173信箱
　　　　　电子工业出版社总编办公室
邮　　编：100036